小家畜规模化规范化养殖丛书

健康高效养羊实用技术大全

郎跃深　李海林　宋　芝　主编

化学工业出版社
·北京·

内容简介

本书内容在结合我国养羊生产的条件和特点的基础上，对羊的品种分类、繁殖技术、营养与饲料、饲养管理技术、羊舍建造、羊的疾病防治等方面的关键技术做了更为详细的说明和介绍。与第一版相比，本书重点加入了一些波尔山羊养殖技术的相关内容，如波尔山羊的基础管理、繁殖管理、饲养管理、杂交改良等。在羊只疾病防治方面，结合生产实际情况，删除了一些不常见的疾病，增加了如小反刍兽疫、羊虱病、羊跳蚤病等内容。

本书可供养羊专业户、羊场以及基层养殖人员使用，也可供农业院校相关专业师生阅读参考。

图书在版编目（CIP）数据

健康高效养羊实用技术大全 / 郎跃深，李海林，宋芝主编. —2版. —北京：化学工业出版社，2024.5
（小家畜规模化规范化养殖丛书）
ISBN 978-7-122-45164-4

I.①健… II.①郎…②李…③宋… III.①羊－饲养管理 IV.①S826

中国国家版本馆CIP数据核字（2024）第046544号

责任编辑：李　丽　　　　装帧设计：关　飞
责任校对：边　涛

出版发行：化学工业出版社
（北京市东城区青年湖南街13号　邮政编码100011）
印　　装：河北京平诚乾印刷有限公司
850mm×1168mm　1/32　印张12½　字数345千字
2024年6月北京第2版第1次印刷

购书咨询：010-64518888　　售后服务：010-64518899
网　　址：http://www.cip.com.cn
凡购买本书，如有缺损质量问题，本社销售中心负责调换。

定　　价：59.00元

编写人员名单

主　编

郎跃深　李海林　宋　芝

副主编

杨亚君　何起蛟　马　超

参　编

邓英楠　王春华　邢桂荣　高维维

李新华　常亚楠　殷子惠

前言

我国拥有发展养羊业得天独厚的自然条件。由于羊是食草动物，而我国的草原、山场面积广大，秸秆等农副产品资源丰富，在广大山区、农区和牧区发展养羊业有着巨大的潜力，不仅能满足人们对羊产品的消费需求，而且有利于养殖户增收和创业，还有利于秸秆等农副产品的利用。

目前，国内外市场对羊产品的需求量越来越大，而羊以食草为主，饲养成本低、饲料来源广，容易饲养且易于管理，产品销路好、效益稳定，养殖风险小、见效快。因此，养羊已经成为一些有识之士的投资热点和增收途径。

但近年来，由于我国政府一直提倡生态养殖，禁止羊只上山放养，即“封山禁牧”，养羊的方式也随之发生了改变，已由传统的放牧饲养方式改为舍饲圈养方式。养羊方式的改变给养羊业的生产带来了很大的冲击，造成了饲养成本的加大，养殖效益的降低。因此，为了适应我国的国情，普及科学养羊知识，改变传统的养羊方式，提高养羊的技术水平和科技含量，我们结合多年的生产实践经验，参考一些专家学者的科技文献，并根据读者的需求和市场需求情况的变化，对《健康高效养羊实用技术大全》进行了再版。第二版中重点加入了一些波尔山羊养殖技术的相关内容，如波尔山羊的基础管理、繁殖、杂交改良等。在羊只的疾病防治方面，结合生产实际情况，删除了一些不常见的疾病，如传染病中的巴氏杆菌病、羊副结核病、肉毒梭菌中毒、羊狂犬病、羊衣原体病、羊痒病；寄生虫病中的双腔吸虫病；内科病中的食管阻塞、白肌病、羊妊娠毒血症、铜中毒、维生素A缺乏症、肠套叠、肠痉挛等；外科病和产科病中的风湿病、羊妊娠病；中毒性疾病中的氟中毒病。同时又增加了一些内容，如传染病中的小反刍兽疫，寄生虫病中的羊虱病、羊跳蚤病等。调整后，本书的内容更符合养羊的实际情况，实用性更强。

这本书我们再次遵循了内容全面翔实、语言通俗易懂、注重实用性和可操作性的原则，吸收了养羊的新成果，融入了养羊户的成功经验，详细介绍了养羊的相关知识，力求使养羊户读得懂、用得上，同时还可以供畜牧兽医技术人员参考使用。

本书在编写过程中，得到了许多同仁的关心，尤其得到了一直奋战在一线的畜牧兽医工作者李海林及宋芝等人的大力支持，在此表示诚挚的感谢。同时，本书还参考了一些专家学者的相关文献及兽医工作者和养殖户的实际经验，如河北畜禽良种工作总站的阎振富老师、基层兽医工作者崔学文和武振杰等提供了很多资料及图片，在此一并表示感谢。由于时间仓促及本人水平有限，书中的不足和疏漏之处在所难免，恳请读者和同行批评指正。

编者

2024 年 1 月

第一版前言

我国的养羊业历史悠久，绵羊、山羊品种资源丰富，养羊的数量和羊产品的产量都居世界前列。再加上羊是草食动物，而我国的草原辽阔、山场面积广大，秸秆等农副产品资源丰富，在广大山区、农区和牧区发展养羊业有着巨大的潜力，不仅能满足人们对羊产品的消费需求，而且有利于养殖户增收和创业，还有利于秸秆等农副产品的利用。

目前，国内外市场对羊产品的需求量越来越大，而羊以食草为主，饲养成本低、饲料来源广阔、容易饲养、好管理，产品销路好、效益稳定，养殖风险小，见效快，养羊业已经成为一些有识之士的投资热点和增收途径。为了适应我国的国情，普及科学养羊知识，改变传统落后的养羊方式，提高养羊的技术水平和科技含量，我们结合多年的生产实践经验，参考一些专家学者的科技文献，编写了此书。

本书遵循内容全面翔实、语言通俗易懂、注重实用性和可操作性的原则，吸收了养羊的新成果，融入了养羊户的成功经验，详细介绍了养羊的相关知识，力求使养羊户读得懂、用得上，同时还可以供畜牧兽医技术人员参考使用。

本书在编写过程中，得到了许多同仁的关心和支持，并且参考了一些专家、学者的相关文献及养殖户的实际经验，在此深表感谢。同时由于我们水平有限，书中疏漏之处在所难免，恳请读者和同行批评指正。

编者

2017年1月

目录

第一章　中国养羊业的现状和发展对策　001

第一节　我国山羊业发展现状和对策　001

一、肉用山羊的发展现状和对策　002

二、绒山羊的发展现状和对策　002

第二节　我国绵羊业发展现状和对策　003

第三节　我国肉羊的产业开发（以波尔山羊为例）　005

一、建立良种繁育推广体系，促进养羊业产业化发展　005

二、以养羊业为引领，带动地区经济发展　006

第二章　羊的生物学特性和品种　007

第一节　羊的行为特点和生活习性　007

一、羊的行为特点　007

二、羊的生活习性　008

第二节　山羊品种　010

一、自国外引进的优秀山羊品种　010

二、我国国内的优良山羊品种　018

第三节　绵羊品种　030

一、自国外引进的肉用绵羊品种　030

二、我国国内的优良绵羊品种　035

第三章　羊的繁殖技术　039

第一节　影响羊繁殖的因素　039
第二节　提高羊繁殖力的技术措施及途径　042
第三节　羊的选育、繁殖和杂交改良　049
一、羊的选育　049
二、羊繁殖技术　053
三、羊的杂交改良　066
第四节　羊工厂化繁殖技术　068
一、高效繁殖技术　068
二、母羊多胎技术　070
第五节　接羔和育羔　072
一、接羔前的准备　072
二、接羔　074
三、羔羊培育　078
四、哺乳期母仔羊的管理　083

第四章　羊的营养与饲料　086

第一节　羊的消化机能特点　086
第二节　羊的营养需要和饲养标准　087
一、羊的营养需要　087
二、羊的饲养标准　092
第三节　羊的饲料　100
一、青绿饲料　100
二、青贮饲料　101
三、粗饲料　108
四、多汁饲料　111
五、精料　111
六、矿物质饲料　113

七、动物性蛋白质饲料 113
八、特种饲料 114

第五章 羊的饲养管理技术 117

第一节 羊场建设 117
一、羊舍场地的选择 117
二、羊场和羊舍的规划与布局 119
三、羊舍的形式 122
四、圈舍的设备以及附属设施 126
第二节 购买及运输羊只的方法和注意事项 132
第三节 引进种羊时的注意事项 136
一、引种时要选择适合本地自然环境条件的种羊 137
二、引种时要考虑不同品种的生物学特性 138
三、引种时要考虑适宜的季节和年龄 138
四、对于引入的种羊进行正确的管理 139
第四节 管理的原则及注意事项 139
一、管理原则 139
二、管理的注意事项 141
第五节 羊的日常管理技术 143
一、药浴 143
二、驱虫 146
三、编号 148
四、去势 149
五、修蹄 155
六、捉羊和导羊 158
七、断尾 159
八、去角 163
九、剪毛 165
十、运动 168
十一、称重 168
十二、羊体尺测量 168

十三、整群和羊群结构调整 169
第六节 羊的放牧技术 170
一、放牧羊群的组织和牧场要求 170
二、放牧的基本要求 171
三、放牧队形 173
四、放牧地点的选择 177
五、四季放牧管理的技术要点 178
六、放牧注意事项 187
七、处理好林牧关系 188
第七节 放牧羊的饲养管理技术 188
一、种公羊的引进和饲养管理 188
二、繁殖母羊的饲养管理 190
三、哺乳期母羊的饲养管理 192
四、羔羊的饲养管理 193
五、羔羊早期育肥技术 196
六、育成公、母羊（青年羊）的饲养管理 199
七、后备公、母羊的饲养管理 202
八、奶山羊的饲养管理 203
九、绒山羊的饲养管理 208
第八节 舍饲羊的饲养管理技术 214
一、种公羊的舍饲饲养管理 214
二、繁殖母羊的舍饲饲养管理 217
三、羔羊的舍饲饲养管理 221
四、育成公、母羊的舍饲饲养管理 223
五、后备公、母羊的舍饲饲养管理 224
六、羯羊的育肥 226
七、舍饲管理要点 227
第六章 羊的产品 229
一、羊肉 229
二、羊绒 231

三、羊毛 231
四、羊奶 237
五、羊皮 238
六、羊内脏 242
七、羊粪尿 243

第七章　羊病的预防、诊疗、检验及用药方法 244

第一节　羊病预防的总体措施 244
一、加强饲养管理，提高羊体抗病能力 245
二、搞好环境卫生 245
三、严格检疫制度 246
四、有计划地进行免疫接种 247
五、做好消毒工作 249
六、实施药物预防 250
七、定期组织驱虫 251
八、预防毒物中毒 251
九、发生传染病时采取的紧急措施 253
第二节　羊病的诊断及给药方法 254
一、临床诊断技术 254
二、羊的给药方法 258

第八章　羊的传染病诊断与防治 262

第一节　羊传染病防治的综合措施 262
一、防疫工作的基本原则和内容 262
二、疫情报告和诊断 263
三、隔离和封锁 263
四、对病羊进行治疗 263
五、消毒 264
第二节　羊常见的传染病 264
一、口蹄疫 264

二、羊布氏杆菌病（布鲁氏杆菌病） 269
三、羊大肠杆菌病 273
四、羊链球菌病 275
五、羊痘 279
六、羊传染性脓疱（羊口疮） 283
七、羊快疫 287
八、羊肠毒血症（软肾病） 289
九、羊猝疽 292
十、羊黑疫 293
十一、羔羊梭菌性痢疾 294
十二、羊传染性胸膜肺炎 296
十三、羔羊痢疾 298
十四、羊破伤风 300
十五、羊沙门菌病 302
十六、小反刍兽疫 303

第九章 羊的寄生虫病诊断与防治 308

第一节 寄生虫病的综合防治措施 308
第二节 羊常见的寄生虫病 310
一、肝片形吸虫病 310
二、脑多头蚴病（脑包虫病） 312
三、羊绦虫病 314
四、肺线虫病（肺丝虫病） 316
五、羊鼻蝇蛆病 319
六、疥癣（螨病） 321
七、蜱 324
八、羊消化道线虫病（捻转胃虫病） 327
九、羊伤蛆病 329
十、羊虱病 330
十一、羊跳蚤病 331

第十章　羊的内科病诊断与防治　334

第一节　内科病概述　334
第二节　羊常见的内科病　335
一、瘤胃鼓胀　335
二、胃肠炎　338
三、羔羊便秘　340
四、感冒　341
五、肺炎　343
六、青草搐搦　344
七、羔羊消化不良　346
八、瘤胃积食（宿草不转）　348
九、羔羊口炎　351
十、脐带炎　352

第十一章　羊的外科病和产科病诊断与防治　354

一、腐蹄病　354
二、流产　356
三、难产　357
四、胎衣不下　360
五、子宫内膜炎　362
六、乳房炎　363
七、角膜翳（鼓眼）　365
八、佝偻病　366
九、外伤　367

第十二章　羊的中毒性疾病诊断与防治　369

第一节　中毒的原因、预防措施及简单解救方法　369
一、中毒的一般原因　369

二、中毒的预防措施 370
三、中毒的简单解救方法 370
第二节 羊常见的中毒病 371
一、毒草中毒 371
二、有机磷农药中毒 372
三、尿素中毒 373
四、氢氰酸中毒 374
五、霉变饲料中毒 376
附录 养羊谚语及养羊术语 378
参考文献 384

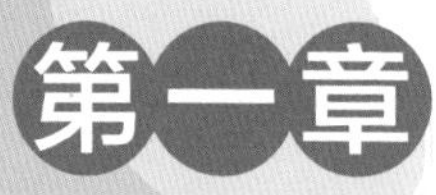

第一章 中国养羊业的现状和发展对策

随着我国经济的快速发展，居民生活水平的进一步提高，人们不但要求吃饱，还要求吃好，肉食消费已经成为一种时尚，这就促进了养殖业的大发展。特别是近年来，养羊业得到迅速发展。其中，我国山羊及绵羊的存栏量、出栏羊只数量、羊肉产量、羊皮的产量都排在了全世界第一位。

第一节 我国山羊业发展现状和对策

伴随着我国综合国力的增强和经济的腾飞，尤其是近十几年以来，人们对羊肉、羊皮、羊绒、羊奶等羊产品的需求也与日俱增，更加上出口贸易的发展，国际上对羊绒及羊绒制品的需求量越来越大。另外，国内、国外对羊肉的需要也是供不应求，这就促使我国羊的养殖快速发展。

中华人民共和国成立之初，我国羊只数量只有 0.40 亿只，经过多年的大力发展，尤其是近年来，我国羊只数量有了大幅度增长。

据《中国统计年鉴》和中华人民共和国国家统计局公布的数据，

自2011年以来，我国羊只的存栏量及出栏量持续增加，2011～2020年我国羊出栏从2.6亿只上升至3.1亿只，年均增长2.2%；羊肉产量也呈现上升态势，年均增长率为2.1%，但近5年增速变慢。其中，2020年存栏量仅比上一年增加242万只，增长率为0.8%。

根据“养羊之声”和“北方牧业”介绍，我国养羊大省及自治区羊肉产量排前五名的依次是：内蒙古自治区、新疆维吾尔自治区、山东省、河北省、河南省，羊肉产量依次是106.3万吨、59.4万吨、36.8万吨、30.5万吨、26.9万吨。从绵羊羊只数量上来看，2021年我国绵羊饲养量排在前五位的依次是：内蒙古自治区、新疆维吾尔自治区、甘肃省、青海省、山东省，养殖数量依次是4579.6万只、4142.8万只、1991.0万只、1341.5万只、980.0万只。

一、肉用山羊的发展现状和对策

目前，全国羊肉产量中山羊肉占60%以上。由于我国牧区草原的载畜量几乎已经处于饱和状态，又加上自然灾害经常发生，尤其是旱灾和冬季的强降雪等，并且牧区的人民食肉量大，造成羊肉的商品率降低。为了满足市场对羊肉的需求，今后我国羊肉产量的增长将主要依靠中原地区的规模化舍饲养殖和南方草山、草坡的综合开发利用，以及南方农区的小规模化饲养所提供的羊肉，同时挖掘牧区潜力，进一步促进北方牧区羊肉生产的发展，积极增加山羊的年出栏数，提高总体的出栏率。

二、绒山羊的发展现状和对策

随着人们生活水平的提高，国内外市场对山羊绒原料和山羊绒制品的需求量与日俱增，饲养绒山羊成为农民脱贫致富和发展经济的又一支柱项目，给国家的出口创汇也贡献明显。近三十年来，我国绒山羊品种在原来的辽宁绒山羊和内蒙古绒山羊的基础上，又发展了将近10个品种，饲养绒山羊的省（区）增加很多，养殖数量也大为增长。

但绒山羊比绵羊更耐粗饲、管理更粗放，所处的饲养环境更恶劣，也就是适应性更强，这就相对加剧了草原的退化、沙化，对林木、植被的破坏更严重，致使绒山羊的发展受到自然环境和生态条件的制约，可持续发展受到较大的限制。

目前市场上流行的羊绒制品，还存在一些问题，如羊绒衫起球、掉绒，这主要是羊绒的长度不够；还有就是羊绒的细度不够，这方面也应像羊毛一样，向更细方向发展，因为我国现有的羊绒细度在 15 ～ 16 μm，要向 14 ～ 14.5 μm，甚至更细方向发展，提高我国羊绒品质，以便在国际市场上更有竞争力。

第二节　我国绵羊业发展现状和对策

我国绵羊业经历了将近 50 年的发展历程，品种不断改良、草场基地持续建设和新品种的不断成功培育，使得绵羊的数量、品质都得到发展和提高。绵羊品种在改良和育种并重的原则下，1954 年培育成功我国第一个毛肉兼用型细毛羊品种——新疆细毛羊，以后又陆续培育成功了中国美利奴羊、敖汉细毛羊、甘肃高山细毛羊、鄂尔多斯细毛羊、内蒙古细毛羊、东北细毛羊等细毛羊品种以及云南、四川的 48 ～ 50 支半细毛羊等半细毛羊品种将近 20 个，特别是在引进了澳大利亚的澳洲美利奴羊后，对我国现有的细毛羊品种进行改良，使羊只个体的毛产量和羊毛品质均得到大幅度提高和改良。自 20 世纪开始，我国绵羊毛产量基本上呈现出逐年增长的趋势，我国羊毛总产量占世界羊毛总产量的比例也逐年增加。我国羊毛总产量排在澳大利亚之后，一直保持在世界第 2 位。近年来，我国的羊毛市场价格普遍下跌，主要原因是世界羊毛品质方面出现巨大的变革，主要表现在对羊毛细度的需求上，我国目前羊毛的细度和品质成了羊毛流通中最大的瓶颈。

我国绵羊按照数量的多少，排列在前四位的地区依次是内蒙古、新疆、甘肃、青海，这 4 个地区的绵羊数量占全国绵羊总数的 65.48%。在这些绵羊中，细毛羊、半细毛羊以及改良羊的数量占全国绵羊总数的 41.38%，粗毛羊占 58.62%。

从绵羊毛产量上来看，排在前五位的地区依次是内蒙古、新疆、甘肃、黑龙江、河北，合计产量占到全国总产量的 75% 以上。

近年来，世界养羊业出现了一种新的趋势，那就是由毛用向肉毛兼用甚至直接向肉用转移。一些国家将养羊业的重点转移到羊肉生产上，用先进的科学技术建立起自己的肉用羊生产体系，并由生产成年羊肉转向生产羔羊肉。由于羔羊初生后的最初几个月里，生长快、饲料报酬高，所以生产羔羊肉的成本低，再加上羔羊肉具有瘦肉多、脂肪少、味道美、肉鲜嫩、易消化等特点，一些养羊业比较发达的国家都开始进行肥羔生产。在繁育早熟肉用型品种的基础上，利用杂交优势进行肥羔肉的专业化生产，这也是应引起我国注意并进行调整的产业发展方向。

对于我国绵羊业的发展，主要是积极培育细毛羊。我国已经利用引入的澳洲美利奴羊——超细型优秀种羊和集中国内现有的超细型优秀种公羊，按照不同类型的选育目标和现有的基础羊群特点，通过品系繁育和开放式合作育种体系，培育出了中国美利奴超细和细毛类型，并全面推广羊毛现代化改良体系，逐步建立以提高羊毛商业价值为宗旨的羊毛现代化改良体系，完善剪毛分级设施、剪毛机械、打包机等基础设施，推广澳式剪毛、新法分级等与国际接轨的技术措施。

再就是提高绵羊肉的肉质。可以利用引入国内的国外优良肉用羊品种，与当地绵羊进行经济杂交或轮回杂交，利用杂种优势生产肉羊，特别是肉用羔羊。具体运用时，一定要利用本地羊作为母本，立足于当地的饲草饲料资源和基本饲养技术条件，选育适宜的肉羊品种，并多生产肥羔，尤其是 4 ～ 6 月龄的肥羔，提高其胴体重量，由目前的平均胴体重 13.6 kg 提高到 18 ～ 20 kg。

在牧区实行当年羔羊当年屠宰。在牧区与农区相接合的区域以及广大农区要根据各地实际情况，采用“在牧区繁育，在农区育肥”的模式，加快提高我国绵羊肉的产量，并提高其羊肉品质。

第三节　我国肉羊的产业开发（以波尔山羊为例）

以波尔山羊为首的肉羊养殖，是农村产业结构调整的“生力军”。虽然我国畜牧业在农业中占有极其重要的位置，但与畜牧业发达国家相比却有着相当大的差距。目前，我国的养羊业仍停留在传统养殖层面，品种层次和饲养管理水平低，品质差，散养多，规模小，效益低。近年来，各级政府一直强调要把畜牧业作为一个大的产业来抓，提出要下大力气健全良种繁殖、疾病控制、饲料生产三大体系，大力推进畜牧业产业化经营。同时，发展养羊业，调整优化畜种结构是一条重要举措。20 世纪 90 年代，农业部（今农业农村部）曾经将“引进肉用波尔山羊，加速我国山羊产业化进程”列入重点项目，波尔山羊成为重点推广的良种，成为改良地方山羊、促进养羊业产业化的当家品种。

一、建立良种繁育推广体系，促进养羊业产业化发展

肉羊生产不宜像毛用羊那样搞纯种选育或级进杂交，要利用杂种优势进行经济杂交，特别是多元杂交已成为一种趋势，各省可以以波尔山羊为终端父本选择适合当地的优化杂交组合，建立完整的肉羊生产三级良种繁育体系。

第一级是地区、市级波尔山羊纯种繁育中心。应因地制宜，根据山羊养殖分布和当地的自然资源状况，建立有一定规模的波尔山羊纯繁场，专为第二、第三级种羊场或配种站提供种羊，并负责全省种羊的调剂、地区间肉羊生产体系中种羊的按期交换，以保持杂交优势。

第二级是县、镇级良种扩繁场。养羊主要产区要建立规模在 20 ～ 40 头的良种扩繁场，为种羊饲养专业户和农户提供种羊，并及时为种羊饲养专业户和农户提供种羊品系更换服务，以保证杂交优

势。同时杂交改良地方品种，为周边肉羊生产专业户和农户提供鲜精、冻精或配种服务。

第三级是种羊饲养专业户。种羊饲养专业户的种羊主要来源于第一、第二级种羊场，最接近广大养羊农户，饲养种羊主要用于建立配种站或人工授精服务站，为周围农户地方品种山羊提供配种服务，改良地方品种，增产增收，达到种羊饲养专业户和农户养羊双赢的目的。养羊专业户或大户是该群体的主体，饲养种羊既能服务周围农户，又能杂交改良自身饲养的山羊；种羊服务于农户，饲养杂交羊增收，同时还会起到典型示范作用，带动其他农户发展养羊业。

二、以养羊业为引领，带动地区经济发展

（1）促进肉食品加工业的发展　养羊业的发展，肉羊资源的丰富，肉羊品质的提高，必将促进肉食品加工企业的发展。促进原有的肉食品加工企业肉产品结构不断完善，肉产品质量不断提高，提高企业经济效益，提高地区整体经济水平。如果从无到有，新建肉食品加工企业，更能增加就业机会，解决地区就业问题，促进乡镇工业发展，提高地区经济水平。

（2）调整地区种植业结构，促进饲料业发展　羊是草食性动物，以秸秆型饲料为主，配以营养全面的精料。养羊业的发展，可促进种植业结构的调整，种草养羊，特别是低产农田，可促进土地增值，提高农作物秸秆利用率，变废为宝，并促进农作物秸秆微贮等加工业和饲料加工业、饲料添加剂工业的兴起和发展，提高地区的整体经济水平。

（3）促进流通业发展　养羊业的发展，肉羊资源的丰富，可促进流通业发展。有丰富的肉羊资源，必然会有行业协会或个人组织销售、加工再销售。促进商业大流通、社会信息大流通，提供更多的行业发展机会，促进地方经济的发展。

羊的生物学特性和品种

第一节　羊的行为特点和生活习性

一、羊的行为特点

1. 山羊

山羊性格属于活泼型，素有“精山羊”和“猴山羊”之称。山羊行动灵活，喜欢登高，善于行走，反应敏捷。在其他家畜难以到达的陡坡上，山羊可以行动自如地采食。当高处有喜食的牧草或树叶时，山羊能将前肢攀在岩石或树干上，甚至前肢腾空、后肢直立地获取高处的食物。因此，对于山羊来说，可以在绵羊和其他家畜所不能利用的陡坡或山峦上放牧。

2. 绵羊

绵羊性格属于沉静型，素有“疲绵羊”一说。绵羊反应迟钝，行动缓慢，性格温顺。当山羊和绵羊同群放牧时，山羊总走在前面，把优质牧草柔嫩尖部先吃掉，而绵羊则缓慢地走在后边。绵羊不能攀登高山陡坡，采食时喜欢低头吃，能采食山羊啃食不到的短小、稀疏的牧草。

二、羊的生活习性

1. 合群性

羊的合群性较强，这是在长期的进化过程中，为了适应生存和繁衍后代而形成的一种生物学特性。在人工放牧时，即便是无人看管，羊群也不会轻易散开。单个羊只很少离群远走。羊群移动时，总是随着“头羊”而动，领头羊往往是由年龄较大、后代较多的母羊担任。因此，有经验的牧羊人，往往利用这个特性先调教好领头羊，在放牧、转场、出圈、入圈、过河、过桥时，只要让领头羊先行，其余的羊就会跟随而走，从而为管理带来很多方便。但是，这种特性也有不利的一面，例如，当少数羊受到惊吓狂奔时，整群羊便跟着狂奔，甚至会发生危险。在管理上，如果发现有个别羊离群或掉队情况，原因往往是生病或年老体弱。

羊的种类不同，其合群性也有差异。粗毛羊合群性强，细毛羊次之，半细毛羊和肉羊的合群性最差。绵羊与山羊相比，山羊的合群性更好一些。

2. 采食能力强，饲料利用范围广

羊属于食草动物，可采食多种植物。羊具有薄而灵活的嘴唇和锋利的牙齿，齿利舌灵，上唇中央有一纵沟，下颌门齿向外有一定的倾斜度。这种结构十分有利于采食地面矮草、灌木嫩枝。在马、牛放牧过的短草草地上，只要放牧不过度，羊仍能自由采食。羊的消化能力强，对粗纤维的利用率可达 50% ～ 80%，适合在各种牧地上放牧。羊对杂草的利用率也高，甚至能达到 95%。

山羊和绵羊的采食姿势略有不同，绵羊喜欢低头采食，而山羊则是“就高不就低”，只要有较高的植物，就昂起头从高处采食；山羊的食性比绵羊更杂、更广泛，除了采食各种杂草外，还啃食灌木枝叶和野果，且喜欢啃树皮，若管理不善，对林木果树有破坏作用。但可以利用山羊的这一特性防止灌木的过分生长，起到生物调节的作用。

3. 喜欢干燥，怕湿热

无论绵羊还是山羊，都适宜于在干燥、凉爽的环境中生活。羊最怕潮湿的草场和圈舍。在羊的放牧地和栖息场所都以干燥为宜。在潮湿的环境下，羊很容易发生寄生虫病和腐蹄病，同时毛质降低，脱毛加重。相比较而言，山羊比绵羊更喜欢干燥。如果圈舍泥泞，羊往往选在较高的干燥处站立或休息。

4. 性情温顺，胆小易惊

羊的性情温顺，在各种家畜中，羊是最胆小的畜种，无自卫能力，很容易遭受兽害。若突然受到惊吓，很容易“炸群”。羊一受惊吓就不容易上膘，所以管理人员平时对羊要和蔼，不应高声呵斥和抽打。

5. 怕热不怕冷

由于羊的被毛较厚，散热较慢，夏季炎热时，常常有“扎窝子”现象，尤其绵羊更容易发生。“扎窝子”现象就是绵羊将头部扎在另一只绵羊的腹下取凉，互相扎在一起，结果却是越扎越热，越热越扎，拥挤在一起，很容易造成中暑或受伤。所以夏季应采取防暑降温措施，早出牧晚归牧，中午休息时应设置遮阳棚或把羊群赶到树荫下。

6. 抗病能力强

羊只的抗病力较强，其对疫病的反应不像其他家畜那么敏感，因此，在发病的初期或遇到小病时，往往表现不出来。同时，其抗病力的强弱与品种有关。一般来说，粗毛羊的抗病力比细毛羊和肉羊强，山羊的抗病力比绵羊强。

7. 具有调情特点

公羊对发情母羊分泌的外激素很敏感。公羊会追嗅母羊外阴部的尿液，并发生反唇卷鼻行为，有时用前肢拍击母羊并发出求爱的叫声，同时做出爬跨动作。母羊在发情旺盛期，有的会主动接近公羊，或公羊追逐时会站立不动。小母羊的胆子小，当有公羊追逐时，常常惊慌失措，在公羊竭力追逐下才接受交配。

第二节　山羊品种

一、自国外引进的优秀山羊品种

1. 波尔山羊

波尔山羊被称为世界“肉用山羊之王”，是世界上著名的生产高品质瘦肉的山羊品种。该品种为白色被毛，头、颈、肩部均长着红褐色花纹。波尔山羊原产于南非，具有啃食灌木枝叶和宜于放牧的习性，是一个优秀的肉用山羊品种。波尔山羊具有体形大，生长快；繁殖力强，产羔多；屠宰率高，产肉多；肉质细嫩，适口性好；耐粗饲，适应性强；抗病力强和遗传性稳定等特点。2003 年，国家颁布了《波尔山羊种羊》（GB 19376—2003）标准，波尔山羊被认定是优良公羊的重要品种来源，作为终端父本能显著提高杂交后代的生长速度和产肉性能。

（1）外貌特征　波尔山羊的体躯、胸部、腹部毛色通常为白色，头颈和耳部为棕红色，额端到唇端有一条白色毛带，尾部为棕红色。

波尔山羊全身皮肤松软，颈部和胸部有明显的皱褶，尤以公羊为甚；被毛短而稀，有光泽；公、母羊均有角，角坚实，长度中等，公羊角基粗大，向后、向外弯曲，母羊角细而直立；额明显隆起突出，耳长而大，宽阔下垂；头部粗壮，体躯深而宽阔，呈圆筒形；前躯发达，肌肉丰满；腹部紧凑，尻部宽而长，臀部和腿部肌肉丰满；四肢端正，短而粗壮，前肢长度适中、匀称；眼睑和无毛部分有色斑。公羊有一个下垂的阴囊，有两个大小均匀、结构良好而较大的睾丸（图 2-1）。母羊有一对结构良好的乳房，面目清秀，具有雌性特征（图 2-2）。

图2-1　波尔山羊种公羊（阎振富提供）

图2-2　波尔山羊母羊（阎振富提供）

（2）繁殖性能　波尔山羊具有适应性强的特性，能适应从温带到热带的各种气候环境，另外还具有生长快、繁殖率高和抗病力强的特点。母羊母性好，性成熟早，四季发情。公羊一般在 6 月龄、母羊在 10 月龄时达到性成熟。母羊的初情期为 5 ～ 6 月龄，发情周期平均为 21 d，发情持续时间为 1 ～ 2 d，妊娠期平均为 148 d，产后发情平均为 20 d。波尔山羊繁殖力较高，一般 2 年产 3 胎。在自然放牧的条件下，产羔率在 160% ～ 220% 左右，繁殖成活率 160% ～ 170%，母羊产双羔率在 50% ～ 60%，产 3 羔率在 15% ～ 30% 左右。母羊可使用年限为 10 年左右。

（3）生产性能　波尔山羊经过多年的严格选育，其生长育肥性能明显优于其他品种。在放牧条件下，哺乳期单羔日增重可达 250 g 左右，6 ～ 9 月龄日增重 200 g 左右。在舍饲条件下，哺乳羔羊日增重可达 350 g 左右，10 周龄断奶体重可达 18 kg 左右，100 日龄公羔体重可达 32 kg，母羔可达 27 kg。

成年公羊体重在 105 ～ 115 kg，成年母羊体重 60 ～ 90 kg。波尔山羊羔羊最佳屠宰体重 38 ～ 43 kg，此时屠宰的羔羊肉肉质细嫩、适口性好、脂肪含量低、瘦肉率高。8 ～ 10 月龄羊的屠宰率为 48%，肉骨比为 4.7 ∶ 1，骨仅占 17.5%。1 岁羊屠宰率为 50%，2 岁羊屠宰率为 52%，3 岁羊屠宰率为 54%。良种波尔山羊的屠宰率要明显高于绵羊，并且是所有山羊品种中最高的。其胴体瘦而不干，厚而不肥，色泽纯正，膻味小，且肉质细嫩多汁，肉味纯正。

此外，波尔山羊泌乳性能好，泌乳期为 120 ～ 140 d，乳脂率为 5.6%。在放牧条件下，一般每天能产奶 2.5 L，这对于哺乳羔羊非常有利。

再就是，波尔山羊的板皮面积大，手感厚实，质地均匀，弹性好。成年波尔山羊的羊皮均可达到商业一级裘皮标准。

（4）适应性　波尔山羊的抗病能力比较强，对体内、体外寄生虫侵害不敏感，是目前世界上最受欢迎的肉用山羊品种。在干旱的情况下，不供水和饲料，波尔山羊可以比其他动物存活更长时间。同时，波尔山羊的适应性强，体质结实，四肢强健，食性广泛，适合长距离放牧，可利用各种杂草、灌木，其他动物不吃的植物也可以被其利用。波尔山羊的生长区域也比较广泛，除了有丰富牧草的地区，在杂草及农作物秸秆较多的地区也可以饲养波尔山羊。波尔山羊性情温顺，群聚性强，易于管理，适合集约化饲养，在严冬季节圈舍饲养增重较快。

2. 萨能山羊

萨能山羊是世界上最著名的奶山羊品种之一，是奶山羊的代表型，因原产于瑞士西北部的萨能山谷地带而得名，主要分布于瑞士西部的广大区域。现有的奶山羊品种几乎半数以上都不同程度存在萨能山羊的血统。它具有典型的乳用家畜体形特征——后躯发达。

（1）体形外貌　萨能山羊具有奶山羊的“楔形”体形，体格高大，细致紧凑。成年公羊体高 80 ～ 90 cm，体重 75 ～ 95 kg；成年母羊体高 70 ～ 78 cm，体重 55 ～ 70 kg。有“四长”的外形特点，即头长、颈长、躯干长、四肢长。眼睛大而灵活。被毛短粗，为白色或淡黄色，偶有毛尖呈淡黄色，由粗短髓层发达的有髓毛组成。公羊的肩、背、腹部着生少量长毛。皮肤薄，呈粉红色，仅颜面、耳朵和乳房皮肤上有小的黑灰色斑点。公羊、母羊均无角或偶尔有短角，大多有胡须，部分个体颈下靠咽喉处有一对悬挂的肉垂（但非品种特性，不能以此评定是否为纯种）。公羊颈部粗壮，母羊颈部细长。胸部宽深，背宽腰长，背腰平直，尻宽而长。公羊腹部浑圆紧凑，母羊腹部大而不下垂。四肢结实，姿势端正。蹄部坚实呈蜡黄色。母羊乳房基部宽广，向前延伸，向后突出，质地柔软，乳头 1 对，大小适中（图 2-3）。

（2）生产性能　萨能山羊抗病力强，用于改良其他品种效果也非常明显，许多国家都用它来改良本国的地方品种，选育成了很多地方奶山羊新品种，如英国萨能奶山羊、以色列萨能奶山羊、德国萨能奶山羊和我国的关中奶山羊等。其泌乳期为 300 d，产奶量为 600 ～ 1200 kg，个体最高产奶量达到 3080 kg，乳脂率为 3.8% ～ 4.0%。萨

图2-3　萨能山羊（阎振富提供）

能山羊早熟，繁殖力强，产羔率为200%，多产双羔和三羔。利用年限为10年左右。

3. 安哥拉山羊

安哥拉山羊，是古老的毛用山羊品种，也是世界上最著名的毛用山羊品种。原产于土耳其草原地带，土耳其首都安卡拉（旧称安哥拉）周围，主要分布于气候干燥、土层瘠薄、牧草稀疏的安纳托利亚高原地区。在安哥拉高原上繁殖最多，故得此名。安哥拉山羊因为能够生产光泽度好、价值高、质量好的“马海毛”而逐渐被人们重视，16～20世纪相继出口到一些国家。现已在美国、阿根廷、中国、澳大利亚和俄罗斯等国家饲养，以土耳其、美国和南非饲养最多。其产毛量高，毛长而有光泽，弹性大，且结实，国际市场上称之为马海毛，用于高级精纺，是羊毛中价格最昂贵的一种。

（1）外貌特征　安哥拉山羊体格中等，公、母羊均有角，颜面平直或微凹，耳大下垂，嘴唇端或耳缘有深色斑点。颈短，体躯窄，尻倾斜，骨骼细，体质较弱。全身被毛白色，由辫状结构组成，呈波浪形或螺旋形，可以垂至地面，具绢丝光泽（图2-4）。利用安哥拉羊与本地种羊杂交，其后代产毛量和毛的品质一般随杂交代数的增加而提高，但体重则降低。

图2-4　安哥拉山羊（阎振富提供）

（2）生产性能　成年公羊体重 50 ～ 55 kg，成年母羊体重 32 ～ 35 kg。羔羊在大群粗放条件下放牧，成活率为 75% ～ 80%。美国饲养的个体较大，公羊体重可达 76.5 kg。成年公羊剪毛量 5.0 ～ 7.0 kg，母羊 3.0 ～ 4.0 kg，最高剪毛量 8.2 kg。净毛率 65% ～ 80%。该羊在土耳其每年剪毛 1 次，在美国和南非每年剪毛 2 次。羊毛长度 13 ～ 16 cm，细度平均32 μm左右，随年龄增大而变粗，可纺50～52支纱。羊毛含脂率 6% ～ 9%。安哥拉山羊被毛主要由无髓同型毛纤维组成，部分羊只的被毛中含有 3% 左右的有髓毛。

安哥拉山羊性成熟较晚，一般母羊 18 月龄开始配种，多产单羔，繁殖率及泌乳量均低，流产是繁殖率低的主要原因。由于个体小，因而产肉量也低。

4. 吐根堡山羊

吐根堡山羊是一个乳用山羊品种，因起源于瑞士东北部的吐根堡河谷盆地而得名，现已分布于世界各地。其遗传性能稳定，适应能力极强，与地方品种的山羊杂交，能够将其特有的毛色和较高的泌乳性能遗传给后代。由它杂交形成的品种有英国吐根堡羊、荷兰吐根堡羊及德国吐根堡杂色改良羊等，对世界各地奶山羊的改良起到了重要作用。我国的四川、陕西、山西以及东北等地都先后引进吐根堡奶山羊，进行纯种选育和杂交改良。

（1）外貌特征　体形较小，与萨能山羊相近，被毛单色，为深浅各异的浅褐色至深褐色，有长毛和短毛两种类型。颜面两侧各有一条灰白色条纹，鼻端、耳缘、腹部、臀部、尾下及四肢下端均为灰白色，耳白色有一个黑色中心斑点，四肢以白色为主。公、母羊均有须，多数无角。公羊体长，颈细瘦，头粗大。母羊皮薄，骨细，颈长，乳房大而柔软（图 2-5）。

图2–5　吐根堡山羊

（2）生产性能　成年公羊体高 80 ～ 85 cm，体重 60 ～ 80 kg；成年母羊体高 70 ～ 75 cm，体重 45 ～ 55 kg。吐根堡山羊平均泌乳期 287 d，在英、美等国一个泌乳期的产奶量为 600 ～ 1200 kg，最高个体产奶纪录为 3160 kg。饲养在我国四川省成都市的吐根堡奶山羊，300 d 产奶量，一胎为 687.79 kg，二胎为 842.68 kg，三胎为 751.28 kg。羊奶品质好，膻味小，乳脂率 3.5% ～ 4.2%。像其他山羊一样，所产奶颜色较牛奶白，而且更易消化。

吐根堡山羊全年发情，但多集中在秋季。母羊 1.5 岁配种，公羊 2 岁配种，平均妊娠期 151.2 d，产羔率平均为 173.4%。利用年限为 6 ～ 8 年。

（3）适应性　吐根堡山羊体质健壮，性情温顺，耐粗饲，耐炎热，对放牧或舍饲都能很好地适应。遗传性能稳定，与地方品种杂交，能将其特有的毛色和较高的泌乳性能遗传给后代。公羊肉的膻味小，母羊奶中的膻味也较轻。

5. 纽宾山羊

纽宾山羊又名努比亚奶山羊。“努比亚”一词来自埃及语中的“nub”，因为埃及也是努比亚山羊的主产地，所以便用“努比亚”对羊进行命名。努比亚奶山羊属于亚热带品种，羊毛以棕色、暗红色为多见。努比亚奶山羊在我国经过了几十年的培育，与很多地方品种进行了杂交改良，也取得了很好的效果。例如，2012 年贵州省投资七千多万元在贵州省松桃县建立了贵州省努比亚山发展有限公司、努比亚研究所、努比亚原种场、努比亚杂交改良场，羊场总占地面积 4×10^6 m^2，建筑面积 6×10^4 m^2，并且组成了一支专门针对努比亚奶山羊进行系列培育与研究的队伍。

（1）外貌特征　纽宾羊头短、较小，鼻梁隆起，耳宽长、下垂，颈长，肢长，躯干较短，尻部短而倾斜，公、母羊大多无角无须。毛色较杂，有暗红色、棕红色、黑色、灰色、乳白色以及各种斑块杂色。乳房硕大，多呈球形（图 2-6）。

图2–6　纽宾山羊

（2）生产性能　纽宾羊体形较小，成年公羊体重 60 ～ 75 kg，母羊体重 40 ～ 50 kg。母羊泌乳期为 5 ～ 6 个月，产奶量为 300 ～ 800 kg，个体最高产奶量为 2009 kg。乳脂率为 4% ～ 7%。

（3）繁殖性能　纽宾羊性情温顺，耐热性较强，对寒冷潮湿适应性较差。繁殖力较高，1 年 2 胎，每胎 2 ～ 3 羔。

纽宾羊公羊初配种年龄为 6 ～ 9 月龄，母羊配种年龄为 5 ～ 7

月龄，发情周期 20 d，发情持续时间 1 ～ 2 d，妊娠时间 146 ～ 152 d，羔羊初生重一般在 3.6 kg 以上，哺乳期 70 d，羔羊成活率为 96% ～ 98%，产羔率为 265%。种羊利用年限为 5 ～ 7 年。

二、我国国内的优良山羊品种

1. 辽宁绒山羊

辽宁绒山羊是世界上最著名的绒用品种，产绒量最高，被誉为“国宝”，是我国重点资源保护动物。辽宁绒山羊发现于 1955 年，当时辽宁省农业厅技师在盖县（现在的盖州市）丁屯村调研时，发现当地有产绒相当多的绒山羊种群。1959 年，在进行品种资源调查时，由辽宁省农业厅组织专家对该品种进行性能测定，当时称为“盖县绒山羊”。后来发现辽东、辽南的几个县都有该品种。1980 年改名为“辽宁绒山羊”，并由农业部（今农业农村部）和辽宁省政府投资建设辽宁省绒山羊种羊场，负责辽宁绒山羊的品种选育、保护、研究和推广工作，1984 年通过国家品种鉴定，种羊场改名为原种场。

辽宁绒山羊是我国自己培育的地方优良品种，具有体质结实、适应性强、产绒量高、羊绒洁白、净绒率高、绒纤维长、绒细度适中、体形大、遗传性能稳定和改良低产山羊效果好等优点，在我国乃至世界绒山羊中都占有十分重要的地位。在我国品种资源保护名录中，辽宁绒山羊被列为重点保护的各类羊之首，也是我国政府规定禁止出境的少数几个品种之一。主产区原来有符合品种要求的辽宁绒山羊 180 万只，平均产绒量在 400 g 以上。

辽宁绒山羊具有其他同类山羊无法比拟的产绒性能，而且还具有把自身的优良特性稳定地遗传给后代的能力。几乎所有饲养绒山羊的地区都引进了辽宁绒山羊的血统，其引种的主要目的就是与本地绒山羊进行杂交。全国各地的引种实践证明，利用辽宁绒山羊改良本地品种的绒山羊均取得了较理想的效果。近年来，我国已经培育出多个绒山羊品种，如罕山白绒山羊、新疆绒山羊、宁夏绒山羊等，都引用了辽宁绒山羊作父本。

虽然辽宁绒山羊的总产绒量不足 400 t，仅占全国羊绒产量的 2% ～ 3%，但因其绒纤维长、净绒率高、细度好而深受用户的欢迎。

（1）产地和分布　主产于辽宁省东部山区和辽东半岛，分布于盖州市、岫岩满族自治县、凤城市、庄河市、宽甸满族自治县、瓦房店市、本溪市、桓仁满族自治县、辽阳等地区。原来产区存栏符合品种标准的绒山羊有 180 万只，2012 年产区符合标准的辽宁绒山羊已达 275 万只。

（2）体形外貌　头小，额顶有长毛，颌下有髯。公、母羊均有角，公羊角大，由头顶部向两侧呈螺旋式平直伸展，母羊多板角，向后上方伸展。颈宽厚，颈肩结合良好。背平直，后躯发达，四肢粗壮。尾短瘦，尾尖上翘。被毛白色，羊毛长而粗，无弯曲，有丝样光泽，绒毛纤维柔软（图 2-7，图 2-8）。

（3）生产性能　初生体重，公羔 2.39 kg，母羔 2.31 kg；周岁公羊平均体重 27.81 kg，母羊 23.73 kg；成年公羊平均体重 54.42 kg，母羊 37.17 kg。产区每年 4 月末至 5 月初梳绒，然后剪毛。产绒量，成年公羊平均 633 g，最高纪录为 1920 g；母羊平均 435 g，最高纪录为 1390 g。绒纤维细度，成年公羊平均 17.07 μm，母羊平均 16.32 μm；绒纤维自然长度，成年公羊平均 6.79 cm，成年母羊平均 5.88 cm；伸直长度，成年公羊平均 9.57 cm，成年母羊平均 8.32 cm。羊绒的绝对强度，成年公羊平均 6.31 g，成年母羊平均 6.05 g，伸度分别为 40.09% 和 37.80%。

据辽宁绒山羊原种场测定，成年羊羊绒密度公羊 3909 根 / 厘米 ^{2}，母羊 3421 根 / 厘米 ^{2}。毛的密度公羊 232 根 / 厘米 ^{2}，母羊 187 根 / 厘米 ^{2}。

辽宁绒山羊的产肉性能，成年公羊，宰前体重 49.84 kg，胴体重 24.33 kg，屠宰率 50.65%，净肉重 11.54 kg，净肉率 35.19%；母羊相应为 41.50 kg、20.74 kg、52.66%、14.07 kg 和 33.9%。

图2-7　辽宁绒山羊种公羊

图2-8　辽宁绒山羊母羊

（4）繁殖性能　公羊、母羊5月龄性成熟，一般到18月龄配种。1年1胎，母羊的繁殖年限为7～8年。产羔率110%～120%，平均118.3%。公羊在一个羊群中利用2～3年就要更换。

（5）适应性　辽宁绒山羊于1983年通过鉴定，由于该品种体形大、被毛白色、羊绒产量高、适应性强、遗传性稳定，在国内外享有盛誉，备受北方山羊产区青睐。引入区除了进行纯种繁育，还用种公羊作父本，改良本地低产母羊，收到明显效果。如用辽宁绒山羊改良宁夏山羊，改良河北、陕西、山东、新疆、北京地区的本地山羊，对羊绒产量和绒纤维长度的提高，都获得了较明显的效果。同时辽宁绒山羊对内蒙古罕山白绒山羊和新疆白绒山羊新品种的培育起到了极大的作用。

2. 南江黄羊

南江黄羊是我国第一个国家级肉用山羊新品种，于1998年4月17日被中华人民共和国农业部批准正式审定命名。该品种原产于四川省南江县，是采用多品种复杂杂交方法，在放牧饲养条件下，经过40余年的自然选择和人工选择培育而成的肉用山羊品种。

南江黄羊肉用体形明显，具有体格大、生长发育快、性成熟早、四季发情、繁殖力高、适应性强、产肉性能好、泌乳性能好、耐粗饲、遗传性稳定的特点，而且肉质细嫩、适口性好、板皮品质优。其主要肉用生产性能居国内领先水平。南江黄羊适宜在农区、山区饲养，已成为全国首个进入中南海国宴的专用肉羊品种。

（1）外貌特征　南江黄羊全身被毛黄色或黄褐色，毛短而富有光泽，颜面毛色黄黑，鼻梁两侧有一对称的浅色条纹。公羊颈下、前胸及四肢上端着生黑黄色粗长被毛，从头顶枕部沿着脊背至尾根有一条黑色毛带，十字部后渐浅。前胸、颈、肩和四肢上端着生黑而长的粗毛。母羊颜面清秀，乳房呈梨形，体躯各部结构紧凑，体质细致结实。头颈和颈肩结合良好，背腰平直，前胸深广，尻部略斜，四肢粗长，蹄质坚实，体躯略呈圆筒形。大多数公、母羊都有角，有角的约占90%，无角的约占10%，角向后外或向上呈倒八字形，公羊角呈弓状弯曲。公、母羊均有胡须，部分有肉髯。头形适中，鼻微拱，颈部短粗，耳大直立或微垂（图 2-9）。

图2–9　南江黄羊种公羊及羊群（阎振富提供）

（2）生产性能　南江黄羊成年公羊体重平均为 66.87 kg，成年母羊 45.64 kg；公、母羔初生重平均为 2.28 kg 和 2.14 kg，2 月龄体重公羔为 9 ～ 13.5 kg，母羔为 8 ～ 11.5 kg；1 岁公羊体重可达 37.61 kg，母羊可达 30.53 kg 以上。在放牧条件下，南江黄羊快长品系 6 月龄公、母羊体重可达 32.83 kg 和 26.33 kg。周岁体重可达 43.29 kg 和 33.38 kg。

南江黄羊性成熟早，羔羊 4 ～ 5 月龄或体重 25 kg 以上即可发情配种。公羊适宜配种的年龄为 12 ～ 18 月龄。成年母羊四季发情，繁殖不受季节限制，发情期平均为 20 d，妊娠期 148 d。一般 1 年产 2 胎或 2 年产 3 胎，平均产羔率 190% 以上。母羊最佳繁殖期为 8 月龄至 7 岁，公羊最佳配种年龄为 1.5 ～ 6 岁。

南江黄羊的肉用性能明显，在放牧饲养条件，周岁羯羊胴体重

15.04 kg、屠宰率49%；在“放牧+补饲”条件下，8月龄羯羊胴体重11.4 kg、屠宰率47.9%，3～4月龄公羔胴体重8 kg、屠宰率45.35%。

南江黄羊虽然被正式批准为品种的时间较短，但已经显示出肉用性能优良的特征，在我国南方亚热带山区饲养，具有良好的前景。

3. 马头山羊

马头山羊是肉皮兼用的地方优良品种之一，主产于湖北省十堰、恩施和湖南省常德、黔阳，以及四川省、贵州省武陵山一带等地区。主要分布在海拔300～1000 m的亚热带山区丘陵。这些地方四季分明，雨量充沛，无霜期长，牧草丰盛，马头山羊就是在这种生态环境条件下经过长期的自然和人工培育而形成的。马头山羊体形、体重、初生重等指标在国内地方品种中都居前列，是国内山羊地方品种中生长速度较快、体形较大、肉用性能最好的品种之一。1992年被国际“小母牛基金会”推荐为亚洲首选肉用山羊品种。农业部将其作为“九五”星火开发项目并加以重点推广，其中“石门马头山羊”为国家地理标志保护产品。

（1）外貌特征　马头山羊无论公、母羊都无角，头似马，性情迟钝，群众俗称“懒羊”。公羊头较长，大小中等，4月龄后额顶部长出长毛（雄性特征），并渐伸长，可遮至眼眶上缘，长久不脱，去势1个月后就全部脱光，不再复生。

毛以白色为主，有少量黑色和麻色。个体较大，体躯呈长方形，背腰平直，结构匀称，肋骨开张良好，臀部宽大，尾巴短而上翘，乳房发育良好，四肢结实有力。马头山羊按照臀部肌肉性状可分为“双肌”和“单肌”两种类型，但以双肌型品种较好（图2-10）。

（2）生产性能　马头山羊生长发育快，体格较大。成年公羊体重在45 kg左右，1岁公羊体重可达25 kg；成年母羊体重在34 kg左右，1岁母羊体重可达20 kg以上，但不同地区略有差异。肉用性能良好，成年母羊和羯羊的屠宰率都在50%以上。

图2-10　马头山羊

（3）繁殖性能　马头山羊性成熟早，四季可发情，但在南方以春秋冬季配种较多。母羔 3 ～ 5 月龄、公羔 4 ～ 6 月龄性成熟，一般在 8 ～ 10 月龄配种，妊娠期 140 ～ 154 d，哺乳期 2 ～ 3 个月。全年发情，当地群众习惯 1 年 2 产或 2 年 3 产，一般 2 年 3 胎。由于各地生态环境的差异和饲养水平的不同，产羔率差异较大，一般在 200% 以上。初产母羊多产单羔，经产母羊多产双羔或多羔。马头山羊是亚热带丘陵山区一个良好的肉用山羊品种。

4. 黄淮山羊

黄淮山羊又叫槐山羊，原产于黄淮平原南部，因广泛分布在黄淮流域而得名。主要分布在河南周口地区的沈丘、淮阳、项城、郸城和驻马店、许昌、信阳、商丘、开封以及安徽省及江苏省北部等地。黄淮山羊的饲养历史悠久，五百多年前就有历史记载。

（1）外貌特征　黄淮山羊结构匀称，骨骼较细。鼻梁平直，面部稍微凹陷，下颌有髯。分有角和无角两种类型。有角者，公羊角粗大，母羊角细小，向上向后伸展呈镰刀状；无角者，仅有 0.5 ～ 1.5 cm 的角基。颈中等长，胸较深，肋骨拱张良好，背腰平直，体躯呈筒形。种公羊体格高大，四肢强壮。母羊乳房发育良好，呈半圆形。毛被白色，毛短粗，有丝光，绒毛很少（图 2-11）。

图2-11 黄淮山羊（种公羊）（阎振富提供）

（2）生产性能 黄淮山羊成年公羊体重 34 kg 左右，成年母羊体重 26 kg。肉质鲜嫩，膻味小，屠宰率 45% 左右。产区习惯于当年羔羊当年屠宰。黄淮山羊具有性成熟早、生长发育快、四季发情、繁殖率高等特征。一般 5 月龄母羔就能发情配种，部分母羊 1 年 2 胎或 2 年 3 胎，产羔率平均 230% 左右。此外，皮板质量好，皮板呈蜡黄色，细致柔软，油润光亮，弹性好，是优良的制革原料。

黄淮山羊对不同生态环境都有较强的适应性，是黄淮平原地区优良山羊品种。其缺点是个体小，通过与肉用型山羊杂交，加强饲养管理，可提高黄淮山羊的产肉性能。

5. 关中奶山羊

关中奶山羊，因产于陕西省关中地区，故得此名。以富平、三原、泾阳、宝鸡、扶风、武功、蒲城、临潼、大荔、乾县、蓝田、秦都、阎良等 12 个县、区为生产基地县。全省关中奶山羊存栏量约百万只，其基地县奶山羊数量占全省的 95%。历年奶山羊存栏数量、向各地提供良种奶羊数都在持续增加。以上这些地方成为全国著名奶山羊生产繁育基地，故八百里秦川有“奶山羊之乡”的称誉。

（1）外貌特征 关中奶山羊为我国奶山羊中著名优良品种。其体质结实，结构匀称，遗传性能稳定，乳用型明显。头长额宽，鼻直嘴齐，眼大耳长。母羊颈长，胸宽背平，腰长尻宽，乳房庞大，形状方圆；公羊颈部粗壮，前胸开阔，腰部紧凑，外形雄伟，睾丸发育良好，四肢端正，蹄质坚硬，全身被毛短、色白。皮肤呈粉红色，耳、唇、鼻及乳房皮肤上偶有大小不等的黑斑。大部分羊无角，部分羊有角和肉垂。

成年公羊体高 85 cm 以上，体重 70 kg 以上；母羊体高不低于 70 cm，体重不少于 45 kg。体形近似于萨能奶山羊，具有头长、颈长、体长、腿长的特征，群众俗称“四长羊”（图 2-12，图 2-13）。

图2–12　关中奶山羊（种公羊）

图2–13　关中奶山羊（母羊）

（2）繁殖性能　公、母羊均在 4 ～ 5 月龄性成熟，一般 5 ～ 6 月龄配种，发情旺季在 9 ～ 11 月，尤以 10 月份最甚，性周期 21 d。母羊妊娠期 150 d，平均产羔率 178%。初生公羔重 2.8 kg 以上，母羔 2.5 kg 以上。种羊利用年限 5 ～ 7 年。

（3）生产性能　关中奶山羊以产奶为主，产奶是其主要经济指标。产奶性能稳定，产奶量高，奶质优良，营养价值较高。一般饲养条件下，优良个体一般泌乳期为 7 ～ 9 个月，平均产奶量一产可达 450 kg，二产 520 kg，三产 600 kg 以上，高产个体可达 800 kg 以上。鲜奶中乳脂率在 3.8% 左右。

关中奶山羊是一个非常适应平原地区的乳用品种，多年来已经向全国各地输出，在大多数地区表现良好。在良好的饲养管理条件下，产奶量有显著提高。

6. 中卫山羊

中卫山羊又称沙毛山羊，是我国独特而珍贵的裘皮山羊品种。原产于宁夏回族自治区的中卫、中宁、同心、海源和甘肃省的景泰、靖边等地。

（1）外貌特征　中卫山羊体质结实，身短而深，近似于方形。面部清秀，额部有卷毛。颌下有须。公羊有向上、向后、向外伸展的捻曲状大角，长度在 35 ～ 48 cm；母羊有镰刀状细角，长度 20 ～ 25 cm。被毛多为白色，少数呈纯黑色或杂色，光泽悦目，形成美丽的图案（图 2-14，图 2-15）。羔羊体躯短，全身生长着弯曲的毛辫，呈细小萝卜丝状，光泽良好，呈丝光。

（2）生产性能　成年公羊体重平均 54.25 kg，体高 61.4 cm，体长 67.7 cm；成年母羊体重平均 37 kg，体高 56.7 cm，体长 59.2 cm。成年羊屠宰率 40% ～ 50%，产羔率 103%。

7. 济宁青山羊

济宁青山羊原产于山东省西部的济宁和菏泽地区，是一种优良的羔皮用山羊品种。

图2-14　中卫山羊（公羊）

图2-15　中卫山羊（母羊）

（1）外貌特征　济宁青山羊体格小，俗称“狗羊”。无论公羊还是母羊均有角、有髯，额部有卷毛，被毛黑、白两色混生，特征是“四青一黑”，即被毛、嘴唇、角和蹄皆为青色，两前膝为黑色。毛色随着年龄的增长而变黑。由于黑、白毛的比例不同，分为铁青（黑毛 50% 以上）、正青（黑毛 30% ～ 50%）、粉青（黑毛 30% 以下）。由于被毛的粗细和长短不同而分为四个类型：细长毛型、细短毛型、粗长毛型和粗短毛型。其中，以细长毛型的猾子皮质量最好（图 2-16，图 2-17）。

图2-16　济宁青山羊（公羊）（阎振富提供）

图2-17　济宁青山羊（母羊）（阎振富提供）

（2）生产性能　济宁青山羊的成年公羊体重 28.8 kg，体长 60.1 cm，体高 60.3 cm；母羊体重 23.1 kg，体长 56.5 cm，体高 50.4 cm。成年羯羊的屠宰率为 50%。羔羊出生后 40 ～ 60 d 可初次发情，一般 4 月龄可配种。母羊 1 年 2 胎或 2 年 3 胎，一胎多羔，平均产羔率 293.6%。羔羊出生重 1.3 ～ 1.7 kg。

第三节　绵羊品种

一、自国外引进的肉用绵羊品种

1. 德国肉用美利奴绵羊

德国肉用美利奴羊（简称“德美羊”）是肉毛兼用羊的一种，是世界上著名的肉毛兼用型品种之一。德国肉用美利奴羊产于德国，主要分布在萨克森自由州农区，是用泊力考斯和英国的莱斯特公羊与德国原产地的美利奴羊杂交培育而成的。

（1）外貌特征　德国肉用美利奴羊体格大，体质结实，结构匀称，头颈结合良好，胸宽而深，背腰平直，臀部宽广，肥肉丰满，四肢坚实，体躯长而深，呈现良好肉用特性。该品种早熟，羔羊生长发育快，产肉多，繁殖力高，被毛品质好。公、母羊均无角，颈部及体躯皆无皱褶。后躯发育良好。被毛白色，密而长，弯曲明显，皮肤细腻呈粉红色（图 2-18）。

（2）生产性能　德国肉用美利奴羊在世界优秀肉羊品种中，是唯一除具有个体大、产肉多、肉质好优点外，还具有毛产量高、毛质好特性的品种，是肉毛兼用最优秀的父本。成年公羊体重为 100 ～ 140 kg，母羊 70 ～ 80 kg；10 月龄公羊体重可达 90 kg，母羊 65 kg。成年公羊体高 75 cm，母羊体高 65 cm；10 月龄公羊体高 70 cm，母羊体高 60 cm。羔羊生长发育快，在良好饲养条件下，羔羊育肥期间日增重可达 300 ～ 350 g，130 d 可屠宰，活重可达 38 ～ 45 kg，胴体重 8 ～ 22 kg，屠宰率可达 50%。成年羊屠宰率在 50% 以上。

图2-18　德国肉用美利奴绵羊（阎振富提供）

（3）繁殖性能　德国肉用美利奴羊具有较高的繁殖能力，性早熟，12 月龄前就可第一次配种，产羔率为 135% ～ 150%。母羊保姆性能好，泌乳性能好，羔羊死亡率低，羔羊生长发育快。

（4）被毛品质　德国肉用美利奴羊毛密而长，弯曲明显。剪毛量成年公羊 10 ～ 11 kg，成年母羊 4.5 ～ 17.5 kg；公羊毛长 8.0 ～ 10.0 cm，母羊 6.0 ～ 8.0 cm；毛细度 58 ～ 64 支，净毛率 45% ～ 52%。

（5）利用情况　我国在 20 世纪 50 年代末和 60 年代初由德意志民主共和国引入千余只，分别饲养在辽宁、内蒙古、山西、河北、山东等省（区）。据报道，德国肉用美利奴羊改良粗毛羊效果显著，杂交后代的羊毛品质明显改善，肉用型个体的比例较高，杂种羊的生长发育也比较快。该品种对气候干燥、降水量少的地区有良好的适应能力，耐粗饲。在细毛羊品种中有很好的肉用性能，其杂交一代 6 月龄体重可达 35 kg。对这一品种资源要充分利用，可用于改良农区、半农半牧区的粗毛羊或细杂母羊，增加羊肉产量。德国肉用美利奴羊是最值得大力推广和利用的品种之一。但据一些地方反映，在纯种繁殖后代中，公羊的隐睾率比较高，故今后使用该品种时必须引起注意。

2. 萨福克羊

萨福克羊是世界上著名的肉用品种，原产于英国东部和南部丘陵地区，用南丘公羊和黑面有角诺福克母羊杂交，在后代中经严格选择和横交固定育成，以萨福克郡命名。现广布世界各地，是世界公认的用于终端杂交的优良父本品种。具有早熟、生长发育快、产肉性能好、母羊母性好、产羔率适中等特点。

（1）外貌特征　萨福克羊体格大。被毛白色，但偶尔可发现有少量的有色纤维。头短而宽，鼻梁隆起，耳大。公、母羊均无角。颈长、深且宽厚，胸宽，背、腰和臀部长宽而平。肌肉丰满，后躯发育良好。体躯主要部位被毛白色，头和四肢为黑色，并且无羊毛覆盖（图 2-19）。

图2–19　萨福克羊（阎振富提供）

（2）生产性能　成年公羊体重 100 ～ 136 kg，成年母羊 70 ～ 96 kg；3 月龄羔羊胴体重 17 kg，肉嫩脂肪少。剪毛量成年公羊 5 ～ 6 kg，成年母羊 2.5 ～ 3.6 kg；毛长 7 ～ 8 cm，细度 50 ～ 58 支，净毛率 60% 左右。产羔率 130% ～ 140%。早熟，生长快，肉质好，产羔率很高，适应性很强。

（3）繁殖性能　萨福克羊主要是利用其早熟、生长发育快的特点来杂交改良地方绵羊品种，生产肥羔。在我国以饲养当地粗毛绵羊为主的地区，可利用萨福克羊作为父本进行杂交，以提高产肉性能。

3. 无角陶赛特羊

无角陶赛特羊原产于澳大利亚和新西兰。该品种是以雷兰羊和有角陶赛特羊为母本、考力代羊为父本进行杂交，杂种羊再与有角陶赛特公羊回交，然后选择所生的无角后代培育而成的，1954 年正式登记注册为品种，属于肉毛兼用型半细毛羊品种。适合作肉羊生产的终端父本。具有性情温顺、易于管理、产肉性能好、早熟、生长发育快、全年发情、耐热、适应干旱气候能力强等特点。

（1）外貌特征　无角陶赛特羊被毛为白色。肉用体形明显，体质结实。头短而宽，光脸，羊毛覆盖至两眼连线，耳中等大小，公、母羊均无角；颈短粗，前胸凸出，体躯长，胸宽深，肋骨开张，背腰平直；后躯丰满，发育良好，从后面看，呈倒 U 形；四肢短粗；整个躯体呈圆筒状（图 2-20）。

图2-20　无角陶赛特羊（公羊）（阎振富提供）

（2）生产性能　成年公羊体重 90 ～ 100 kg，成年母羊 55 ～ 65 kg。4 ～ 6 月龄羔羊平均日增重 250 g，6 月龄体重达 45 ～ 50 kg。羊毛长 7.5 ～ 10.0 cm，净毛率为 60%，细度 48 ～ 58 支，剪毛量 2.5 ～

3.5 kg。无角陶赛特母羊具有全年发情的特点，发情周期为 14 ～ 18 d，发情持续期为 32 ～ 36 h。产羔率为 130% ～ 180%，按产羔季节以春羔最多，占全年的 87%。羔羊断奶成活率为 86% ～ 95%。

我国新疆和内蒙古曾从澳大利亚引入该品种，经过初步改良观察，其遗传力强，是发展肉用羔羊的良好父系品种之一。例如，用无角陶赛特羊与小尾寒羊杂交，杂交 1 代公羊 3 月龄体重达 29 kg，6 月龄体重达 40.5 kg，屠宰率 54.5%，净肉率 43.1%，净肉重 19.14 kg，后腿、腰肉重 11.15 kg，占胴体重 46.07%。该品种适合在我国北方地区饲养。

4. 德克塞尔羊

德克塞尔羊是 19 世纪初期，由林肯羊和莱斯特羊进行杂交，在荷兰海岸线远端的德克塞尔岛育成的肉用品种。具有肌肉发育良好、瘦肉多等特点。现在美国、澳大利亚、新西兰等有大量饲养，被用于肥羔生产。1997 年中国农业科学院畜牧研究所从新西兰引进，90 年代末期，我国黑龙江、宁夏等省（区）也引进，引种效果良好。

（1）外貌特征　德克塞尔羊体形中等，公、母羊均无角，耳短，头及四肢无羊毛覆盖，仅有白色的发毛。头部宽短，鼻部、眼部皮肤为黑色。背腰平直，肋骨开张良好。体躯丰满，眼大凸出。

（2）生产性能　德克塞尔羊具有瘦肉率高、胴体品质好等特点。成年公羊体重 85 ～ 100 kg，成年母羊 60 ～ 80 kg。羊毛纤维细度 46 ～ 56 支，剪毛量 3.5 ～ 4.5 kg，毛长 7.5 ～ 10.0 cm 左右。羔羊生长发育快，4 ～ 5 月龄可达 40 ～ 50 kg。屠宰率 55% ～ 60%，产羔率 150% ～ 160%。该羊一般用作肥羔生产的父系品种，并有取代萨福克羊地位的趋势。

德克塞尔羊突出的特点是具有较高的屠宰率，屠宰率在 55% 以上，眼肌面积大，比其他肉羊品种高 7% 以上。因此，一些国家把德克塞尔羊作为肥羔的终端父本。该品种另一个突出的特点是生长快，在良好饲养条件下，断奶前羔羊日增重可达 340 g，3 月龄断奶体重可达 34 kg，是理想的肉用品种。

二、我国国内的优良绵羊品种

1. 小尾寒羊

小尾寒羊产于山东省的西南部、河南省东北部、河北省南部的黄淮平原一带，是我国肉裘兼用型绵羊品种，具有长发育快、性早熟、繁殖力强、遗传稳定、适应性强等特点，被国家定为名畜良种，被人们誉为中国“国宝”、世界“超级羊”及“高腿羊”，并被列入《国家级畜禽遗传资源保护目录》。

作为小尾寒羊主产区的黄淮平原地区，地势平坦，土质肥沃，气候温和，是我国小麦、玉米、花生等作物的主产区，农作物可一年两熟，农业发达，农产品丰富。小尾寒羊就是在这种优越的自然条件和饲养条件下经过长期的选择和培育而形成的。

（1）外貌特征　小尾寒羊体形结构匀称，侧视略呈正方形。鼻梁隆起，耳大下垂。短脂尾呈圆形，下端有纵沟，尾尖上翻，尾长不超过飞节，一般长约 18 cm。尾形很不一致，多为长圆形，尾长 14 cm，最长不过 23 cm，宽 11.6 cm，有的尾根较宽而向下逐渐变窄，呈三角形，也有的尾尖向上翻。胸部宽深，肋骨开张，背腰平直。体躯呈长圆筒状，前后躯发育匀称，但欠丰满。四肢高，健壮端正。公羊头大颈粗，有发达的螺旋形大角，角根粗，角质坚实，角尖稍向外偏，也有的向内偏，称为“扎腮角”，角呈三棱形；前躯发达，四肢粗壮，有悍威、善抵斗。母羊头小颈长，有角者约占半数，形状不一，但多数仅有角根，有镰刀状、鹿角状、姜芽状及短角等；眼大有神，嘴头齐，鼻大且鼻梁隆起；耳中等大小，耳朵转动灵活，一般都向下垂。小尾寒羊以白色毛为最多，占总数的 70% 以上；头部及四肢有黑斑或褐色斑点者次之，头部黑色或褐色多集中于眼的周围、耳尖、两颊或嘴上。小尾寒羊被毛密度小，腹部无绒毛，四肢上端毛也较少，油汗比细毛羊少。按照被毛类型可分为裘毛型、细毛型和粗毛型三类。裘毛型毛股清晰、弯曲明显，花弯适中、美观；细毛型毛细密，弯曲小；粗毛型毛粗，弯曲大（图 2-21）。

图2-21　小尾寒羊

（2）生产性能　小尾寒羊早熟、多胎、多羔。6月龄即可配种受胎，1年2胎，胎产2～6只，有时高达8只。每胎平均产羔率达266 % 以上，每年产羔率达500 % 以上。成年公羊平均体重90 kg左右，少数可达110 kg；成年母羊平均体重50 kg左右。生长快、体格大、肉多、肉质好，4月龄即可育肥出栏，年出栏率400 % 以上。6月龄体重可达50 kg，周岁时可达100 kg。周岁育肥羊屠宰率55.6%，净肉率45.89%。小尾寒羊肉质细嫩，肌间脂肪呈大理石纹状，肥瘦适度，鲜美多汁，肥而不腻，鲜而不膻，而且营养丰富，蛋白质含量高，胆固醇含量低，富含人体必需的各种氨基酸、维生素、矿物质元素等。

小尾寒羊适应性强，虽是蒙古羊系，但由于千百年来在鲁西南地区已养成“舍饲圈养”的习惯，因此日晒、雨淋、严寒等不良自然条件均可由圈舍调节，很少受气候因素的影响。小尾寒羊在全国各地都能饲养，北至黑龙江及内蒙古，南至贵州和云南，均能正常生长、发育、繁衍。凡是不违背小尾寒特殊的生活习性的地区，饲养均获得成功。

小尾寒羊遗传性能稳定，高产后代能够很好地继承亲本的生产潜力，品种特征保持明显，尤其是小尾寒羊的多羔、多产特性能够稳定遗传。

小尾寒羊裘皮质量好，4 ～ 6 月龄羔皮，制革价值高，加工鞣制后，板质薄，重量轻，质地坚韧，毛色洁白如玉，光泽柔和，花弯扭结紧密，花案清晰美观。其制裘价值堪与中国著名的滩羊二毛皮相媲美，而皮张面积却比滩羊二毛皮大得多。但有的羊被毛属于异质毛，由无髓毛和两型毛组成，因此，这样类型被毛的经济价值不高。小尾寒羊 1 ～ 6 月龄羔皮，毛股花弯多，花穗美观，是冬季御寒的佳品。成年羊皮张面积大，质地坚韧，适于制革，一张成年公羊皮面积可达 12240 ～ 13493 cm^2，相当于国家标准的特级皮面积，因此制革价值很高，加工鞣制后，是制作各式皮衣、皮包等革制品及工业用皮的优质原料。

（3）繁殖性能　小尾寒羊具有性成熟早、四季发情、繁殖力高、遗传性能稳定等特点。母羊在 5 ～ 6 月龄即可发情，当年就可配种；公羊 8 月龄可用于配种。母羊发情多集中在春、秋两季，发情周期为 18 d 左右，妊娠期 150 d。繁殖率高是小尾寒羊的主要特点，大多数 1 胎产 2 羔，1 胎产 3 ～ 4 羔也非常常见，初产母羊产羔率 200% 以上，经产母羊 250% 以上。

2. 湖羊

湖羊是太湖平原重要的家畜之一，是我国一级地方畜禽保护品种，也是稀有白色羔皮羊品种。具有早熟、四季发情、1 年 2 胎、每胎多羔、泌乳性能好、生长发育快、改良后有理想产肉性能、耐高温高湿等优良性能。主要分布于我国太湖平原。湖羊多终年舍饲，是我国特有的羔皮用绵羊品种，产后 1 ～ 2 日宰剥的小湖羊皮因花纹美观而闻名于世。湖羊也是世界著名的多胎绵羊品种，在 2000 年和 2006 年先后两次被农业部（今农业农村部）列入了《国家级畜禽遗传资源保护目录》。

（1）外貌特征　湖羊体格中等，公、母羊均无角，头狭长，鼻梁隆起，多数耳大下垂，颈细长，体躯狭长，背腰平直，腹微下垂，短脂尾呈扁圆形，尾尖上翘，四肢偏细而高。被毛全白，腹毛粗、稀而短，体质结实（图 2-22）。

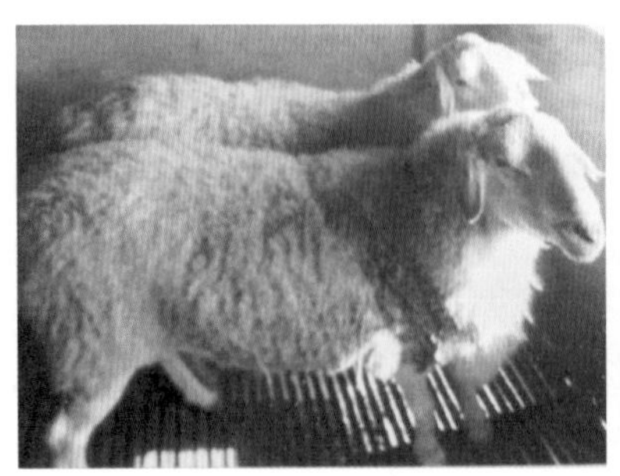

图2-22　湖羊及湖羊舍饲羊群

（2）生产性能　湖羊以其羔皮具有的水波纹状花纹而闻名，其花纹类型主要有波浪形和片花形两种。波浪形花纹是由一排排的波浪状的花纹组成，毛丝紧贴皮板，花纹明显，即使抖动也不会散乱，波浪规则整齐；片花形花纹则以毛纤维生长方向不一致、花形不规则、在羔皮上呈不规则排列为其特点。湖羊是著名的羔皮用绵羊品种。成年公羊体重大约 50 kg，成年母羊体重大约 37 kg 左右，1 岁时，公、母羊可达成年体重的 70% 左右。湖羊的剪毛量不高，公羊平均为 1.5 kg，母羊平均为 1.0 kg 左右，毛长 12 cm 左右，被毛由多种纤维类型组成。湖羊主要生产羔皮，近年来，羔皮需求量减少，价格也有所下降。

湖羊四季发情，但主要集中在春、秋两季。一般 1 年 2 胎或 2 年 3 胎，产羔率随着胎次的增加而增加，平均产羔率为 230%。利用湖羊多产和四季发情特点，通过与肉用品种杂交，生产羔羊肉，是弥补羔皮需求下降的有效途径。

第三章

羊的繁殖技术

第一节　影响羊繁殖的因素

羊繁殖力通常以产羔率来表示，即产活羔数占分娩母羊数的百分比，或者是以一群羊在一年中的产羔数来表示。

1. 地区气候与品种对羊繁殖的影响

生长在寒冷地区或品种原始的绵羊，发情呈明显的季节性，即秋配春产，我国大多数绵羊品种属于这种类型。而温暖地区或人工选择的品种，发情往往没有严格的季节性，表现为常年发情，如小尾寒羊、湖羊等。山羊的发情季节以秋季较多，奶山羊的发情多为春、秋两季。处于温带、热带地区的山羊，全年均可发情。

2. 遗传力对羊繁殖的影响

羊在繁殖能力方面的差异，同遗传关系最为密切。一般来说，公羊和母羊的繁殖能力强，则它们的后代繁殖能力也强。因此，可以通过选择多羔的公羊、母羊或者选择本身就是多胎羔的公羊、母羊作为种羊，以保持和提高产羔率。

另外，第一次产羔时间也往往影响终生的产羔数。比如，选择发育快、初情期早的公羊、母羊，可以把这种早熟性遗传给后代。如果选择的是体形大、体质好、抗病能力强的公羊、母羊，一般情况下它的后代也具有这样的特点。

但是近亲交配，对遗传力的发挥影响很大，甚至会使得后代出现遗传缺陷，还会出现畸形羊（即两性羊），表现为羊两性畸形，又称雌雄同体羊。两性羊的特征是在同一羊体上同时具有公、母两性的生殖器官。两性羊在山羊品种中时有发生，而在绵羊中很少见。两性羊还有真假之分，真两性羊是同一个体具有两种性腺（睾丸和卵巢，或包含睾丸和卵巢组织的两性腺体）；假两性羊是指在同一个体内只有一种性腺（睾丸或卵巢），但生殖器官的其他部分为两性形式，通常假两性羊比较常见。近亲交配还会导致品种矮化和繁殖力降低，这也就是一只种公羊在羊群中的利用年限不能超过 3 年的原因。所以，要严格避免近亲交配对遗传带来的影响。

基于以上原因，对于那些繁殖力低下、体形体格小、体质差的羊不能作为种用，这样的公羊一定要坚决淘汰。

3. 营养水平对羊繁殖的影响

营养水平的高低对于繁殖力的影响表现在很多方面，比如饲料的成分以及能量含量，蛋白质的质量，维生素、矿物质的供应程度等都会对繁殖力产生极大的影响。

公羊的精液品质好坏受营养水平的影响很大，特别是蛋白质的供应程度。饲料中蛋白质质量好、含量丰富，则精液的量多，精液的品质也好，这也就是在繁殖季节每天给配种的种公羊增加两枚生鸡蛋的原因。一般情况下，能量供应充足，蛋白质质量好，羊的繁殖力就高，但是营养过剩时对羊的繁殖力会起反作用，比如，过于肥胖的公羊、母羊繁殖力反而降低。因此，母羊不能过肥，公羊在八成膘的时候较为适宜。

4. 光照、温度和相对湿度对羊繁殖的影响

光照、温度和相对湿度对于母羊的发情和排卵、胚胎成活率以及胎儿的发育有较大的影响，这三个因素一般都是同时起作用，所以要

同时考虑。

光照对母羊发情有影响，每天光照时间在 10 ～ 12 h 的春季和秋季母羊发情较多。

高温对羊的繁殖影响很大。在 32 ℃以上的环境里，羊的繁殖力会大大下降，胚胎不能成活。据测定，种公羊在一年中，春、秋两季的射精量高，精液品质也好，而冬季的射精量减少，在炎热的夏季，公羊性欲变差，精子可能会出现畸形，繁殖力下降。高温对胎儿的发育也非常不利，初生体重会减少，因此在夏季应考虑这一因素，以减少高温对羊繁殖的影响。

过低的气温也影响羊的繁殖力。当日平均温度下降到零下 15 ℃的时候，羊开始掉膘，严重时造成营养不足而降低繁殖力。所以，为了减少气温对羊繁殖力的影响，可以避开严冬季节和炎热夏季产羔和配种。

5. 母羊年龄对羊繁殖的影响

母羊的年龄和胎次对繁殖力的影响是比较明显的。一般情况下，第 1 胎的产羔率相对较低，随着胎次的增加，产羔率也不断提高，到了第 4 胎以后逐渐稳定，大约到了 6 岁以后又开始下降。因此，2 ～ 6 岁的母羊，受胎率和胚胎成活率较高，是繁殖的黄金年龄。当母羊的繁殖率明显下降，又对后代的体质等方面都有影响时，就应该作育肥处理了。

6. 疾病情况对羊繁殖的影响

疾病是影响繁殖力的重要因素。母羊和公羊的各种生殖器官疾病都能直接影响繁殖力。比如，一般情况下，公羊的阴囊和睾丸的温度低于体温，如果由于发热、运动过度而造成体温升高，可能造成暂时性的不育，因为精子的形成和发育需要 6 ～ 7 周的时间。如果配种公羊得病，则会造成繁殖力降低或完全不育。再比如，羊群感染了布氏杆菌病等传染病，容易引起流产，产羔率降低，严重影响繁殖力。

7. 影响羊繁殖的其他因素

分娩和哺乳影响母羊的发情。母羊一般在分娩后需要 2 ～ 3 周的时间，其子宫才能恢复正常，因此在这一时间段内发情明显减少，或者母羊即使发情也往往拒绝交配。

哺乳对发情也有一定的影响，特别是对膘情比较差的母羊影响更大。因此，提前断奶是提高繁殖力的措施之一。

另外，母羊与公羊经常接触，可以影响母羊的发情或排卵，因为母羊能从视觉、听觉和嗅觉上受到刺激。因此，在饲养过程中有意让母羊多接近公羊，可以促进母羊提前发情和排卵。

第二节　提高羊繁殖力的技术措施及途径

1. 羊繁殖力的表示方法

（1）受配率　受配率也称配种率，指实际配种的母羊数占群体总数的百分比。

（2）受胎率　受胎率又分为总受胎率和情期受胎率两个方面。总受胎率是指在配种期间，通过配种受胎的母羊数占配种母羊数的百分比，它等于配种期内各情期受胎率的总和；情期受胎率是指在一个发情周期内，通过配种受胎的母羊数占实际参加配种母羊数的百分比。

（3）产羔率　指产出羔羊数占相对应的分娩母羊数的百分比。

（4）羔羊成活率　至 4 月龄断奶分群，成活的羔羊数占出生羔羊数的百分比。

（5）繁殖成活率　在配种母羊群中，出生羔羊成活数占参配母羊数的百分比。

2. 提高繁殖力的有效方法

（1）提高种公羊和种母羊的营养水平　营养水平对羊的繁殖性

能具有重大的影响。对配种公羊而言，充足的营养可以提高性欲，增强体质，促使其生产出数量多、活力强的精子，满足配种的需要；而低营养水平，不仅会影响性欲，降低体质，而且后代成活率也低。对于配种母羊而言，短期优饲可以刺激多排卵，从而提高产羔率。

在一定程度上，母羊的体重和产羔率之间存在正相关的关系。据资料报道，配种前体重每增加 1 kg，产羔率可增 2.1%。提高母羊各阶段营养水平，保证良好体况，能够直接影响繁殖力。实践证明，配种前 2 ～ 3 周提高羊群的饲养水平，可使一胎多羔率增加 10%。

配种前期进行催情补饲，可使母羊到配种季节时达到满膘，全群母羊全部发情、排卵。特别是在妊娠的后两个月，不仅要让母羊吃饱，还要保证营养全面。坚持补饲混合精料（玉米、豆粕、麸皮、微量元素等）以及优质青干草、多汁饲料（萝卜等块根块茎）。在哺乳期，一般双羔的母羊日补混合精料 0.4 kg，青干草 1.5 kg；单羔母羊日补混合精料 0.2 kg，青干草 1 kg。加强妊娠后期和哺乳期母羊的饲养，可明显提高羔羊的初生体重。

相比较而言，种公羊的饲养更为重要。以波尔山羊举例来说，要求种公羊的饲料丰富多样，营养价值也要高，主要饲料是混合干草或者是豆科植物类。在配种期间，应多补充维生素、蛋白质以及各种矿物质。动物性蛋白能很好地提高公羊精子的质量。另外，在配种期间，可以根据实际情况适当饲喂鸡蛋和羊奶。维生素能提高公羊的性功能，维生素 A 有利于精子的生成，维生素 C 能提高精子的活力，维生素 E 有利于精子的成活。所以，配种前期，可以给公羊补充维生素添加剂或者胡萝卜和青草。波尔山羊公羊的矿物质补充也非常重要，可以在饲料中添加矿物质添加剂，以保证公羊营养均衡。在管理上，根据经验，非配种期间公羊、母羊应该隔离饲养，临近配种期时再混合饲养，这样有利于提高公羊的配种能力。

（2）充分利用高繁殖力羊的遗传优势　羊的产羔性状具有一定的遗传特性，一般繁殖力高的公羊，其后代多具有同样高的繁殖力。比如，对于波尔山羊来说，其产羔量一般具有很强的遗传性。因此，在选择种羊时，应尽量选择多胎多羔的公羊和母羊后代，这样不仅能增加产量，也能提高波尔山羊的繁殖力。

公羊睾丸的大小也可以作为有用的早期指标。一般大睾丸的公羊初情期要早，同时阴囊围大的公羊，其交配能力也强。凡是单睾、睾丸过小、畸形、质地坚硬、雄性不强的公羊，都不能留种。每头公羊本交母羊不超过 50 只。公羊在非配种季节应有中等的营养水平，配种季节要求更高，要精力充沛，又不过肥。配种前 30 ～ 45 d 就要加强营养和饲养管理。配种季节，每头每日供青饲料 1 ～ 1.3 kg，混合精料 1 ～ 1.5 kg，干草适量，有时还要加几个鸡蛋。

如果母羊的产双羔率（多羔率）高，则其后代也具有这种特性，用产羔率较高的公羊与产羔率较低的母羊群体配种，能提高整个群体的产羔率。因此，选择繁殖力较高的公羊、母羊，其后代的繁殖力也会大幅度提高。另外，根据经验，光脸型母羊（脸部裸露、眼睛下无细毛）比毛脸型（脸部被覆细毛）产羔率高 11%，所以年轻、体形较大而且脸部裸露的母羊所生的双羔应该优先利用。初配就空怀的处女羊，以后也容易空怀。连续两年发生难产，产后弃羔，母性不强，所产羔羊断奶后体重过小的母羊也应淘汰。母羊的产羔率还与年龄有关，2 ～ 6 岁时产双羔（多羔）率最高，7 岁以后逐渐下降，因此 7 岁以上的母羊要及时淘汰。通过合理调整羊群结构，使 2 ～ 7 岁羊占 70%，1 岁羊占 25%，这就是最佳年龄结构。

（3）缩短母羊的产羔间隔　缩短母羊产羔间隔的具体措施包括哺乳母羊早配、1 年 2 产、2 年 3 产。在实际养殖过程中，往往与激素类药物应用结合进行，虽然在一定范围内取得了成功，但该做法还处于试验阶段，其中有些问题还需要进一步论证。例如，激素类药物对母羊内分泌系统的干扰作用；母羊生殖器官恢复所需要的时间；母羊的生殖潜能到底有多大；等等。特别需要指出的是，有些品种的羊 1 年 2 产即使成功，也不能连续 2 年实行，否则会导致母羊生殖紊乱，从而降低繁殖性能。

（4）控制光照和温度　光照对羊繁殖具有重要作用。羊在原始状态下，属于短日照发情动物，也就是白昼的时间越来越短的季节开始发情。在我国的绵羊品种中，除了小尾寒羊和湖羊等个别品种为非季节性繁殖外，大多数绵羊品种是季节性繁殖。在光照时间不断变长的春季，母羊发情受到抑制，只有较少一部分母羊发情；而在光照时间逐渐变短的秋季，母羊则表现出群体发情，并且受胎率、产羔率也明显高于春季。也就是说，其繁殖时期一般在 7 月份至翌年 1 月份，而集中发情时间是在 8 ～ 10 月。对于种公羊，也明显存在季节性差异。例如，即使是同一只公羊，在同样的营养水平条件下，其春季性欲、精子的活力、完整精子率也明显低于秋季。因此，要充分发挥羊的繁殖能力，就必须充分了解和利用其繁殖特性。例如，秋季配种，夜间避免灯光照射，人为缩短光照时间等。

温度对于羊繁殖的影响主要表现在：高温如果超过 37 ℃，则会造成精子、卵子死亡，缩短精子和卵子的寿命；过低的温度，会造成妊娠母羊流产，死胎增多。因此，配种季节应尽量避免温度过高和过低，妊娠母羊在夏天要做好防暑降温，以利于保胎。

（5）保持羊群正常的年龄结构　保持羊群正常的年龄结构，就是提高适龄母羊的比例。如果让适龄母羊在整个羊群中的比例达到 60% 以上，可大大提高羊群的繁殖力。母羊的年龄结构与其繁殖性能有一定的相关性。母羊一般在 6 月龄左右就具有排出正常卵子的能力，12 月龄可以繁殖后代（但为了保证以后的繁殖效果，母羊一般多是在 1.5 岁才配种繁殖），以后每年的繁殖性能逐渐上升，到 4 ～ 6 周岁时达到最高峰，以后又逐年下降。因此，选择好壮龄的母羊，可以提高群体的产羔水平，7 岁以上的老龄母羊应逐渐淘汰。对于羊只的年龄，可以用羊的牙齿生长和磨损程度进行判定。下面是利用牙齿生长和磨损程度鉴定羊的大致年龄的方法（图 3-1）。

以绵羊为例，根据门齿状况鉴定年龄。绵羊的门齿依据其发育阶段分为乳齿和永久齿。幼龄绵羊乳齿计 20 枚，随着绵羊的生长发育，将逐渐更换为永久齿。绵羊成年时牙齿可达 32 枚。幼龄绵羊的乳齿小而白。成年绵羊的永久齿大而略带黄色，上、下颚各有臼齿 12 枚（每边各 6 枚），下颚有门齿 8 枚，上颚没有门齿。

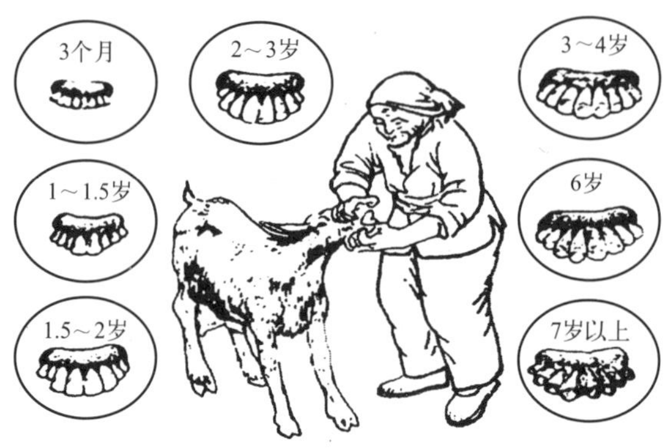

图3-1　通过牙齿鉴别羊年龄示意

绵羊羔出生时下颚即有门齿（乳齿）1对，生后不久长出第二对门齿，生后2～3周长出第三对门齿，生后3～4周长出第四对门齿。第一对门齿（乳齿）脱落更换成永久齿时的年龄一般为1～1.5岁，更换第二对门齿时年龄为1.5～2岁，更换第三对门齿时年龄为2～3岁，更换第四对门齿时年龄为3～4岁。4对门齿（乳齿）完全更换为永久齿后，一般称为“齐口”或“满口”。

根据4岁以上绵羊门齿的磨损程度鉴定年龄。一般绵羊到5岁以上时，牙齿即出现磨损，俗称“老满口”。6～7岁时门齿已经有松动或脱落的，这时称“破口”。门齿出现齿缝、牙床上只剩点状齿时，年龄已达8岁以上，俗称“老口”。

当然，羊牙齿的更换时间和磨损程度受很多因素的影响。一般早熟品种羊换牙比其他品种早6个月以上完成；个体不同，换牙时间也有差异。此外，牙齿的磨损程度与羊采食的饲料种类也有关，如采食粗硬的秸秆，可使得牙齿磨损更快。

（6）克服胚胎早期死亡和不孕症　在实际生产中，胚胎早期死亡与不孕症是很难截然分清的，造成胚胎早期死亡的原因大致有以下几个方面：

① 气温过低，天气寒冷。

② 近亲繁殖。

③ 营养不良，母羊瘦弱。

④ 细菌和病毒感染。

⑤ 其他因素。主要包括生殖器官疾病、内分泌紊乱、输精时死精过多、习惯性流产、影响生殖性能的疾病（如布氏杆菌病）等。还有公羊的无精症、死精症等。因此，在治疗时必须找出其真正原因，对症治疗，方能恢复羊正常的繁殖能力。

（7）根据出生类型选留种羊　母羊随着年龄的增长产羔率会有变化。一般初产母羊就能产双羔或多羔，则其后代也具有繁殖力高的遗传基础，适合选留作种。

（8）根据母羊的外形选留好的种羊　有些品种的羊，一般无角的母羊产羔数高于有角的母羊，有肉髯的母羊产羔性能略高于无肉髯的母羊。但无角山羊中也容易产生间性羊（雌雄同体羊、两性羊），因此，山羊群体中应适当保留一定比例的有角山羊，以减少间性羊的出生。

（9）利用孕马血清诱发母羊多排卵　在营养良好的情况下，羊一般每次可排出 2 ～ 7 个卵子，有时能排出 10 个以上。但为什么不能都受精而形成胚胎呢？这是因为卵巢上的各个卵泡发育成熟及破裂排卵的时间先后不一致，使得有些卵子排出后已经错过了和精子相遇而受精的机会。同时，子宫容积对于发育胎儿的个数有一定的限制，使得过多的受精卵没能按时着床而死亡。注射孕马血清可以诱发母羊在配种最佳时间多排卵，因为孕马血清除了具有和促卵泡素相似的功能外，还具有类似促黄体素的功能，能促进排卵和黄体的形成。孕马血清诱发母羊多排卵的使用方法为皮下注射，剂量为 600 ～ 1100IU（国际单位）。或给配种母羊肌内注射孕马血清促性腺激素（PMSG）800IU，双羔率明显提高。注射后 3 d 内发情率 95% 以上，繁殖率 156.3%。

（10）激素免疫法提高双羔率　激素免疫法的原理是利用卵泡发育和黄体形成过程中的孕酮和雌激素的抗原性，制成抗原免疫药物，让其诱发母羊产生抗体，使母羊血液中的天然雌激素水平降低，刺激促性腺激素分泌，加速卵巢中卵泡的成熟，使得母羊同时排出多个成熟的卵子，从而使羊群中产双羔（多羔）的母羊比例提高。目前，我国已经生产出以雄烯二酮为主体的激素抗原免疫型药物，其商品名称为“XJC-A 型双羔苗”。使用方法是在配种前 40 d，每只母羊肌内注射双羔苗 2 mL，28 ～ 30 d 后再注射 1 次，用量与第 1 次相同，过 10 d 左右即可配种。国内产品还有兰州畜牧研究所和内蒙古等地生产的双羔苗（素），于母羊配种前 5 周和 2 ～ 3 周颈部皮下各注射 1 次，每次每只 1 mL，可提高排卵率 55% 左右，提高产羔率 20% 以上。

影响双羔苗应用效果的因素有以下几个方面：①母羊膘情好，产双羔的增多；相反，如果营养缺乏，矿物质供应不足，双羔苗的应用效果不大。②繁殖力较低的比繁殖力高的应用效果要好。③母羊配种时，体重大的比体重小的应用双羔苗的效果要好。

（11）应用同期发情控制技术　就是使用激素等药物，人为地控制母羊的生理过程，使母羊在 1 ～ 3 d 内同期发情。

目前比较实用的方法是孕激素阴道栓塞法。取一块泡沫塑料，大小如矿泉水瓶盖，拴上细线，浸入激素制剂溶液，塞入母羊子宫颈口，细线的一端引致阴门外（便于拉出），放置 10 ～ 14 d 后取出，取出阴道塞的当天肌内注射孕马血清促性腺激素 400 ～ 500IU，一般 30 h 左右即可发情，在发情的当天和次日放进公羊自然交配。

（12）分娩控制　在产羔季节，控制分娩时间，有针对性地提前或错后，有利于统一安排接羔工作，节省劳力和时间，并提高羔羊的成活率，这也是提高羊群繁殖力的有效方法。

诱发提前分娩常用的药物有地塞米松（15 ～ 20 mg）、氟米松（7 mg），在预产期的前 1 周注射，一般 36 ～ 72 h 即可完成分娩。晚上注射比早晨注射引产的时间快些。注射雌激素也可诱发分娩。如注射 15 ～ 20 mg 苯甲酸雌二醇，48 h 几乎全部分娩。

总之，为了充分挖掘羊的繁殖潜力，有效提高羊的生产力，应重点抓住如下几个技术环节：

① 注意羊种和个体的选育。即使是同一品种，羊个体之间繁殖力的差异也是很大的。在选种时应重视选择体形大、高产的羊，有目的地选用繁殖力高的公、母羊进行配种。

② 加强配种前后的营养水平。母羊一胎的产羔数主要受排卵个

数、受精卵个数和受精卵中能从发育到出生的个数等因素的控制。以上这三方面的因素除了受到遗传因子的影响外，还与营养水平的高低密切相关，如果改进配种期的营养条件，做到配种前后给公、母羊以优质的饲料，既可确保公羊精液品质又能增加母羊的排卵个数和受精卵个数，同时还能提高受胎率和胚胎存活率。加强妊娠后母羊的饲养管理可以提高初生羔羊的初生重以及存活率。

③ 充分利用繁殖高峰期。平均产羔率随着胎次的递增而逐渐上升，一般在 4 ～ 6 胎时最高，第 6 胎以后逐渐下降。养羊户应该遵循这个客观规律，充分应用繁殖高峰期。

④ 采取有效措施实现 2 年 3 胎或 3 年 5 胎。对于四季发情排卵的品种，可以终年安排配种产羔。从资源的开发与利用及大幅度增加养羊的经济效益的角度来考虑，有必要在羊繁殖高峰期内安排生产 10 胎，但必须保证有良好的饲养管理条件。

⑤ 应用胚胎移植技术。胚胎移植技术就是从一只母羊（供体）的输卵管或子宫内冲出早期胚胎，移植到另一只母羊（受体）的相应部位，从而实现“借腹怀胎”，以产生供体的后代。这项技术可通过普通地方品种羊繁殖良种后代，在生产实践中具有很高的经济价值，但技术较为复杂，只能在具备条件的羊场施行。

第三节　羊的选育、繁殖和杂交改良

一、羊的选育

羊的选育包括两方面的含义：一是通过育种方法使基因重组，培育出新的高产羊品种；二是通过育种方法使其生产性能在原有基础上有所提高。

选育的目的主要是通过表现型来选择高产、优质，并能够把优秀性状遗传给后代的羊。羊的生产性能的表现是由基因和环境共同作用实现的。即使有优良基因，没有好的环境条件，优良基因也难以充分表现；相反，环境条件再好，其本身没有优良基因，生产性能也不会高。因此，在育种实践中必须把选种、选配、饲养管理、繁殖、防病等内容很好地结合起来，才能获得成功。

（一）选种

选种要把提高羊的生产性能作为工作的重点，另外，繁殖特性和生长发育也是不容忽视的内容。选种是育种工作的基础和重要手段，通过选种可以把优秀个体选出来，把不好的个体淘汰掉。

1. 外貌特点

选种要选择符合品种特征的个体。比如，辽宁绒山羊公羊要选角粗大，多向上再向两侧展开的；母羊要选择角较细，多向后上方直立的。公、母羊要选择那些眼大有神，鼻梁平直，嘴大，嘴唇灵活，颌下有髯；体躯比较瘦，紧凑结实；全身有较多而均匀的被毛，四肢结实，尾椎不发达，尾短尾瘦，尾尖上翘的个体。

2. 本身品质

以个体品质为基础的选择是表型选种。羊的身高、体重等主要经济性状都是摸得着、看得见的，公、母羊都可以测量，所以，可以把表型看成基因型的具体表现。很多研究证明，表型选种是十分有效的，应作为选种的主要依据。要进行个体鉴定、个体生产性能测定，进行综合比较，从中选出最理想的种羊。

（1）种羊鉴定　根据品种标准审查每只公羊的各个性状。鉴定的主要项目和方法：

① 体形。从被鉴定羊的前、后和体侧观察体躯结构是否协调，体态是否丰满，肢势是否端正，被毛是否整齐，外貌及生殖器官有无缺陷等。

② 体质。从羊的头型、骨骼、皮肤发育、被毛光泽等方面审查评定羊的健康程度。头宽大，骨粗，皮厚，被毛粗则是粗糙质；头窄小，嘴巴尖，管骨纤细，皮薄毛稀则是细致类型体质；介于二者之间

的是结实健康体质。体质以健、粗、细来标志。体格大小表示羊的发育状态，在本群内比较，以大、中、小表示。

（2）生产性能测定　产毛量、体重等生产性能是选种的客观、重要依据。

① 羊毛：在剪毛同时逐只测量产毛量并登记入册。

② 体重：剪毛后逐只测量羊空腹体重并登记入册。

另外，还要称量羔羊初生重、断奶重及周岁重，以确定羔羊生长发育状况。

3. 系谱审查

观察被选种羊祖先的表型品质，祖先都好则它本身也应该是好的，实质是以家系为基础的基因型选择。所以，从种羊场买种羊时一定要有种羊系谱，以帮助选种。

4. 后裔测验

通过后裔成绩反馈，考查种羊的遗传力。后裔测验费时费力，只能对种公羊进行。主要方法有母女对比法，即某公羊所配母羊的成绩与女儿成绩比较，观察提高效果。也有同龄儿女比较法，即各个公羊间儿女成绩比较，以观察各个公羊的遗传能力。

选种是一项复杂细致的工作。一般来说，个体表现型选种是有效的。当然，在个体选择的基础上，能做到系谱选择就更好。后裔测验实质上是遗传信息反馈，使遗传力考查更准确，但是做起来费时费力，还有延长世代间隔等不利的一面，所以在选种时应灵活而协调地运用这些方法。

（二）选配

选配是为了实现育种目标所采用的最合适的配种制度。

1. 表型选配

表型选配是按公羊、母羊经济性状的表现进行的选配。选配有同质（同型）选配和异质（异型）选配两种选配方法。

（1）同质（同型）选配　同质选配就是将具有相同优良性状的公羊、母羊进行交配，以达到巩固并发展这些性状的目的。比如对于波尔山羊来说，选择体形大的公羊配体形大的母羊，以期望获得体重大的后代。

（2）异质（异型）选配　其目的有两个，一是用具有优良特性的公羊与具有相对缺陷的母羊交配，以期望获得改进了母羊缺陷的后代；二是用具有不同优点的公羊、母羊交配，以期望获得能结合两者优点的后代。如产肉量高的公羊配体格大的母羊，以期望获得产肉量高、体格大的后代，创造出新类型。

2. 亲缘选配

亲缘选配指血缘关系相近的公羊、母羊之间的选配。在刚刚开始的育种群里，群体的遗传结构比较混杂，往往采用近亲交配的方法，以加快群体基因型的纯合过程，提高纯合程度和遗传稳定性。但是，近亲交配通常伴有生活力下降、生产性能减退等缺陷，必须与大量淘汰相结合。一般专业养羊户最好不使用近亲交配方式，如果不是特殊需要，1 只种公羊在 1 个羊群内使用时间最好不超过 3 年，否则就会出现近亲交配现象。

（三）繁育方法

繁育方法有纯种繁育和杂交改良。应根据育种目标、育种水平、育种进程采用相应的方法。

1. 纯种繁殖

根据国内情况，又可分为本品种选育和引种纯繁两种方法。

（1）本品种选育　我国有许多符合国民经济发展和人民生活需要的优秀羊品种，只要进行较系统的选育工作，羊只品质就会有很大提高。如小尾寒羊、辽宁绒山羊的繁育都是地方品种选育成功的典型实例。

（2）引种纯繁　利用引入的羊扩大繁殖，是目前国内各省（自治区）采取的主要方法。现在已有很多省（自治区）引进国内外优秀品种的羊进行引种繁育，且普遍都获得了成功。

2. 杂交育种

杂交可以丰富动物遗传类型，使羊群杂合基因型频率增加，纯合基因型频率减少。通过引进高产品种改造低产品种，将杂交后代中符合育种需要的个体进行横交，利用基因的分离与重组，可获得新的优秀类型，从而育成新品种，提高羊的生产性能。为了获得比较理想的杂交育种效果，在育种实际中要注意如下问题：

第一，慎重选择参与杂交的品种是搞好杂交育种的关键。要根据杂交育种目标，对杂交用的品种进行研究及考察，分析各自的优缺点，确定改造哪些性状。

第二，研究杂交组合以及杂交代数，以选择最佳杂交组合和最适宜的杂交代数。

第三，确定正确的选种方法和产品性状评定方法，实行严格的淘汰制。

第四，杂交育种过程中，要加强饲养管理，使优良性状得以表现出来。

二、羊繁殖技术

（一）公、母羊生殖器官的构成及功能

1. 公羊生殖器官的构成及功能

公羊的生殖器官由睾丸、附睾、副性腺（精囊腺、前列腺、尿道球腺）、阴茎等组成（图 3-2）。公羊的生殖器官具有生产精子、分泌雄性激素以及交配的功能。

2. 母羊生殖器官的构成及功能

母羊的生殖器官主要由卵巢、输卵管、子宫、阴道以及外生殖道等部分组成。卵巢的功能是产生卵子和分泌雌性激素；输卵管是精子和卵子结合的部位，并把受精卵输送到子宫；子宫是胎儿生长发育的地方；阴道是交配和胎儿产出的通道（图 3-3）。

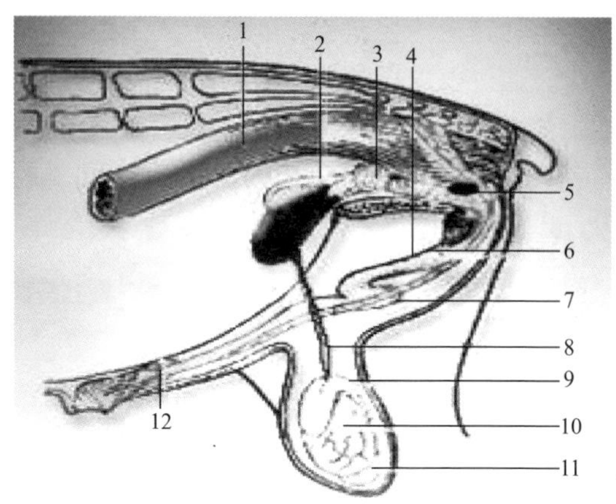

图3-2 公羊生殖器官的构造示意

1—直肠；2—输精管壶腹；3—精囊腺；4—前列腺；5—尿道球腺；6—阴茎；7—“S”状弯曲；8—输精管；9—附睾头；10—睾丸；11—附睾尾；12—阴茎游离端

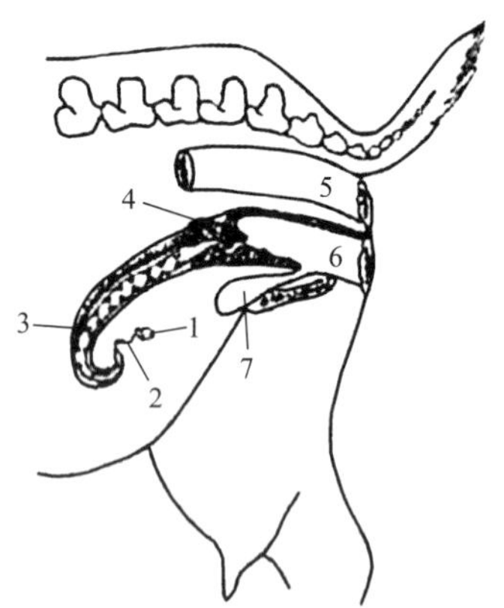

图3-3 母羊生殖器官的构造示意

1—卵巢；2—输卵管伞；3—输卵管的受精部位；4—子宫；5—直肠；6—阴道；7—膀胱

（二）发情生理与发情鉴定

1. 公羊的性行为和性成熟

公羔的睾丸内出现成熟的、具有受精能力的精子时，公羊便进入性成熟期。一般公羊的性成熟期为 5 ～ 7 月龄。性成熟的早晚与羊的品种、营养条件、体重、光照、个体发育、气候等因素有关。一般是体重大、生长发育快的个体性成熟早；营养充足平衡的个体性成熟提前；缩短光照以及异性刺激均会使性成熟提前。

性成熟不等于体成熟，一般公羊要达到 1.5 ～ 2 周岁体成熟后才可以参加配种。公羊的性行为主要表现在性兴奋、求偶、交配。公羊表现性行为时，常有举头，口唇上翘，发出一连串鸣叫声，互相拍打，前蹄刨地面，嗅闻母羊的外阴、后躯及头部等。性兴奋发展到高潮时进行爬跨交配。公羊交配动作迅速，时间仅数十秒。

2. 母羊的初情期与性成熟

母羊性机能的发育过程是一个发生、发展至衰老的过程，一般分为初情期、性成熟期及繁殖机能停止期。

母羊幼龄时期的卵巢及其他性器官均处于未完全发育状态，卵巢内的卵泡多数萎缩闭锁。随着母羊的生长和发育，达到一定的年龄和体重时，母羊即发生第一次发情和排卵，即进入初情期。此时，母羊虽有发情表现，但不完全，发情周期也往往不正常，其生殖器官仍在继续生长发育中。母羊的初情期一般为 6 ～ 8 月龄左右，即达到性成熟的月龄。母羊的性成熟期早晚主要取决于品种、个体、气候和饲养管理条件等因素。体况发育良好的性成熟早，温暖地区较寒冷地区为早，饲养管理好的性成熟也较早。

母羊到了一定年龄，生殖器官已发育完全，具备了繁殖能力，称为性成熟期。性成熟后，母羊就能够配种怀胎并繁殖后代，但此时身体的生长发育尚未成熟，故性成熟年龄并不意味着就是最适配种年龄。实践证明，幼龄母羊过早配种，不仅严重阻碍其本身的生长发育，而且严重影响后代的体质和生产性能。但是，母羊初配年龄过迟，不仅影响其繁殖进程，而且会造成经济上的损失。因此，要提倡适时配种，一般而言，在其体重达到本品种成年体重的 70% 时即可开始配种。母羊适配年龄为 1.5 ～ 2 周岁（18 ～ 24 月龄左右）。以波尔山羊为例，波尔山羊母羊 6 月龄时就有了繁殖能力，公羊也是 6 月龄性成熟。

3. 发情和发情周期及产羔时期

（1）发情　母羊发育到一定程度就表现出一种周期性的性活动现象。母羊发情主要包括三方面的变化：

① 精神状态的变化。母羊发情时，常常表现兴奋不安，对外界刺激反应敏感，食欲减退，反刍停止，有交配欲望，主动接近公羊，在公羊追逐或爬跨时常站立不动。

② 生殖道的变化。发情期间，在雌性激素的作用下，生殖道发生一系列变化，如外阴松弛、充血、肿胀，阴蒂勃起，阴道充血、松弛，阴道分泌有利于交配的黏液，子宫颈口松弛、充血、肿胀，并有黏液分泌。子宫腺体增长，为受精卵的发育做好准备。

③ 卵巢的变化。母羊在发情前 2 ～ 3 d 卵巢的卵泡发育很快，卵泡内膜增厚，卵泡液增多，卵泡部分突出于卵巢表面。

（2）发情持续期　母羊每次发情持续的时间称为发情持续期，羊的发情持续期约为 24 ～ 48 h。母羊排卵一般在发情后期，成熟卵子排出后在输卵管中存活的时间约为 4 ～ 8 h，公羊的精子在母羊的生殖道内受精最旺盛的时间是 24 h，为了使精子和卵子得到充分结合的机会，最好在排卵前数小时内配种。因此，比较适宜的配种时期是发情中期。在生产实践中，有经验的养殖户都是这样操作的：早晨试情后，找出发情母羊立即配种，傍晚再配 1 次。

（3）发情周期　即母羊从上一次发情开始到下一次发情的间隔时间。在 1 个发情期内，未配种的或虽经配种但未受孕的，其生殖道和机体发生一系列周期性变化，会再次发情。羊发情周期大多平均为 21 d。例如，波尔山羊母羊的发情周期为 21 d，发情持续时间为 37 h。

（4）产羔时期　母羊产羔可以分为产冬羔、产春羔、产秋羔及四季零散产羔几种方式。

每年 1 ～ 3 月份所产的羊羔称冬羔，其发情母羊的配种时间大致在上一年的 8 ～ 10 月份。

每年 4 ～ 5 月份所产的羊羔称春羔，配种时期大致在上一年的 11 ～ 12 月份。

每年 9 ～ 10 月份所产的羊羔称秋羔，配种时期大约在同一年的 5 ～ 6 月份。

每年四季各月份都有羔羊产出，这种产羔方式称为零散产羔，也就是老百姓所说的“拉拉羔”，这是公羊放入母羊群中，随时发情随时交配的结果。上述各种产羔方式有如下特点：

① 产冬羔。母羊在妊娠期间营养状况比较好，羔羊发育良好，初生重大，体质较健壮，1 ～ 3 月份出生后，到了 5 ～ 6 月份可以吃上青草，生长发育迅速，到 11 月份体重已经达到 15 ～ 25 kg，可以安全度过冬季。但由于产羔季节气候寒冷，圈舍保暖就显得非常重要，要防止感冒及肺炎等。羔羊因为寒冷聚堆，容易被分娩母羊压在身下或因群体骚动被踩伤踩死。因此，要做好防寒保温工作。一般在农区、山区条件好的牧区可采用产冬羔模式。

② 产春羔。母羊产羔期间的气候较产冬羔时温暖，可以避开寒流，母羊在哺乳前期已能吃上青草，乳汁比较充足，加之气温较凉爽，羔羊长势良好。缺点是母羊在妊娠期间，牧场的植被条件较差，牧草枯黄，依靠放牧无法满足营养需求，必须实行放牧和补饲相结合、放牧和舍饲相结合的饲养方式，要准备充足的优质干草，补喂一定量的营养平衡的精饲料，同时必须做好羔羊的补饲工作。在气候寒冷或饲养条件差的地区可采用产春羔模式。

③ 产秋羔。产秋羔往往是由于实行 1 年 2 产配种方式而产生的结果。例如，产春羔或产秋羔后，分娩母羊经过 1 ～ 3 个月的机体恢复再次自然发情，或通过注射药物或早期断奶等人为方式强制其发情并进行配种，于 9 ～ 11 月份产羔，分娩母羊修整后进行冬季配种。这种产羔方式，从产羔季节上来看，正处于秋季，气温较高，母

羊奶水充足，但羔羊在冬季到来之前并不能断奶，往往影响母羊的秋季发情配种。羔羊发育期间，正处于气温较高、雨水较多、后期气温冷暖多变的阶段，因此应做好防暑、防寒、防潮湿、防疾病等工作。

④ 零散产羔。这种方式大多存在于个体养羊户，母羊较少，公羊、母羊混群放牧，随时发情随时本交配种，容易造成近交。优点是不使发情母羊漏配。此种方法不适合大规模养羊及选育。

4. 发情鉴定

发情鉴定的目的是及时发现发情母羊，掌握好配种或人工授精的时间，防止误配、漏配，提高受胎率。母羊发情鉴定有很多种方法，例如外部观察法、子宫黏液测定法、阴道检查法、试情法、体温测定法、激素测定法、“公羊瓶”试情法等。

（1）外部观察法　羊的发情表现一般都比较明显，经过仔细观察，很容易辨别。早期妊娠诊断有两种方法：

① 观察母羊配种后的 1 个月之内是否再次发情，如果不再发情可能就是怀孕了。但是这种方法的可靠性不是 100%，因为母羊发情受各种因素制约，可能因气候、饲料、疾病等原因不再发情。

② 巩膜检查法。翻开母羊的上眼皮，观察母羊巩膜上的血管，如果在瞳孔的正上方有了一根竖立的、较粗大的微血管，表现为充盈而且凸起于巩膜的表面，并呈现紫红色，这是妊娠的征兆。这种现象由怀孕起一直持续到产后 1 周左右。空怀母羊的巩膜没有这种现象，且其微血管也很小而不显露，并呈淡红色。用此方法诊断，准确率在 97% 以上，是掌握母羊是否妊娠最简便实用的方法。

（2）阴道检查法　这种方法不适合大群体的发情鉴定，可以在人工输精时结合公羊试情法共同进行。具体做法是：用阴道开膣器来观察阴道黏膜、分泌物和子宫颈口的变化，以判断发情与否，发情到什么程度。如果母羊阴道黏膜充血，呈现粉红色或深红色，表面光滑湿润，有透明黏液流出，子宫颈口充血、松弛、开张，有黏液流出，则为发情早期。如果阴道黏膜特别是子宫颈口的黏膜呈深红色或老红色，子宫颈口和阴道的黏膜为白色，则为发情晚期。如果母羊的阴道黏膜为白色，未充血，也没有黏液，则没有发情。做阴道检查时，先将母羊保定好，外阴部清洗干净。将阴道开膣器清洗、消毒、烘干后，涂上灭过菌的润滑剂或用生理盐水浸湿。工作人员左手横向持开膣器，闭合前端，慢慢插入阴道内，再轻轻打开开膣器，通过反光镜或手电筒光线检查阴道变化。检查完后稍微合拢开膣器，然后缓慢抽出。值得注意的是，用阴道开膣器撑开母羊阴道口，即使母羊不发情，由于开膣器的作用也会使阴道黏膜逐渐充血，这就要求阴道检查时动作要快，并结合黏液变化互相印证。

（3）试情法　母羊是否发情还可以采用公羊试情的办法。

① 试情公羊的准备。试情公羊必须是 2 ～ 5 周岁、体格健壮、无疾病、不用来配种的公羊。为了防止试情公羊偷配，要给试情公羊绑好试情布，试情布尺寸为 30 cm×25 cm。也可对试情公羊做输精管结扎或阴茎移位术。

公羊阴茎移位手术很简单。麻醉后先使羊仰卧，最好仰卧在木槽里，槽帮高 15 cm 左右，保定好后，在其腹部剪毛消毒，然后距离右侧阴茎包皮 1.5 ～ 2.0 cm 处切开皮肤，剥离阴茎旁侧组织直达基部。再从腹下右侧基部，与阴茎呈 45° 角切开皮肤进行剥离，其切口大小、粗细以恰好容纳阴茎为度，并将阴茎移位缝合。原阴茎切口处的皮肤也照样缝合。术后用碘酒消毒，撒上消炎粉。

术后应细心护理公羊，保持羊舍清洁干燥，防止雨水淋漓。禁止公羊爬沟越壕，出入灌木丛中，免得碰破伤口。要经常检查，防止伤口化脓生蛆。

② 试情公羊的管理。试情公羊应单圈喂养，除试情外，不得和母羊在一起。对试情公羊要给予良好的饲养条件，使其保持活泼健康。试情公羊应每隔 5 ～ 6 d 排精 1 次或本交 1 次，以使其保持旺盛的性欲。

③ 试情方法。用于试情的公羊与母羊的比例要合适，以 1∶（20 ～ 30）为宜，母羊过多可能会影响试情的准确性。羊群要保证试情时间和试情次数。一般情况下每群羊应该早、晚各试情 1 次，对

于 1 ～ 2 周岁的母羊，应根据情况酌情增加 1 次试情，每次试情应保证在 0.5 h 以上。试情公羊进入母羊群后，工作人员不要轰打和喊叫，只能适当驱赶母羊群，使母羊不拥挤在一处。站立不动并接受试情公羊爬跨的母羊就是发情羊，发现后要迅速挑出，驱赶到圈外，避免公羊射精影响性欲。如果不接受爬跨，则为不发情或发情不好的母羊。用这种方法可以将母羊群中 90% 以上的发情母羊挑选出来。

（4）“公羊瓶”试情法　在公羊不充足的情况下，可以用“公羊瓶”试情法来挑选发情母羊。具体做法是：用热毛巾用力揩擦公羊的角基部，然后将热毛巾放入玻璃瓶中，再将玻璃瓶（即“公羊瓶”）放在待试情的母羊群中，或试验者手持“公羊瓶”站在羊群中，如果母羊前来嗅闻，则认定该母羊为发情母羊，反之为不发情母羊。其原理是：在公羊的角基部和耳根之间能够分泌出一种性诱激素，发情母羊对这种激素的气味很敏感，据此可以判断母羊是否发情。

（三）初配的年龄

要想确定初配年龄，就必须明白性成熟和体成熟这两个概念。性成熟就是开始形成性细胞和性激素。凡是到了性成熟的时候，就能配种、怀孕并繁殖后代了。但是性成熟并不意味着就到了适宜的配种年龄，因为这一时期，羊的身体并没有充分发育。生产实践证明，这时的羊过早配种不仅妨碍其自身的生长发育，而且严重影响后代的性能；反之，如果配种过晚，到了成年开始配种，则养羊的经济效益将会受到影响。

根据实践经验，在一般情况下，早熟的羊品种，母羊 6 月龄、公羊 8 月龄就可参加配种。生长慢、发育差的羊或晚熟品种的羊要推迟配种年龄，一般为 1.5 ～ 2 岁左右。以波尔山羊为例，波尔山羊属于非季节性繁殖的山羊，是一种常年发情的羊。母羊 6 月龄左右时就有了繁殖能力，秋季是性活动高峰期，所以，此时繁殖率比较高。公羊也是 6 月龄左右性成熟。

（四）配种时间和配种方法

1. 配种时间的确定

（1）发情表现　母羊达到性成熟年龄时，卵巢会出现周期性排卵现象，随着每次排卵，生殖器官也发生了周期性的系列变化，周而复始，直至性衰退以前。我们通常把母羊有性行为的时期叫发情，此时母羊表现出可以接受交配的状态。母羊发情持续期在 2 d（24 ～ 48 h）左右，但是不同品种之间的差异较大，初次发情持续时间较短，随着年龄的增加而增加，但老母羊发情持续时间又变短，范围在 8 ～ 60 h。

把两次排卵之间的时间，也就是两次发情的时间间隔称为性周期，即发情周期。羊的发情周期大约 10 ～ 29 d，品种间的差异很大。比如小尾寒羊的发情周期为 18 ～ 21 d，平均为 20 d；波尔山羊的发情周期平均为 21.6 d，范围在 18 ～ 22 d，发情持续期为 32 ～ 40 min。

（2）交配的时机　母羊排卵一般是在发情结束前后的几个小时。成熟的卵在输卵管中存活的时间为 4 ～ 8 h。公羊的精子在母羊的生殖道内受精作用最旺盛的时间在 24 h 左右。为了使得精子和卵细胞得到最恰当的结合机会，最好在排卵前数小时内交配，比较适宜的时机是发情中期，但实际上很难做到，因此一般都是在发情期内多次交配。如果在一个月内不再发情（一般是 17 ～ 21 d），就表明已经受胎。

（3）合适的配种季节　秋季的 10 月末至 11 月份，春季的 4 月末至 5 月份是最适宜的配种季节。这样产羔的时间就分布在 2 月末至 3 月份以及 9 月末至 10 月份，既避开了炎热的配种季节，也不在严冬季节产羔，既能提高受胎率，又能提高成活率。

羊为季节性发情动物，一般以 8 ～ 11 月份为发情旺季。年产 1 胎的母羊，有冬季产羔和春季产羔两种。冬季产羔时间在 1 ～ 3 月份，需要在 8 ～ 10 月份配种；春季产羔时间在 4 ～ 5 月份，需要在 11 ～ 12 月份配种。

2. 配种方法

羊的配种方法有自由交配、人工辅助交配、人工授精三种。

（1）自由交配　自由交配也叫自然交配，就是指公羊和母羊自己选择交配时间，不需要人工辅助，随时随地自由进行交配。养殖规模较小的都是采用这种方法。此法非常简单，在配种季节，将公羊放入母羊群中任其自由交配，或公羊、母羊长期在一起组群放牧。此种方法省工省事，母羊发情后可以及时配种，非常适合分散的养殖户。但自由交配方式也有缺点，如下：

① 无法控制和确定产羔时间。

② 公羊追逐母羊，无限交配，不安心采食，影响休息，耗费精力，影响健康。

③ 公羊追逐爬跨母羊，会影响母羊采食抓膘和母羊体质。

④ 无法掌握交配情况，后代血统不明，容易造成近亲交配或母羊早配，影响选育工作的正常进行。

⑤ 种公羊利用率低，不能发挥优秀种公羊的作用，致使生产成本加大。如果公母比例失调，会存在母羊漏配现象。种公羊利用年限过长，会造成近亲繁殖，所以每经过 2 ～ 3 年，不同的养殖户之间应该调换（交换）种公羊，更换血统。

（2）人工辅助交配　人工辅助交配就是用人工辅助的办法进行交配，是提高受胎率很好的方法。这种方法不仅可以提高受胎率，还可以确定预产期。一般都是将公、母羊分群隔离放牧或分开饲养，在配种期间用试情公羊试情，待母羊发情后，有计划地安排公、母羊配种。具体做法是：当公羊爬跨母羊的时候，一手将母羊的尾巴向上翻的同时，另一只手护住颈下前躯或采用线绳吊起尾尖，拉向背侧，暴露母羊的阴户，让公羊顺利交配。此法可以提高种公羊的利用率，增加利用年限，有计划配种，提高后代质量，还可以防止近亲繁殖以及母羊早配现象的发生，一般是发现发情的母羊即进行交配。为确保受胎，最好在第 1 次交配后间隔 12 h 左右再重复交配 1 次。因为是公羊、母羊一对一进行配种，种公羊的利用率很低，所以这种方法不适合大群母羊集中发情配种，只适用于小群母羊配种。

（3）人工授精　人工授精是用人工的方法采集公羊的精液，检查精液的品质并对精液进行一系列处理，再通过器械将精液输入发情母羊的生殖道内，使母羊受胎的配种方法。

人工授精可以提高优秀种公羊的利用率，比自由交配的利用率提高 10 倍，节约大量种公羊的饲养费用；还可以使低产母羊得到改良，后代的品质会明显提高。人工授精具体的操作规程如下：

① 器材、药品和用具的准备。人工授精的器材有显微镜、假阴道、集精瓶、输精器、开膣器、镊子、温度计（100 ℃）、热水瓶、量筒、漏斗、玻璃棒、载玻片、盖玻片、搪瓷盘、纱布、剪刀、药棉。药品有酒精、生理盐水、稀释液、凡士林。用具有桌子、椅子、柜子、脸盆、毛巾、工作服、肥皂、洗衣粉、水桶、铝锅等。

② 采精。首先用酒精消毒过的输精器抽吸生理盐水冲洗集精瓶数次，直到无酒精味为止。然后，使假阴道符合以下三个条件：

a. 通过从外壳小孔注入 150 ～ 180 mL 温度为 45 ～ 50 ℃的热水，将内胎温度调节成采精前的 40 ～ 42 ℃。

b. 用玻璃棒沾上适量的凡士林均匀地涂在内胎壁上，其深度不超过外壳长度的 2/3，使之润滑。

c. 通过气嘴吹气，使假阴道内壁形成一定的压力。

这三个条件使假阴道内环境接近羊阴道，从而使公羊阴茎插入时难以分辨真假而射精。集精瓶放置在假阴道无凡士林的一端，用右手食指卡住集精瓶底部，其他手指固定假阴道。在进行上述操作的同时，助手应把发情母羊固定在交配架上，采精人站在交配架右侧后方，待公羊爬上母羊背部伸出阴茎的时候，迅速将假阴道靠在母羊的臀部并倾斜成 40° 左右角度，用左手轻轻托住公羊的阴茎将阴茎导向假阴道外口，在公羊臀部向前快速一冲，仅仅 1 ～ 2 s 的时间就射精完毕退下的同时，将假阴道朝上竖起离开羊体后，打开气嘴放气，使精液流入集精瓶内。取出集精瓶时，千万不要让水滴入精液内，并防止阳光直射。采精结束后将精液带回室内检查。

③ 精液的检查。精液检查的主要项目有精液量、色泽、精子活力、精子密度等。

正常的公羊精液呈乳白色。精液量可用输精器上的刻度来测量。

从外观上可粗略地判断精子密度，精液越浓，精子的密度越大，但较为准确的判断需要用显微镜检查。方法是：取 1 滴原精液滴在载玻片上，再盖上盖玻片，使精液分散均匀，置于显微镜下观察精子的密度。精液密度大致分为密、中、稀三个等级。精子的活力用肉眼也可粗略观察，方法是：用玻璃输精器吸取刚刚采集的新鲜精液，在自然光下（切忌阳光直射）查看，凡是精液呈云雾状翻腾的表明精子的活力强。用显微镜检查时，温度控制在 36 ～ 38 ℃，取 1 滴原精液滴在载玻片上，再滴上 1 滴生理盐水混合均匀，然后检查呈直线游动的精子的比例。可用 5 级评分方法：

80% ～ 100% 的精子呈直线游动的，可记 5 分。

60% ～ 80% 的精子呈直线游动的，可记 4 分。

40% ～ 60% 的精子呈直线游动的，可记 3 分。

20% ～ 40% 的精子呈直线游动的，可记 2 分。

20% 以下的精子呈直线游动的，可记 1 分。

要求输精时精子的活力达到 4 分以上。

也可用 10 级评分法，即按照直线游动精子比例，10%、20%、30%、40%、50%、60%、70%、80%、90%、100%，分别记 0.1，0.2，0.3，0.4，0.5，0.6，0.7，0.8，0.9，1.0。

④ 精液的稀释。为了扩大配种头数和有利于精液的保存，对于精子密度好的精液应稀释后再输精。小规模养殖户常用的稀释液组成是生理盐水和乳粉（蒸馏水 100 mL 加乳粉 10 g），以此为基础液，再加 10% 的卵黄（必须取自新鲜鸡蛋），另加青霉素 1000 单位 /mL。稀释精液时，应注意稀释液和精液的温度基本一致；混合时应将稀释液沿着瓶壁缓慢注入。生理盐水稀释精液的倍数不宜超过 2 倍，因稀释后不能久存，要求尽快用掉。远距离运送的精液用乳粉卵黄稀释液，可稀释 2 ～ 4 倍。

离采精点较近的输精点，运送时可将双层集精瓶盖好放入广口瓶内，集精瓶周围用棉花包好即可。远程运送时，应将稀释后的精液分装于小试管内，倒上一薄层液体石蜡，塞紧瓶盖，管外面用棉花纱布包好，再套入大试管中，盖上塞子，管外贴上标签，注明公羊号和采精时间及精液量，最后将大试管系上一根细绳（为了便于取放）放入装有冰块的广口瓶内，盖上大塞子，即可送到目的地。有条件的话可用液氮灌运输。

⑤ 输精。助手先把准备输精的母羊固定在输精架上，用 0.1% 高锰酸钾溶液或生理盐水把羊的外阴部擦洗干净。输精人员用事先消过毒并经生理盐水冲洗干净的输精器缓慢吸取精液，朝上排出细管内的空气，然后用左手持阴道开膣器插入阴道，开张寻找子宫颈口，待找到后，右手就可将输精器的尖端插入子宫颈口内，用拇指推动活塞，注入精液。每次的输精量：原精液（未经过稀释）0.05 ～ 1 mL ；用稀释液稀释过的精液，大约 0.2 mL。

应用细管冻精输精时，必须掌握解冻要点：从液氮罐内取出冻精细管时要稳而且快，在室温下停留 3 ～ 5 s 后，投入盛有 40 ℃温水的容器内（细管封口端向下，水面以刚没过细管为宜），立即抓住细管一端，将细管在水中晃动至完全解冻，取出擦干水，暂时放在贴胸的口袋内保存，至配种现场，将细管装入羊用输精枪内，进行输精。人工授精的方法有以下几个优点：

a. 增加了交配母羊的数量而扩大了优秀种公羊的利用率。一般 1 头公羊 1 次采精后可配 20 ～ 30 只母羊。

b. 可以提高母羊的受胎率。

c. 通过检查公羊的精液，可以避免精液品质不良而造成的不育。

d. 可以节省饲养种公羊的费用。

e. 可以避免在交配时，由公羊、母羊生殖器官的直接接触而传播的各种疾病。

f. 能有效解决公羊、母羊体格大小悬殊和远距离配种的难题。

由于该技术操作比较复杂，同时还需要投入较多的设备和大量的资金，一般小规模养殖户不使用。

（五）羊群中公羊与母羊的比例以及出生羔羊公母比例

1. 种公羊与繁殖母羊的比例

由于种公羊的繁殖力受很多因素的影响，所以一只种公羊到底能配多少只母羊不容易确定。发育良好、性欲旺盛的种公羊可以多配一些，反之可少配一些。一般情况下，如果采用自由交配和人工辅助交配的方式，8 月龄至周岁的公羊配 10 ～ 25 只母羊，周岁到 5 岁的公羊可以配 25 ～ 40 只母羊（波尔山羊一般是 15 ～ 20 只）。一般情况下，体质健康、性欲旺盛的种公羊在春、秋两季，一天可以配种 3 ～ 5 次，但在繁殖时必须增加蛋白质饲料和定期休息。所以一定要根据气候条件、营养条件、自身体质、性欲旺盛程度等各种因素确定羊群中公羊与母羊的比例。

2. 出生羔羊的公母比例

由遗传规律可知，在自然状态下出生公羔与母羔的比例应该是 1∶1，但是对于各个羊群和个体来说却有很大差异。一般情况下，羔羊的性别比例总是因公羊而异，也就是说有的公羊后代公羔多一些，有的公羊后代母羔多一些。也有人说，很久没有参加配种的公羊，配种后可能产公羔多。

对于母羊方面来说，公羔、母羔的比例常与饲料有关系。比如精饲料和粗饲料的比例、饲料的酸碱度等。母羊在孕前多吃一些碱性物质，增加体内钠和钾的含量，可能产公羔多；孕前多吃含钙、镁丰富而含盐分低的饲料能多产母羔。因此，多饲喂一些青饲料和多汁饲料，适当减少谷物类饲料能够多产母羔。人工授精时，用弱碱性解冻剂后代产公羔多；用中性维生素 B 注射液作为解冻剂，可能使精子的活力和受精率提高，并且能增加母羔的比例。在配种前或人工授精前 20 ～ 30 min，向母羊的子宫颈口内 2 ～ 3 cm 处注入 5% 精氨酸 1 mL，母羔的比例显著增加。

三、羊的杂交改良

（一）常用的杂交方法及选择

最常用的杂交方法是级进杂交。级进杂交也称吸收杂交或改造杂交，即以优良品种公羊，连续同被改良品种母羊及各代杂种母羊交配，一代一代配下去使其后代能接近或达到改良品种的生产性能和其他特性。例如，用波尔山羊公羊与本地山羊的母羊进行交配，所生下来的后代称杂交一代。杂交一代中的公羔肥育后上市，母羔经选择后留种，再与波尔山羊公羊进行交配，这就是级进杂交。级进杂交使得后代中波尔山羊的血缘成分越来越多，生产性能也越来越接近于波尔山羊，这是提高本地山羊生产性能的一种有效的方法，特别在农村，这更是一种改良本地山羊的有效方法。级进杂交的另一个好处是，这样培育出来的羊更能适应本地的条件。本地山羊用波尔山羊连续杂交后的二代、三代，在外形、毛色等方面，已基本接近于波尔山羊。

（二）注意事项

杂交改良需正确选择父系品种，级进到什么程度为宜，应根据级进杂交的目的和后代的综合表现而定。应做好选种选配工作，特别是避免近亲繁殖，创造适合于高代杂种羊的饲养管理条件，注意保留被改良品种对当地环境条件的良好适应性。符合理想型要求的高代杂种羊达到一定数量时，即可进行自群繁育，以便育成新品种。级进杂交是进行大规模改良的有效方法，如果采用得当，效果就好，速度就快，它是改良我国山羊品种的主要方法。

（三）波尔山羊与地方品种杂交

波尔山羊与低产山羊杂交后，产肉性能的改良效果十分显著。杂交后代的肉用体形特别显著，表现出很强的生长优势，同时能表现出良好的杂交改良优势，屠宰率和肉的品质也有明显提高，给养殖户带来较高经济效益。杂交一代羊初生重、体形外貌都优于本地山羊，体形趋向父本，肌肉丰满，适应性强。

综合分析不同地区的资料可知，波尔山羊改良地方山羊既提高了杂交后代的初生重，又加快了其生长，还使屠宰率提高，尤其是在粗放的饲养条件下仍能表现出好的性能，经济和社会效益显著。

第四节　羊工厂化繁殖技术

母羊繁殖率的高低，直接影响到养羊的经济效益。工厂化养羊的核心就是母羊的高效率繁殖。所以，在工厂化养羊体系中不仅要对母羊实行高效繁殖，还要实行高频繁殖。对于这两个“高效”，不从根本上改变现有的养羊生产模式，不采用高效繁殖的生物工程配套技术是不可能实现的。

一、高效繁殖技术

1. 当年母羔诱导发情

当年出生的母羊体重达到成年母羊体重的 70%，年龄达到 7 月龄以上时，采用生殖激素处理，可以使其成功繁殖。根据幼龄母羊生殖器官的解剖学特点，诱导发情的处理方案可采用阴道埋植海绵栓法。

2. 调控激素的使用

依据母羊生殖生理的特点，选择实施有效的激素调控技术十分必要。在生产实践中，比较实用的是孕马血清促性腺激素（PMSG）。繁殖季节采用甲孕酮（MAP）海绵栓，非繁殖季节采用氟孕酮（FGA）。剂型以阴道海绵装置为最好。对于不适宜埋栓的母羊，也可采用口服孕酮的方法。

PMSG 的注射时间应该在撤栓前 1 ～ 2 d，这样能消除因为突然撤栓造成的雌激素高峰而引起的排卵障碍。这种处理方案符合安全、可靠的要求。当第一个发情期不受孕的时候，还会出现第二、第三个发情期，不至于对母羊的最终受胎造成影响。

发情调控处理必须在羊有较好的体况和膘情的情况下进行，否则会影响到处理母羊的受胎率。同时，母羊必须有 40 d 以上的断奶间隔。

3. 高频繁殖措施

高频繁殖是随着工厂化高效养羊，特别是肉羊和肥羔羊生产而迅速发展起来的高效生产体系。其基本操作是：利用繁殖生物工程技术，打破母羊季节性繁殖的限制，一年四季发情配种，全年均衡生产羔羊，充分利用饲草资源，使每只母羊每年所提供的胴体重量达到最高值。其优点是：最大限度发挥母羊的生产潜力，依市场需求全年均衡供应肥羔上市，资金周转期缩短；最大限度提高养羊设施的利用率，提高了劳动效率，降低了成本，便于工厂化管理。

（1）1 年 2 产技术　1 年 2 产可使母羊的年繁殖率提高 90% ～ 100%，在不增加羊圈设施投资的前提下，母羊生产力提高 1 倍，生产效益提高 40% ～ 50% 以上。1 年 2 产的核心技术是母羊发情调控、羔羊超早期断奶、早期妊娠检查。按照 1 年 2 产生产的要求，制订周密的生产计划，将饲养、保健、管理等融为一体，最终达到预定生产目标。从已有的经验分析，这种生产技术密集，难度大。1 年 2 产的第 1 产宜选在 12 月份，第 2 产选在 7 月份。

（2）2 年 3 产技术　2 年 3 产是国外在 20 世纪 50 年代后期提出的一种生产技术，主要是为了生产育肥羔羊。这种 2 年 3 产技术的核心是：母羊多胎处理、发情调控和羔羊早期断奶，强化育肥。要达到 2 年 3 产，母羊必须每 8 个月产羔 1 次。2 年 3 产一般有固定的配种和产羔计划：如 5 月份配种，10 月份产羔；1 月份配种，6 月份产羔；9 月份配种，翌年 2 月份产羔。羔羊一般都是 2 月龄断奶，母羊断奶后 1 个月配种。为了达到全年均衡产羔，在生产中，将羊群分成 8 月产羔间隔相互错开的 4 个组，每 2 个月安排一次生产，这样每隔 2 个月就有一批羔羊屠宰上市。如果在第一组内妊娠失败，2 个月后可以参加下一组配种。采用这种生产技术，生产效率比 1 年 1 产技术增加 40%。

（3）3 年 4 产技术　3 年 4 产是按照产羔间隔 9 个月设计的。这种技术适宜于多胎品种的母羊，也是为了生产育肥羔羊。一般首次在母羊产后第 4 个月配种，以后几轮则是在产后第 3 个月配种，即 1 月份、4月份、6月份和10月份产羔，5月份、8月份、11月份和翌年2月份配种。这样，全群母羊的产羔间隔为6个月、9个月。

（4）3年5产技术　3年5产又被称为星式产羔技术，是一种全年产羔的方案。羊群可以被分为3组。开始时，第一组母羊在第一期产羔，第二期配种，第四期产羔，第五期再配种；第二组母羊在第二期产羔，第三期配种，第五期产羔，第一期再次配种。如此周而复始，产羔间隔7.2个月。对于1胎1羔的母羊，1年可获得1.67只羔羊。如果1胎产双羔，1年可获得3.34只羔羊。

（5）机会产羔技术　机会产羔是依市场设计的一种生产技术。按照市场预测和市场价格组织生产，如果市场行情较好，立即组织一次额外的产羔，尽量降低空怀母羊数量。此模式适合于个体养羊生产者使用。

二、母羊多胎技术

母羊的多产性是具有明显遗传特征的性状。从解剖学上分析，母羊是双角子宫，适合怀双胎。从生产实践中看，不少母羊不仅可以产双羔，甚至可以产3羔和4羔。提高母羊的产羔率，可以大幅度提高生产效益。因此，在养羊业发达的国家，如澳大利亚、新西兰等，都一直非常重视母羊产双羔的研究。目前，用于提高母羊产双羔概率的方法主要有四种：

一是采用促性腺激素，如PMSG诱导母羊产双羔。

二是采用生殖免疫技术。

三是应用胚胎移植技术。

四是应用营养调控技术。

1. 促性腺激素

对于单羔品种的母羊多采用这种方法。一般是在母羊发情周期的第12～13 d，一次注射PMSG 700～1000 mg，或用孕酮处理12～14 d，撤栓前注射PMSG 500 mL，一次注射人绒毛膜促性腺激素（HCG）200～300 mL。在非繁殖季节，需要增加激素剂量。根据报道，注射 500 mL PMSG 可提高每只母羊产羔指数 0.2 ～ 0.6 只。PMSG 处理的弊端是不能控制产羔数量，剂量小的时候，产双羔效果不明显；剂量大时，则会出现相当比例的 3 羔或 4 羔，影响羔羊的成活，有时还会造成母羊卵巢囊肿。

促性腺激素处理可以与同期发情处理相结合，即在同期发情处理时适当增加促性腺激素的剂量，可以达到提高双羔率的目的。

因为母羊对激素反应的敏感度存在个体差异，处理效果有时不确定，直接用促性腺激素时须做预试，要因品种、地区来确定合理的剂量和注射时间。

2. 生殖免疫技术

生殖免疫技术是提高母羊多羔率的一种新途径。目前，新疆石河子大学、兰州畜牧与兽药研究所、上海生物化学研究所等研制的生殖免疫制剂主要有：双羔素（睾酮抗原）、双胎疫苗（类固醇抗原）、多产疫苗（抑制素抗原）以及被动免疫抗血清等。这些抗原处理的方法大致相同，即首次免疫 20 d 后，进行第 2 次加强免疫，二免后 20 d 开始正常配种。据测定，免疫后抗原滴度可持续 1 年以上。

3. 胚胎移植技术

应用胚胎移植技术可给发情母羊移植两个优良种羊的胚胎，不但能达到一胎双羔，还可以通过普通羊繁殖良种后代，在生产实践中具有很大的经济价值。

4. 营养调控技术

营养调控技术可提高母羊双羔率，主要措施包括配种前短期优饲、补饲维生素 E 和维生素 A 制剂、补饲白羽扁豆、补饲矿物质和微量元素等。对经过生殖免疫处理的母羊，于配种前 20 d 补饲维生素 E 和维生素 A 合剂，可以显著提高免疫处理的效果。

对于配种前的母羊实行营养调控技术处理，加大短期的投入，可以达到事半功倍的效果。一般情况下，采取这种处理，在配种前的短期内使母羊活重增加 3 ～ 5 kg，可以提高母羊的双羔率 5% ～ 10% 左右。等到配种开始后，恢复正常饲养。从经济效益上分析，这样不会增加生产成本，投入恰到好处。

第五节　接羔和育羔

一、接羔前的准备

（一）产羔房的准备

母羊产羔大多集中在天气比较寒冷的季节，尤其是我国的北方地区，冬季寒冷，而且产羔时间大都集中在 2 ～ 4 月份（即产春羔）。这一时期气温比较低，特别是日温差变化较大，所以在产羔前 20 ～ 30 d，除了保持一般羊舍正常清洁卫生外，还要做好产羔房的防寒保温工作，防止产羔期羔羊肺炎和感冒等疾病的发生，或因温度过低而被冻死。

产羔房要宽敞、向阳、光亮、避风、洁净、干燥，通风换气良好，空气新鲜，无贼风。产羔前要维修产房，把产房打扫干净，清洁粪便，舍内的墙壁、地面及一切用具都要进行消毒。产羔舍的温度要在 10 ℃以上。

消毒液有 15% ～ 20% 草木灰，2% ～ 3% 来苏儿，20% 石灰水，1% ～ 2% 氢氧化钠溶液，霸力或维氏康宁等。地面上垫 5 ～ 10 cm 的沙土或干土，然后铺上短、干净、柔软的褥草。长草容易缠绕羊腿，造成压死羔羊的事故。

以波尔山羊为例。波尔山羊在产羔前，应先把产房打扫干净，墙壁和地面要用 5% 碱水或 2% ～ 3% 来苏儿消毒，无论喷洒地面或涂抹墙壁，均要仔细和彻底。在产羔期还应消毒 2 ～ 3 次。产房要有足够的面积，产羔期间应尽量保持干燥和恒温。饲养管理人员在产羔前要对用具、料槽和草架等进行检查和修理，并用碱水或石灰水消毒。

分娩栏是产羔时的必备用具。母羊产羔后要关在栏内，既可避免其他羊只的干扰，又便于母羊认羔。因而产羔前应制备或修理分娩栏。母羊在产后几天之内一般不出牧，所以要有足够数量的优质干草、青贮饲料、多汁饲料供产羔母羊补饲。

（二）预测分娩期

准确地判断母羊的产羔时间，对于合理饲养妊娠母羊，及时做好接产准备都有好处。一般绵羊的妊娠期为 150 d（140 ～ 158 d），山羊的妊娠期为 152 d（141 ～ 159 d）。羊的妊娠期一般都是以 150 d 计算，也就是从配种日期起，往后推 5 个月。推测山羊预产期的方法是加月减日，或者减月减日推算法。

1. 加月减日

7 月份（含 7 月份）以前配种受胎的，月上加 5，日上减 3。

2. 减月减日

8 月份（含 8 月份）以后配种受胎的，月上减 7，日上减 3。

例如：1 只母羊 7 月 28 日配种受胎，其预产期为 7 加上 5（月），28 减 3（日），即 12 月 25 日产羔；另 1 只母羊 8 月 25 日配种受胎，其预产期为 8 减 7（月），25 减 3（日），即第二年 1 月 22 日。

需要注意的是，要想准确预测母羊分娩时间，必须确切掌握配种的时间。

（三）待分娩母羊的准备

临近产期，应注意母羊状态，做好接产工作。临近分娩的母羊行动缓慢，要精心护理，如果是放牧方式饲养的羊群，牧场要离家近一点，尤其是产前 10 d 左右。放牧地的坡度要小，放牧速度要慢，不要紧急追赶，不要惊吓羊群。防止喝凉水，防止滑倒，防止拥挤。为了提高分娩母羊的泌乳量，产前也可用大豆、黑豆磨浆加适量的水煮沸后晾凉再给羊饮用，效果很好。

二、接羔

（一）分娩征兆

母羊临产前 1 周左右的时间，乳房膨大，乳头挺起直立，用手挤时可挤出少量黄色初乳汁；阴门肿胀潮红，阴户肿大松弛，有时有黏液流出；两侧肷部塌陷，腹部下垂，尾根两侧下陷，排尿次数增加，行动迟缓，时而回头看腹部，常单独呆立墙角鸣叫或趴卧，四肢伸直，不爱吃草，站立不安，有时鸣叫，前肢挠地，并发出唤羔的叫声，从阴道流出羊水。临产前骨盆韧带松弛。若出现母羊卧地、四肢伸直、不断努责和鸣叫这些症状，就要快速将母羊送入产房，以免造成在羊舍外面分娩。

送入产房后，要用温水洗净外阴部、肛门、尾根、股内侧、乳房等部位，再用干净的毛巾擦干，用 1% ～ 2% 来苏儿溶液消毒，等候接产。

（二）接产

接产人员要剪短、磨光指甲，以备难产时助产；准备好各种接产用的剪刀、脸盆、毛巾、抹布、产羔登记卡、秤、消毒药、催产素以及照明设备等；冬季要注意产房的温度，比较恒定的温度比温度的高低更重要；将母羊乳头周围的长毛剪去，一方面便于分娩后羔羊吮吸乳汁，另一方面也可防止羔羊发生毛球阻塞症。为了让母羊分娩后熟悉产房环境，在临产前 2 ～ 3 d 就应把母羊圈入产房，确定专人管理，24 h 进行观察，发现临床症状及时接产；准备好母羊和羔羊的饲料，对于多羔品种的羊特别要准备好多羔时的乳品。

接产要在产房进行。如果在放牧中发现母羊临产，应尽量把母羊驱赶到避风、向阳、干燥的地方分娩。

1. 正常接产

妊娠母羊分娩是正常的生理过程，一般情况下都是顺产，不需要人工助产，均能顺利产出。母羊分娩时，由羊膜绒毛膜形成的白色半透明的囊状物突出于阴门，囊内有羊水和胎儿。羊膜绒毛膜破裂后排出羊水，随后将胎儿产出。正常情况下，母羊从开始努责到分娩结束，大致需要 30 min 至 2 h 左右的时间。

如果是产双羔，正常情况下，先后相隔 15 ～ 30 min，当产出第 1 只羔羊后，再过 15 ～ 30 min 就会产出第 2 只羔羊，但个别也有需 30 min 以上的。当第 1 只羊羔产出后，母羊仍有阵痛表现，卧地不起或起立后又重新卧地努责，这是产双羔的征兆，需要进行细致的检查。简便的方法可用手掌顺着母羊下腹部适当用力向上推举，如果是双羔便可触摸到坚硬而光滑的羔羊躯体。对于产多羔的羊品种更要注意观察和检查。

如果是 3 羔，也大致在 1 h 的时间内产出体外。经产母羊比初产母羊（处女羊）产羔快，羊膜破水后 15 ～ 30 min 羔羊便能顺利产出。

羔羊正常出生时，一般两前肢先露出阴门，头部夹在两前肢之间，腹部朝下；另一种是先产出两后肢，首先蹄部先露出来，尾部在母羊产道的上部。这两种姿势都算是正常的产出胎势。当羔羊头部通过骨盆腔进入外阴道时，随着母羊的努责，羔羊即可产出。

羔羊正常产出后，接羔人员应立即先将羔羊口、鼻、耳内黏液擦净，以免羔羊误吞羊水或黏液吸入气管，引起异物性肺炎或窒息死亡。如果天气寒冷，则用干净布或干草迅速将羔羊的身体擦干，以免受冻。为了促进新生羔羊的血液循环，增强母仔间亲和力，应及早让母羊舔干羔羊身上的黏液。母性不强的羊不舔羔羊身上的黏液，要在羔羊身上撒些炒熟的玉米面、豆面等料面，引诱其舔食。

需要注意的是，对于多只母羊同时产羔，不能用同一块布擦同时出生的几只母羊的羔羊，以免发生母羊弃羔现象。

通常在母羊产羔后 0.5 ～ 1 h，胎衣即能自然排出。接羔人员应随时注意观察，一旦发现胎衣排出，应及时将胎衣拿走，防止被母羊吞食后养成母羊咬羔、吃羔等恶癖。

羔羊出生后，母羊一般站起，脐带会自然断裂，这时在脐带断裂端涂 5% 碘酒消毒。如果脐带未断，可在脐带基部 6 ～ 10 cm 处，将脐带内部的血液向两边挤，然后在此处剪断，剪刀也要消毒，断端涂抹 5% 碘酒消毒。

以波尔山羊为例。羔羊出生后，要及时清除新生羔羊口鼻周围的黏液及肛门的胎粪，并以 5% 碘酊消毒脐部，同时一定要让羔羊吃到初乳，以利排出胎粪。如果母羊死亡或缺乳，可设法让其吃到其他母羊的初乳。初生的波尔山羊羔羊，健壮的自己能吸乳；弱的羔羊，或是初产母羊及母性不强母羊的羔羊，需人工辅助喂养，即把母羊圈于母仔栏，把羔羊抱到母羊的乳房前，这样羔羊就会吸乳了。体弱的羔羊应每隔 1 ～ 3 h 哺喂一次，如此几次，羔羊就会自己找母羊吸乳了。母羊哺羔时，常嗅闻羔羊的尾部，这其实是以气味辨认自己的羔羊。因此对由于缺乳、多胎等原因，需要到别的母羊处哺乳的，应以母羊尿液涂抹在羔羊体表，以使母羊认羔。

2. 难产与助产方法

母羊骨盆狭窄，阴道过小，胎儿过大，或母羊身体虚弱，子宫收缩无力或胎位不正等均会造成难产。老年母羊难产多是由于腹部过度下垂、身体衰弱造成的。羊膜破水后 30 min，如母羊努责无力，羔羊仍未产出，助产人员就应该根据不同情况进行助产。

助产人员应将手指甲剪短、磨光，消毒手臂，涂上润滑油，根据难产情况作相应处理。

下面的几种胎位姿势均为不正常的姿势，在助产时应矫正成正常的姿势，然后按正常的姿势进行助产。例如，两前肢先出，但头部向后仰起。助产的方法是先进行胎位矫正，将胎儿露出部分送回阴道，将母羊后躯抬高，手入产道矫正胎位，随母羊有节奏的努责将胎儿拉出；如果胎儿较大，可将羔羊两前肢反复拉出和送入，然后一手拉前肢，一手扶头部，随着母羊的努责缓慢向下方拉出，切忌用力过猛，或不配合努责节奏硬拉而拉伤产道；如果胎儿过大，可将阴门用剪子扩大（产后要立即消毒缝合），再把羔羊两前腿送回后反复伸拉 2 ～ 3 次，趁着母羊用力努责时顺势将胎儿拉出；如果是产道性难产、子宫扭转、阴道狭窄、骨盆狭窄或变形等，需要进行剖腹产手术。阵缩和努责微弱是母羊分娩时子宫及腹壁的收缩次数少、时间短和强度不够，致使胎儿不能产出。在确认子宫颈已经充分开张，胎向、胎位和胎势正常，骨盆无狭窄或其他异常的情况下，如果用手或器械都触摸不到胎儿，可用催产药物刺激子宫收缩。常用催产素，肌内或皮下注射，每次 5 ～ 10 单位，半小时 1 次。如果催产无效，也需要进行剖腹产手术。

3. 假死羔羊及冻僵羔羊的救治

有些羔羊出生后，身体发育正常，心脏虽然跳动，但不呼吸或者仅有微弱的呼吸，而且肺部有啰音，这种情况称为“假死”。假死的羔羊主要是因为子宫内缺氧、分娩时间过长以及受到惊吓，或者是吸入了羊水等原因所造成的。但有时死胎和假死往往分不清，如果肛门紧闭可能是假死，肛门张开可能是死胎。

抢救假死羔羊的方法很多。无论何种方法，首先应把羔羊呼吸道内吸入的黏液、羊水清除掉，擦净鼻孔。

对于假死的羔羊，可以用向鼻孔吹气、喷烟或进行人工呼吸的办法进行救助。方法是：对准羔羊的鼻孔有节奏地用力吹气；或者是用酒精棉球或碘酒擦或滴入羔羊的鼻孔里，刺激羔羊呼吸；或者是倒提羔羊的两后肢，将其头部朝下悬空，用手轻轻拍打胸部两侧和背部，使堵塞在咽喉的黏液流出，并刺激肺呼吸，促进其复苏。

有的养羊技术人员把救治假死羔羊的方法编成顺口溜：“两前肢，用手握，似拉锯，反复做；鼻腔里，喷喷烟，刺激羔，呼吸欢。”

严冬季节，放牧地点离羊舍过远或临产母羊护理不慎，羔羊可能生产在室外。羔羊因受冷，呼吸迫停，周身冰凉。对于冻僵的羔羊，发现后立即抱入暖圈中，或接近热源，使其体温上升，或立即把羔羊转移到温暖的室内进行温水浴，水浴时水温要逐渐由 38 ℃上升到 42 ℃，羔羊头部要露出水面，切忌呛水，洗浴时间为 20 ～ 30 min。同时要结合急救假死羔羊的其他方法，使其复苏，之后立即擦干全身，放入 15 ℃的环境中静养一段时间。

4. 产后母羊护理

妊娠母羊产羔后，由于体力消耗大，抵抗疾病的能力降低，所以，生产后的母羊应注意保暖、防潮、避风，预防感冒，保持安静，好好休息。

以波尔山羊为例。母羊产羔时一般应安排在产羔室或特制的产羔栏内。产后 3 ～ 7 d 内，母羊和羔羊在此生活，以保证羔羊能吃到初乳，并使母仔亲和。产后的前几天母羊可以暂时不随群放牧，同时应注意夜晚母羊休息时不要挤压羔羊。母羊在产后 7 d，可适当到舍外食草、运动，中午要让母羊回舍喂羔。傍晚回来应注意让每只羔羊能找到自己的母亲，有条件的最好母仔舍饲 15 ～ 20 d。

5. 产后母羊的饲养

加强对泌乳母羊的补饲对羔羊的生长发育是十分有益的。产后的前几天应给予质量好、易消化的饲料，如单独饮豆面水，以利于催奶，恢复体力。因为羔羊在出生后的前几周主要依靠母乳生长，故母羊的母乳多少就显得十分重要。波尔山羊母羊的补饲主要在妊娠后期和哺乳期，时间在 4 个月左右。补饲要选择品质好的干草和精料，每天可补喂干草 1.5 kg（以苜蓿或野干草为好）、青贮饲料 1.5 kg、精料 0.45 kg。产羔后 3 d 内，如果母羊膘情好，可暂不喂精料，只喂优质干草，以防消化不良或发生乳房炎。

三、羔羊培育

（一）先天培育

羔羊出生前的培育称为先天培育，也就是在母羊妊娠期间的培育。羔羊胚胎时期的营养都是母体供给的，而且出生重的 90% 是在出生前 2 个月生长的。所以在妊娠后期，一定要加强母羊的营养。应该补饲营养丰富、体积小的饲草和饲料。如每日补喂精料 0.2 ～ 0.25 kg（玉米 50% ～ 55%，豆饼 25% ～ 30%，麸皮 15%，高粱 5%）、优质豆科干草（豆秧、白薯秧）0.25 ～ 0.5 kg、青绿饲料 0.4 ～ 0.5 kg、多汁块根饲料（胡萝卜、萝卜）0.25 ～ 0.4 kg。妊娠后期母羊的增重，应该达到 6 ～ 8 kg。

（二）后天培育

对出生后的羔羊的培育称为后天培育。羔羊出生后的最初阶段生长发育最迅速，体重增加得最快。母羊在产羔时，如果忽视饲养管理或管理不到位，会致使羔羊成活率低，造成损失。为此，保障羔羊成活率和羔羊健壮，是发展养羊生产需要做好的一项重要工作。

1. 初生羔羊的管理

做好初生羔羊的护理工作，是保证羔羊成活和正常发育的关键。

（1）协助羔羊早吃初乳　所谓初乳，是母羊分娩后的前 7 日内所分泌的新鲜乳汁，俗称“胶奶”。初乳浓稠，色黄，略有腥味；营养全面，且营养含量是常乳的十几倍，很容易被羔羊消化吸收，这是因为初乳中含有丰富的脂肪、蛋白质（尤其是第 1 天的初乳中脂肪及蛋白质含量最高）、维生素、无机盐、酶和免疫球蛋白等。同时，初乳中还含有较多具有轻泻作用的镁盐，羔羊吃到初乳后，可以促进羔羊排出胎便，防止因胎粪不下而造成羔羊死亡。另外，初乳中含有免疫球蛋白（抗体），羔羊吃到初乳后可获得天然被动免疫，增强羔羊对疾病的抵抗能力。初乳中的营养非常容易被羔羊吸收利用，羔羊出生后，吃到初乳的时间越早越好，越早吃到就越健壮结实。

一般羔羊出生后十几分钟就能自行站起，靠近母亲寻找乳头。出生羔羊初次吃奶时，接产人员应先把母羊的乳房洗净消毒，然后把母羊乳头孔里的奶塞子挤出，之后再协助羔羊吃奶。若遇有弱羔，或初产母羊以及母性较差的母羊，需要人工辅助哺乳。先把母羊保定好，再将羔羊放到乳房前，口对乳头，让羔羊吃奶，反复几次，必要时用手把初乳挤到羔羊嘴里一点，羔羊即可自己吃奶。

（2）护理好双羔及母性不强或缺少奶水母羊的弱羔　对于产一胎双羔（多羔）的，接产人员应掌握好，不能让第 1 只羔羊将初乳全部吃光，必须保证让后出生的羔羊也能及时吃到初乳。

如果母羊瘦弱没有初乳或母羊不幸死亡，或是头胎母羊不抚养自己产的羔，不让羔羊吃奶，就应想办法让母羊喂羔羊吃奶。给羔羊找“保姆”，也叫“过乳”。提供奶水的母羊可以是绵羊、山羊，也可以是奶羊等。俗话说：母羊不要羔，一定用绝招。可采用下列方法解决母羊不要羔的问题：

① 把保姆羊排出的粪便、尿液、分泌物等抹在羔羊身上，使羔羊身上也有母羊的气味，母羊便误以为是自己亲生的羔羊，这样就容易接受羔羊。如果一次不成功，可多重复几次。

② 找一个黑颜色的桶，把桶扣在母羊的头上，母羊乱动时，养羊人需要用手固定一下，这时母羊就乖乖地让羔羊吃奶了。

③ 把母羊吊起来，让母羊的前蹄刚好着地，这时母羊的后蹄就抬不起来，也就不能踢羔羊了。

如果是一胎多羔，一般都是选强壮的羔羊去过寄，弱羔留下让亲生母亲哺乳，并且都是先让羔羊吃了母羊的初乳后，再过继给保姆羊，这样有助于提高过寄羔羊的生活力。当羔羊吃初乳时，供乳母羊能够接纳，则过寄就算成功了。

此外，对于初产母羊或乳房发育不良的母羊，在其产前或产后除了加强喂养外，还要采用乳房温敷和乳房按摩的方法促进乳房发育及泌乳。

2. 羔羊哺育

出生后 1 个月以内的羔羊，主要依靠母乳为生，母乳中含有丰富的营养物质，是羔羊生长发育最好的食物。若母羊泌乳充足，羔羊出生后 2 周内体重就可比出生重增加 1 倍以上。如果达不到此标准，就说明母羊泌乳不足，则需要对母羊增加饲料量，提高饲养标准。对于母羊瘦弱而缺奶的羔羊、双羔（多羔）和产后母亲死亡的羔羊，应及时找到保姆羊代哺或人工哺乳。

人工哺乳时，无论补喂羊奶还是奶粉、葡萄糖粉等代乳品，都必须现喂现配，做到新鲜清洁。鲜奶、奶粉、代乳品和哺乳用具都必须加温消毒后方可使用。具体要求如下：

① 代乳品浓度和甜度尽量与常乳相似。

② 为预防羔羊缺钙，可以在乳汁中添加钙片。

③ 为了预防羔羊吃得过饱而造成消化不良，有时需要添加一定量的多酶制剂。正确的添加方法是：将奶粉用温水（不能用开水，开水冲溶后其营养价值会降低）冲溶以后，凉到 37 ℃，再将事先研碎的多酶片溶入奶粉中，摇匀即可哺喂。不可将奶粉、多酶片一起用开水冲溶，避免酶的活性被高温破坏（酶的活性以 30 ～ 40 ℃时最高）。

④ 喂饮要做到“四定”。“四定”即定温（38 ～ 39 ℃）、定量、定时、定质。生后 4 周内的羔羊，每天喂 6 ～ 8 次，每次喂量 50 mL；生后 5 ～ 7 周，每天喂 4 ～ 5 次，每次喂量 100 mL；生后 9 周左右，每天只喂 2 ～ 3 次，每次 150 mL。

⑤ 做好保温工作。羔羊出生后，体温调节功能不健全，被毛湿而且稀，皮肤又薄，往往因为温度波动而造成羔羊感冒，并容易诱发肺炎而造成死亡。因此，做好保温工作是保证羔羊成活的重要措施。一般来讲，羔羊出生后，安置在 5 ～ 10 ℃的环境条件下比较适宜，地面要干燥。过高的环境温度，如 35 ～ 40 ℃，同样不利于羔羊成活。

⑥ 防挤、防压、防踩。在比较大的群体养殖中，母羊和羔羊同处一圈。此时，在喂料、饮水、放牧时，往往由于母羊之间争水、争料、争出圈而互相拥挤，容易造成羔羊挤压踩踏而死亡。有时人员突然出入羊圈，也容易造成羊群骚乱，伤害到羔羊。

⑦ 防止毛团堵塞。出生羔羊在羊圈中，因采食或异嗜而将羊毛吃进胃里，日积月累，最终可能会导致羊毛在胃中互相缠绕成团，堵塞消化道，引起死亡。预防措施有：羔羊吃奶前，将母羊乳头四周的羊毛剪净，防止误食；将羊圈内及四周的散落羊毛用耙子搂净，用火烧掉；保持羔羊营养平衡；让羔羊在圈外放牧的时间适当延长；炒些饲料，或者用幼嫩树枝等引诱羔羊采食，转移其兴趣。

⑧ 做好消毒工作。在母羊产羔前，将分娩圈舍普遍消毒一次。羔羊产出后，对脐带做好消毒。在给羔羊打耳标时，对于耳标、耳标钳等都应该用 75% 的酒精消毒。羔羊采食后，还应定期对羔羊的料槽、

水槽进行消毒。消毒的次数依照温度而定，气温较高时，细菌、病毒繁殖速度快，消毒的间隔时间要短，反之可适当延长。此外，当伏天到来时，由于气温较高，羔羊饲料以及羊粪会引来苍蝇在上面繁殖，所以还要做好灭蝇工作。

⑨ 做好产羔记录。羔羊出生后 3 d，及时给其戴上耳标或打上耳号，并做好记录。记录包括以下内容：产羔日期、产羔母羊号、单双羔情况、羔羊毛色、出生重、健康状况、羔羊的父亲号等。

3. 羔羊补饲

羔羊出生后，除了让羔羊及时吃到初乳外，还应该尽早予以补料。羔羊早开饲能促进羔羊胃肠的生长发育和增强消化机能，尽早完善前 3 个胃的发育，尽快形成反刍，增进食欲和采食量，增强羔羊的体质，加快其生长速度，提高羔羊成活率和羔羊质量。

羔羊出生 10 ～ 15 d 后，开始锻炼羔羊的采食能力，可训练羔羊学习吃草料。饲草应选择色绿、味香、质优、柔软的禾本科和豆科干草。训练采食应因势利导，可将玉米粒、大豆、黑豆、豆饼等用锅炒至香酥，然后粉碎成微细颗粒，薄薄地撒在食槽里，任羔羊自由舔食。为了调剂营养，增加羔羊采食精料的适口性，可将胡萝卜擦成细丝混拌在上述精料内。胡萝卜丝由少到多逐渐增加，当加到羔羊互相抢食时，即可转入全群喂饲的阶段。这时应控制羔羊采食时间，适当增加舍内外运动，防止引起消化不良。最后待全群羔羊都会吃料时，应改为定时、定量补饲草料。

需要注意的是，饲料的补喂量应根据羔羊的日龄以及体质状况而定，一般 15 日龄左右每天补喂 50 ～ 80 g，1 ～ 2 月龄每天补喂 100 ～ 150 g，2 ～ 3 月龄每天补喂 200 g，3 ～ 4 月龄每天补喂 250 ～ 300 g，4 ～ 6 月龄每天补喂 300 ～ 500 g。每天早、晚各补喂 1 次。

特别需要强调的是，对于波尔山羊来说，做好波尔山羊羔羊的培育，对提高羔羊成活率和羊群的品质具有重要作用。在羔羊的饲养管理中应细心观察，羔羊发病要及时治疗。夏季利用风扇或湿帘降温，冬季利用取暖设备保温，同时做好消毒防疫工作。

波尔山羊羔羊到了 15 ～ 20 日龄后消化机能更加完善，体重也有了较大增长，此时就要训练其吃草，喂给适口性好的青绿饲料，这样不仅有利于羔羊的生长发育，还可以促进母羊早发情、早配种，缩短波尔山羊种母羊的繁殖周期。混合料的组成以豆类、豆饼、玉米等为好；干草以苜蓿、花生秧、果树树叶等为好，干草要切碎。饲喂时先喂精料，后喂粗料，还要适当加喂青饲料，同时要保证足够的饮水，并让羔羊每天下午在运动场进行一定时间的活动，以增强体质。

4. 注射疫苗预防疾病

羔羊的免疫力、抵抗力较差，怕冷、怕潮湿，容易发生疾病和感染体内外寄生虫，所以一定要减少疾病对羔羊的危害。羔羊时期发生最多的是“三炎一痢”，即肺炎、胃肠炎、脐带炎和羔羊痢疾。因此，一定要想办法减少羔羊发病死亡，提高羔羊的成活率。同时，羔羊出生 15 ～ 20 d 时要皮下注射羊快疫、羊肠毒血症、羊猝狙三联菌苗或羊梭菌多联干粉灭菌苗；30 d 左右时皮下注射口蹄疫（五号病）疫苗；40 d 左右皮下注射羊痘鸡胚弱毒疫苗；60 d 左右时口腔黏膜内注射口疮弱毒细胞冻干菌；70 d 左右时背部皮下注射羊链球菌氢氧化铝菌苗；80 d 左右时唇黏膜注射羊传染性脓疱皮炎活疫苗。需要注意的是，每个羊场都有自己的免疫程序，如果羊场没发生过某种传染病，可以不必使用相应的疫苗（菌苗）。

四、哺乳期母仔羊的管理

哺乳期母仔羊的管理可采用母仔混群管理和母仔分群管理两种方式。

1. 母仔混群管理

在母羊分娩后 1 个月之内，羔羊与母羊在舍内混群饲养。当饲养一个阶段后，待天气逐渐暖和时，羔羊再跟随母羊合群到野外放牧。此管理方式一般适用于饲养规模较小的养羊户（图 3-4）。

图3-4　山羊母仔混群放牧

2. 母仔分群管理

分娩后母羊留圈带仔饲养 3 ～ 5 d 后，母仔分群，母羊定时给羔羊哺乳，羔羊留在圈舍内培育。即白天母羊出牧，早、中、晚定时给羔羊哺乳 3 次，羔羊留在羊舍内，训练开食，补饲草料。羔羊在舍内饲养 1 个多月，全部能采食饲草饲料后，再单独组群到野外去放牧。

生产实践证明，还是以母仔分群管理方式为好。其主要优点如下：

① 经过 3 ～ 5 d 后，会自然形成放牧时母羊不恋羔、羔羊不思母亲的习惯。这样不带羔羊的母羊，可以到远处牧场广阔而草质好的牧地，母羊可以得到充足的吃草时间，增加营养，促进增重和提高泌乳量。

② 由于母羊早、中、晚各定时给羔羊喂一次奶，促使羔羊定时一次性吃饱奶（尤其是对泌乳量不足的母羊更为有利），其余时间安心采食草料，控制了羔羊随时随地只想吃奶而不愿采食草料的不良习惯，也有利于羔羊的生长发育。

③ 可以防止母仔混群放牧时造成的弊病，即羔羊因跟不上母羊而拼命奔跑，疲劳时就趴卧地上；母羊恋羔心切，既不能远走，又影响安心采食，长此下去既影响母羊抓膘催乳，又容易拖垮羔羊。

④ 能减少寄生虫和传染病的感染机会，保证羔羊健康成长。

因此，在养羊数量多的羊场、大群养羊专业户，都应采取科学的母仔分群管理方式。

养羊数量少的农牧户，羔羊数量较少，不能单独组群放牧，还可实行如下两种方式组织起来：

① 采取几户联合的办法。就是把几家的少数分娩母羊和哺乳羔羊，分别组成母羊群和羔羊群进行分群放牧。

② 羔羊跟随母羊混群的方式。实行这种方法时，放牧人员应尽量控制住母羊群的行进速度，边吃边走，一定要走慢些，多照顾羔羊。放牧的距离不能过远，就选在圈舍附近的牧场、牧地。

第四章 羊的营养与饲料

第一节 羊的消化机能特点

羊属于反刍动物，具有 4 个胃，分别叫作瘤胃、网胃、瓣胃、皱胃。其中瘤胃的体积最大，可以占到 4 个胃总体积的 70% ～ 80%。瘤胃中含有大量的微生物（细菌和原虫），能够帮助消化饲料中的粗纤维，制造 B 族维生素，利用无机氮制造蛋白质等营养物质。饲草都需要在瘤胃中进行反刍。反刍是羊等反刍兽正常的生理行为（图 4-1）。

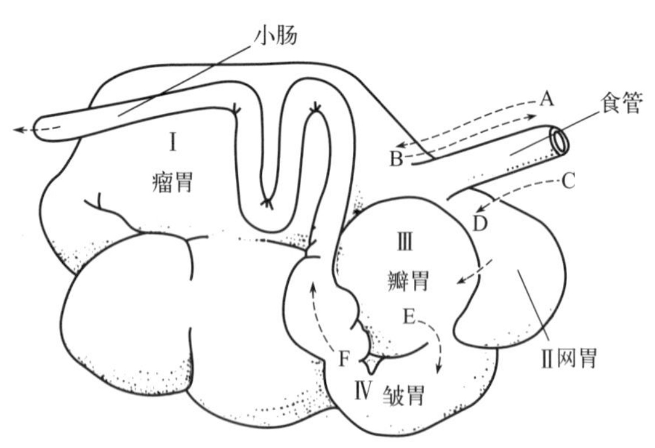

图4–1　成年羊四个胃示意（箭头表示食物移动的路线）

羔羊要在出生后2周才有反刍。羊的小肠细而弯曲，是分解营养和吸收营养的最主要场所。大肠主要吸收水分和形成粪便。

图 4-1 中，A → B 表示食物由口腔经食管到瘤胃；B → A 表示食物由瘤胃返回口腔进行再咀嚼；C → D 表示食物由口腔食管咽下到瘤胃；D → E 表示食物由网胃到瓣胃；E → F 表示食物由瓣胃到皱胃；F →小肠，表示食物由皱胃到小肠。

第二节　羊的营养需要和饲养标准

羊的营养就是维持羊的生命、生长、繁殖、泌乳、长毛、长绒等所需要的物质，包括蛋白质、碳水化合物、脂肪、矿物质、维生素和水等。这六种营养物质除了一部分水外，其余都是从饲料中获得的。在生产中，合理供给羊所需要的营养物质，才能有效地利用饲料，保证羊的身体健康，生产出大量的优质羊产品。

由于羊的生产用途、年龄、生长发育阶段等的不同，所需要的营养物质的数量和质量也是不同的。草虽然是羊的主要饲料，但绵羊和山羊（包括奶羊）所需要的饲草种类不同，质量也不同。同时，羊还需要其他精料、矿物质、微量元素等。

通过科学试验，已经研究出不同年龄、体重的绵羊和山羊为了维持其正常生命活动所需要的蛋白质、碳水化合物以及矿物质的需要量。除了维持饲养外，还要根据其他营养的需要，制定出合理的饲养标准。根据饲养标准，喂给绵羊、山羊质量合乎标准、数量合乎要求的饲草、饲料，以做到营养完善，保证羊的正常生长发育和生产性能的稳定。

一、羊的营养需要

1. 维持需要

维持需要是指羊在休闲状态下，维持生命正常的消化、呼吸、循环，以及维持体温等生命活动所需要的营养总和。维持需要就是维持最低的消耗和需要，只有在满足维持需要之后，多余的部分才能用来繁殖和生产产品。

（1）蛋白质的需要　蛋白质是很重要的营养物质，是机体组织增长、修补、更新，产生酶、抗体，以及维持生命活动的基础结构物质，如果缺乏就会导致疾病。羊一般不会缺少蛋白质，在瘤胃中微生物的作用下，自己可以制造蛋白质。一般认为，羊日粮中蛋白质的含量以 13% ～ 15% 为宜。例如，50 kg 体重的毛肉兼用成年母羊，每天需要可消化粗蛋白质 70 g 左右。尤其对于产毛、产绒的羊，要多喂一些硫含量较高的蛋白质，有利于提高羊毛和羊绒的产量和质量。

（2）能量的需要　碳水化合物是主要的能源物质，由粗纤维和无氮浸出物（淀粉和葡萄糖等）组成。碳水化合物过多，就形成脂肪蓄积在体内（皮下、肠系膜、大网膜），羊就长得肥胖。羊日粮中粗纤维的最适宜水平为 20%。能量用来维持机体内外正常活动和体温的稳定等。羊需要的能量与羊的活动程度有密切关系，舍饲的羊消耗热能往往比放牧游走的羊少 50% ～ 100%。维持需要的能量一般占能量总需要量的 70% 左右。

（3）矿物质的需要　饲料经过充分燃烧后的剩余部分叫矿物质，也叫无机盐或粗灰分，是构成骨骼、牙齿的主要成分。此外，肌肉、皮肤、血液、消化液、激素等也都含有一定量的矿物质，并参与代谢过程。矿物质的作用是补偿代谢过程中的损耗，保证血浆和身体组织中的矿物质成分不变。羊对钙、磷和食盐的需求量相对较大。每兆卡消化能需钙 1.5 g、磷 1.13 g、食盐 1.0 ～ 1.5 g。体重 50 kg 的羊日需要钙 5 ～ 6 g、磷 3 ～ 3.5 g、食盐 46 g。严重缺乏时，骨骼就会松软变形，引起瘫痪，甚至死亡。需要特别指出的是，硫是构成羊毛、羊绒不可缺少的物质，硫对于提高羊毛产量和质量具有重要作用。通过每日补充一些 0.5% 硫酸铜溶液（混于饲料中饲喂），可以满足羊对硫的需求。

（4）脂肪的需要　脂肪是羊体组织的重要组成部分，各个器官、组织，如神经、肌肉、皮肤、血液等都含有脂肪，脂肪也是羊产品的组成部分。进入羊体多余的营养，即转化为脂肪蓄积于体内，形成皮下脂肪等脂肪组织。当羊体所摄取的营养不足时，体内蓄积的脂肪会被动用，转化为热能。羊日粮中一般不会缺乏脂肪。

（5）维生素的需要　维生素是一类饲料中含量甚微、种类繁多的营养要素，是调节各种代谢过程必不可少的营养物质。缺乏时会出现代谢性疾病，如佝偻病、眼干燥症等，会影响羔羊的生长发育。在羊的饲养过程中同样有维生素的消耗，这就需要从日粮中进行补充，特别是维生素 A 和维生素 D 的补充。

① 维生素 A。维生素 A 可防止表皮和黏膜组织角化。缺乏时，会破坏新陈代谢，使羔羊生长停滞，视力减弱，对各种传染病抵抗能力降低。维生素 A 广泛存在于乳、鱼肝油、胡萝卜等物质中，多余时可储存在肝脏中。体重 50 kg 的羊日需要 4400 IU 的维生素 A，或者是胡萝卜素 10 mg。

② 维生素 D。维生素 D 有利于骨骼的发育。缺乏时，会导致羔羊的佝偻病，表现骨骼弯曲和脆弱；成年羊则出现软骨症，影响无机盐的吸收和沉积，常常表现出神经活动障碍。谷物饲料、多汁饲料、青饲料中缺维生素 D，但具有维生素 D 原，经阳光照射后，能转化为维生素 D。干草中含有较丰富的维生素 D。体重 50 kg 的羊日需要 600 IU 的维生素 D。

③ 维生素 E。维生素 E 也叫生育酚，可以促进羊的繁殖机能，增强其生活力。缺乏时，会造成山羊不妊娠、流产或丧失生殖能力，胎儿发育受阻和死亡。谷粒和青饲料中都含有维生素 E，小麦、稻米、玉米中也含有较丰富的维生素 E。在配种与妊娠期内，要供给富含维生素 E 的饲料。舍饲期间，要补给一定的青饲料。放牧饲养的羊群，只是通过放牧就能满足羊对维生素 E 的需要。

④ 维生素 K。维生素 K 缺乏时，会使血液凝固作用遭到破坏，并引起内脏出血和粪、尿带血等症状。青草中特别是苜蓿、针叶树的枝叶，都富含维生素 K。

⑤ B 族维生素。维生素 B_1 可用来预防神经系统和消化器官的各种病症，在米糠、麸皮、豆类等饲料中含量比较多。维生素 B_2 可促进动物组织的发育，青草、优质干草、根菜、禾本科籽实以及麸皮中

含较多的维生素 B_2。

⑥ 维生素 C。维生素 C 可以保护组织和增强抵抗力，预防坏血症，促进新陈代谢。青草和块根中都含有充足的维生素 C。

（6）水的需要　水是羊体的重要组成成分，是各种营养物质的溶剂，各种营养物质的消化、吸收、运送、排泄以及羊体内各种生理生化过程，均需有水参与。缺乏水分，会使羊丧失食欲，影响体内代谢过程，降低增重和饲草饲料的利用率。羊如失去体内水分的 20% 就会危及生命。每天都要给羊适量的、清洁的饮水。

2. 繁殖需要

在配种期的繁殖行为会使公羊、母羊的活动量增加，代谢增强，营养物质需求相应增加。根据种公羊的生产性能特点，可将饲养分为非配种期饲养和配种期饲养。

非配种季节的种公羊，在冬季除了放牧外，每日可补充混合精料 500 g、干草 3.0 kg、胡萝卜 0.5 kg、食盐 5 ～ 10 g。夏、秋季节以放牧为主，每日另外补充混合精料 500 g。

配种期种公羊的饲养，包括配种准备期（指配种前 1 ～ 1.5 个月）、配种期和配种后复壮期（约 1 ～ 1.5 个月）的饲养。配种准备期的种公羊，应增加精料饲喂量，可按配种期喂给量的 60% ～ 70% 起开始逐渐增加，逐渐过渡到配种期的喂给量。饲喂配种期种公羊，精料每日不宜超过 1 kg。为了保证所需要的蛋白质以及维生素，可每日喂给血粉或鱼粉 5 g、胡萝卜 1.0 kg。精料分 2 ～ 3 次喂给，日饮水 3 ～ 4 次，喂食盐 10 g，并补充足量青草。配种期种公羊应加强运动，在每次配种前运动 30 ～ 40 min，以保证公羊能产生品质优良的精液。饲料种类应多样化。实践证明，用黄米以及小米喂种公羊对于形成精液和提高精液品质有促进作用，可酌量喂给，一般占精料的 50% 以下，不宜多喂。配种复壮期，一般精料喂给量不减少，可逐步减少运动，增加放牧时间，经过一段时间后，再适量减少精料，逐渐过渡到非配种期的饲养。

母羊妊娠期间代谢活动增强 15% ～ 30%，营养需要也相应增加，以利于胎儿发育和母体储备营养准备泌乳。其间母羊增重 8 ～ 15 kg，纯蛋白质增加 1.8 ～ 2.4 kg，其中的 80% 是妊娠后期增加的。所以，在妊娠后期应增加 30% ～ 40% 的能量和 40% ～ 50% 的蛋白质。例如，体重 50 kg 的母羊妊娠后期日需消化能 4.5×10^6cal，可消化蛋白质 115 g，钙 8.8 g，磷 4.0 g，以及相应的维生素 A 和维生素 D，胡萝卜素每日不少于 18 mg。

3. 生长需要

羊从出生到 1.5 ～ 2.0 岁初配以前，是生长发育时期。羔羊哺乳期生长迅速，一般日增重可达 200 ～ 300 g，要求饲料和蛋白质的数量足、质量好。

整个生长发育阶段，如果营养不足，就会影响体形和体重，延长发育时间。只有在营养丰富的情况下，羊体各部分和组织的生长才能体现出其遗传特性。如果营养不足，就会直接影响体形和体重。但羊各个组织和器官之间的生长强度是不一样的，一般是先长骨架，次长肌肉，最后长脂肪。先长头、四肢、皮肤，后长躯干部位的胸腔、骨盆和腰部，使体格粗壮。所以，应充分利用幼龄羊生长快和饲料报酬高的特点，喂好幼龄羊，直接产肉，或为成年羊时产肉、产乳、产毛和繁殖打好基础。生长发育阶段，每增重 100 g，需消化能 1500 ～ 1800 kcal，可消化蛋白质 40 ～ 50 g。哺乳期日需钙 4.3 g，磷 3.2 g；育成期日需钙 5 ～ 6.6 g，磷 3.2 ～ 3.6 g。

4. 泌乳需要

羔羊出生后，主要依靠母乳提供营养物质。只有给泌乳期的母羊提供充足的营养，才能保证足量的乳汁，促进羔羊正常发育。羔羊的日增重随着品种、健康状况、产羔数不同而有所差异，一般日增重 100 ～ 250 g 不等。但每增重 100 g 约需要母乳 500 g，而生产 500 g 羊奶则需要 0.3 kg 饲料单位、33 g 蛋白质、1.2 g 磷及 1.8 g 钙。母羊的泌乳期营养需要依照其哺乳的羔羊数而有所不同。

一般来说，饲料中的蛋白质含量应比乳汁中的蛋白质含量最高高出 1.6 倍左右，饲料中蛋白质含量不足时，将直接影响羊的泌乳量。乳汁中的乳脂是借助于饲料中的脂肪、蛋白质、碳水化合物而形成的，故饲料中必须有足够的脂肪，否则就需要动用价格昂贵的蛋白质来形成乳脂，这是极不经济的。乳汁中的矿物质以钙、磷、钾、镁、铁、氯为主，饲料中也应含有相应的矿物质，而且其含量应为乳汁中含量的一倍，才能形成含足量矿物质的乳汁。喂食盐量应占喂给干物质的 0.18%。饲料中还必须含有足量的维生素 A 和维生素 D。维生素 D 不足时，往往影响羔羊的生长发育，尤其是影响羔羊体内钙、磷的沉积，钙、磷不足或钙磷比例严重失调将会形成佝偻病。

5. 育肥需要

育肥就是增加羊体肌肉和脂肪，并改善羊肉品质。所增加的肌肉主要由蛋白质构成，增加的脂肪主要储存在皮下、肠系膜、大网膜以及肌间组织。育肥时所提供的营养物质，必须超过维持需要，这样才能积蓄肌肉和脂肪。羔羊育肥包括生长和育肥两个过程，所以营养充分时增重快、育肥效果好。同样是体重 40 kg 的羊，育肥幼龄羊日需纯蛋白质 100 ～ 120 g，消化能 $4.5 \sim 5.0\times10^{6}$cal，而育成羊日需纯蛋白质 75 ～ 100 g，消化能 $4.5 \sim 5.2\times10^{6}$cal。

6. 产毛需要

羊毛几乎都是由蛋白质构成的，每产 1 kg 羊毛需要 8 kg 植物蛋白质。据报道，在细毛、半细毛羊的日粮中，粗蛋白质含量达到 15% 时才能满足产羊毛的需要。而国外的试验研究也认为，每千克可消化有机物中，含可消化蛋白质 18 g 时，才能满足产毛需要，并应特别注意含硫氨基酸的供给。据报道，日补硫酸盐 2 ～ 10 g，可提高产毛量 17%。足够的热量供给，对产羊毛也是十分必要的，产毛对热能的需要占生长发育总体需要的 10% 左右。

二、羊的饲养标准

羊的饲养标准是在生产实践中和科学试验的基础上，根据不同生理状况、体重和生产水平，规定出羊每天每只应给予能量和各种营养物质的数量。按照饲养标准进行饲养，就能够使羊保持健壮和健康，充分发挥其生产性能，促进高繁殖力，节省饲料，降低成本。由于品种不同，生产条件和个体差异较大，所以它仅仅是一个相对合理的平均指标。下面介绍几类羊的饲养标准（表 4-1 ～表 4-8）。

表4-1　成年育肥羊的饲养标准

体重/kg	风干饲料/kg	消化能/MJ	可消化粗蛋白质/g	钙/g	磷/g	食盐/g	胡萝卜素/mg
40	1.5	15.9～19.2	90～100	3～4	2.0～2.5	5～10	5～10
50	1.8	16.7～23.0	100～120	4～5	2.5～3.0	5～10	5～10
60	2.0	20.9～27.2	110～130	5～6	2.8～3.5	5～10	5～10
70	2.2	23.0～29.3	120～140	6～7	3.0～4.0	5～10	5～10
80	2.4	27.2～33.5	130～160	7～8	3.5～4.5	5～10	5～10

表4-2　育肥羔羊的饲养标准

月龄	体重/kg	风干饲料/kg	消化能/MJ	可消化粗蛋白质/g	钙/g	磷/g	食盐/g	胡萝卜素/mg
3	25	1.2	10.5～14.6	80～100	1.5～2	0.6～1.0	3.0～5.0	2.0～4.0
4	30	1.4	14.6～16.7	90～150	2～3	1.0～2.0	4.0～8.0	3.0～5.0
5	40	1.7	16.7～18.8	90～140	3～4	2.0～3.0	5.0～9.0	4.0～8.0
6	45	1.8	18.8～20.9	90～130	4～5	3.0～4.0	6.0～9.0	5.0～8.0

表4-3　种公羊的饲养标准

时期	体重/kg	风干饲料/kg	消化能/MJ	可消化粗蛋白质/g	钙/g	磷/g	食盐/g	胡萝卜素/mg
非配种期	70	1.8～2.1	16.7～20.5	110～140	5.0～6.0	2.5～3.0	10.0～15.0	15.0～20.0
	80	1.9～2.2	18.0～21.8	120～150	6.0～7.0	3.0～4.0	10.0～15.0	15.0～20.0
	90	2.0～2.4	19.2～23.0	130～160	7.0～8.0	4.0～5.0	10.0～15.0	15.0～20.0
	100	2.1～2.5	20.5～25.1	140～170	8.0～9.0	5.0～6.0	10.0～15.0	15.0～20.0
配种期（配种2～3次）	70	2.2～2.6	23.0～27.2	190～240	9.0～10.0	7.0～7.5	15.0～20.0	20.0～30.0
	80	2.3～2.7	24.3～29.3	200～250	9.0～11.0	7.5～8.0	15.0～20.0	20.0～30.0
	90	2.4～2.8	25.9～31.0	210～260	10.0～12.0	8.0～9.0	15.0～20.0	20.0～30.0
	100	2.5～3.0	26.8～31.8	220～270	11.0～13.0	8.5～9.5	15.0～20.0	20.0～30.0

续表

时期	体重/kg	风干饲料/kg	消化能/MJ	可消化粗蛋白质/g	钙/g	磷/g	食盐/g	胡萝卜素/mg
配种期（配种4～5次）	70	2.4～2.8	25.9～31.0	260～370	13.0～14.0	9.0～10.0	15.0～20.0	30.0～40.0
	80	2.6～3.0	28.5～33.5	280～380	14.0～15.0	10.0～11.0	15.0～20.0	30.0～40.0
	90	2.7～3.1	29.7～34.7	290～390	15.0～16.0	11.0～12.0	15.0～20.0	30.0～40.0
	100	2.8～3.2	31.0～36.0	310～400	16.0～17.0	12.0～13.0	15.0～20.0	30.0～40.0

表4-4　妊娠母羊（绵羊）每日营养需要量

妊娠阶段	体重/kg	日粮干物质进食量/(kg/d)	消化能/(MJ/d)	代谢能/(MJ/d)	粗蛋白质/(g/d)	钙/(g/d)	总磷/(g/d)	食盐/(g/d)
妊娠前期（1～3月）	40	1.6	12.55	10.46	116	3	2	6.6
	50	1.8	15.06	12.55	124	3.2	2.5	7.5
	60	2.0	15.90	13.39	132	4	3	8.3
	70	2.2	6.74	14.23	141	4.5	3.5	9.1
妊娠后期Ⅰ(单羔4～5月)	40	1.8	15.06	12.55	146	6	3.5	7.5
	45	1.9	15.90	13.39	152	6.5	3.7	7.9
	50	2.0	16.74	14.23	159	7	3.9	8.3
	55	2.1	17.99	15.06	165	7.5	4.1	8.7
	60	2.2	18.83	15.9	172	8	4.3	9.1
	65	2.3	19.66	16.74	180	8.5	4.5	9.5
	70	2.4	20.92	17.57	187	9	4.7	9.9
妊娠后期Ⅱ(双羔4～5月)	40	1.8	16.74	14.23	167	7	4	7.9
	45	1.9	17.99	15.06	176	7.5	4.3	8.3
	50	2.0	19.25	16.32	184	8	4.6	8.7
	55	2.1	20.5	17.15	193	8.5	5	9.1
	60	2.2	21.76	18.41	203	9	5.3	9.5
	65	2.3	22.59	19.25	214	9.5	5.4	9.9
	70	2.4	24.27	20.5	226	10	5.6	11

注：此表数值参考内蒙古自治区地方标准《细毛羊饲养标准》（DB15/T 30—92）。

表4-5　泌乳母羊（绵羊）每日营养需要量

体重/kg	日增重/(kg/d)	日粮干物质进食量/(kg/d)	消化能/(MJ/d)	代谢能/(MJ/d)	粗蛋白质/(g/d)	钙/(g/d)	总磷/(g/d)	食盐/(g/d)
40	0.2	2.0	12.97	10.46	119	7.0	4.3	8.3
40	0.4	2.0	15.48	12.55	139	7.0	4.3	8.3
40	0.6	2.0	17.99	14.66	157	7.0	4.3	8.3
40	0.8	2.0	20.50	16.74	176	7.0	4.3	8.3
40	1.0	2.0	23.01	18.83	196	7.0	4.3	8.3
40	1.2	2.0	25.94	20.92	216	7.0	4.3	8.3
40	1.4	2.0	28.45	23.01	236	7.0	4.3	8.3
40	1.6	2.0	30.96	25.10	254	7.0	4.3	8.3
40	1.8	2.0	33.47	27.20	274	7.0	4.3	8.3
50	0.2	2.2	15.06	12.13	122	7.5	4.7	9.1
50	0.4	2.2	17.57	14.23	142	7.5	4.7	9.1
50	0.6	2.2	20.08	16.32	162	7.5	4.7	9.1
50	0.8	2.2	22.59	18.41	180	7.5	4.7	9.1
50	1.0	2.2	25.10	20.50	200	7.5	4.7	9.1
50	1.2	2.2	28.03	22.59	219	7.5	4.7	9.1
50	1.4	2.2	30.54	24.69	239	7.5	4.7	9.1
50	1.6	2.2	33.05	26.78	257	7.5	4.7	9.1
50	1.8	2.2	35.56	28.87	277	7.5	4.7	9.1
60	0.2	2.4	16.32	13.39	125	8.0	5.1	9.9
60	0.4	2.4	19.25	15.48	145	8.0	5.1	9.9
60	0.6	2.4	21.76	17.57	165	8.0	5.1	9.9
60	0.8	2.4	24.27	19.66	183	8.0	5.1	9.9
60	1.0	2.4	26.78	21.76	203	8.0	5.1	9.9
60	1.2	2.4	29.29	23.85	223	8.0	5.1	9.9
60	1.4	2.4	31.80	25.94	241	8.0	5.1	9.9
60	1.6	2.4	34.73	28.03	261	8.0	5.1	9.9

续表

体重/kg	日增重/(kg/d)	日粮干物质进食量/(kg/d)	消化能/(MJ/d)	代谢能/(MJ/d)	粗蛋白质/(g/d)	钙/(g/d)	总磷/(g/d)	食盐/(g/d)
60	1.8	2.4	37.24	30.12	275	8.0	5.1	9.9
70	0.2	2.6	17.99	14.64	129	8.5	5.6	11.0
70	0.4	2.6	20.50	16.70	148	8.5	5.6	11.0
70	0.6	2.6	23.01	18.83	166	8.5	5.6	11.0
70	0.8	2.6	25.94	20.92	1286	8.5	5.6	11.0
70	1.0	2.6	28.45	23.01	206	8.5	5.6	11.0
70	1.2	2.6	30.96	25.10	226	8.5	5.6	11.0
70	1.4	2.6	33.89	27.61	244	8.5	5.6	11.0
70	1.6	2.6	36.40	29.71	264	8.5	5.6	11.0
70	1.8	2.6	39.33	31.80	284	8.5	5.6	11.0

注：此表数值参考内蒙古自治区地方标准《细毛羊饲养标准》（DB15/T 30—1992）。

表4-6 妊娠后期母山羊每日营养需要量

妊娠阶段	日增重/(kg/d)	日粮干物质进食量/(kg/d)	消化能/(MJ/d)	代谢能/(MJ/d)	粗蛋白质/(g/d)	钙/(g/d)	总磷/(g/d)	食盐/(g/d)
空怀期	10	0.39	3.37	2.76	34	4.5	3.0	2.0
	15	0.53	4.54	3.72	43	4.8	3.2	2.7
	20	0.66	5.62	4.61	52	5.2	3.4	3.3
	25	0.78	6.63	5.44	60	5.5	3.7	3.9
	30	0.90	7.59	6.22	67	5.8	3.9	4.5
1～90 d	10	0.39	4.80	3.94	55	4.5	3.0	2.0
	15	0.53	6.82	5.59	65	4.8	3.2	2.7
	20	0.66	8.78	7.15	73	5.2	3.4	3.3
	25	0.78	10.56	8.66	81	5.5	3.7	3.9
	30	0.90	12.34	10.12	89	5.8	3.9	4.5

续表

妊娠阶段	日增重/(kg/d)	日粮干物质进食量/(kg/d)	消化能/(MJ/d)	代谢能/(MJ/d)	粗蛋白质/(g/d)	钙/(g/d)	总磷/(g/d)	食盐/(g/d)
91～120 d	15	0.53	7.55	6.19	97	4.8	3.2	2.7
	20	0.66	9.51	7.80	105	5.2	3.4	3.3
	25	0.78	11.39	7.34	113	5.5	3.7	3.9
	30	0.90	13.20	10.82	121	5.8	3.9	4.5
120 d以上	15	0.53	8.54	7.00	124	4.8	3.2	2.7
	20	0.66	10.54	8.64	132	5.2	3.4	3.3
	25	0.78	12.43	10.19	140	5.5	3.7	3.9
	30	0.90	14.27	11.70	148	5.8	3.9	4.5

表4-7 泌乳前期母山羊每日营养需要量

体重/kg	日增重/(kg/d)	日粮干物质进食量/(kg/d)	消化能/(MJ/d)	代谢能/(MJ/d)	粗蛋白质/(g/d)	钙/(g/d)	总磷/(g/d)	食盐/(g/d)
10	0.00	0.39	3.12	2.56	24	0.7	0.4	2.0
10	0.50	0.39	5.73	4.70	73	2.8	1.8	2.0
10	0.75	0.39	7.04	5.77	97	3.8	2.5	2.0
10	1.00	0.39	8.34	6.84	122	4.8	3.2	2.0
10	1.25	0.39	9.65	7.91	146	5.9	3.9	2.0
10	1.50	0.39	10.95	8.98	170	6.9	4.6	2.0
15	0.00	0.53	4.24	3.48	33	1.0	0.7	2.7
15	0.50	0.53	6.84	5.61	31	3.1	2.1	2.7
15	0.75	0.53	8.15	6.68	106	4.1	2.8	2.7
15	1.00	0.53	9.45	7.75	130	5.2	3.4	2.7
15	1.25	0.53	10.76	8.82	154	6.2	4.1	2.7
15	1.50	0.53	12.06	9.89	179	7.3	4.8	2.7
20	0.00	0.66	5.26	4.31	40	1.3	0.9	3.3
20	0.50	0.66	7.87	6.45	89	3.4	2.3	3.3

续表

体重/kg	日增重/(kg/d)	日粮干物质进食量/(kg/d)	消化能/(MJ/d)	代谢能/(MJ/d)	粗蛋白质/(g/d)	钙/(g/d)	总磷/(g/d)	食盐/(g/d)
20	0.75	0.66	9.17	7.52	114	4.5	3.0	3.3
20	1.00	0.66	10.48	8.59	138	5.5	3.7	3.3
20	1.25	0.66	11.78	9.66	162	6.5	4.4	3.3
20	1.50	0.66	13.09	10.73	187	7.6	5.1	3.3
25	0.00	0.78	6.22	5.10	48	1.7	1.1	3.9
25	0.50	0.78	8.83	7.24	97	3.8	2.5	3.9
25	0.75	0.78	10.13	8.31	121	4.8	3.2	3.9
25	1.00	0.78	11.44	9.38	145	5.8	3.9	3.9
25	1.25	0.78	12.73	10.44	170	6.9	4.6	3.9
25	1.50	0.78	14.07	11.51	194	7.9	5.3	3.9
30	0.00	0.90	6.70	5.49	55	2.0	1.3	4.5
30	0.50	0.90	9.73	7.98	104	4.1	2.7	4.5
30	0.75	0.90	11.04	9.05	128	5.1	3.4	4.5
30	1.00	0.90	12.34	10.12	152	6.2	4.1	4.5
30	1.25	0.90	13.65	11.19	177	7.2	4.8	4.5
30	1.50	0.90	14.95	12.26	201	8.3	5.5	4.5

注：泌乳前期指泌乳第1～30 d。

表4-8　泌乳后期母山羊每日营养需要量

体重/kg	泌乳量/(kg/d)	日粮干物质进食量/(kg/d)	消化能/(MJ/d)	代谢能/(MJ/d)	粗蛋白质/(g/d)	钙/(g/d)	总磷/(g/d)	食盐/(g/d)
10	0.00	0.39	3.71	3.04	22	0.7	0.4	2.0
10	0.15	0.39	4.67	3.83	48	1.3	0.9	2.0
10	0.25	0.39	5.30	4.35	65	1.7	1.1	2.0
10	0.50	0.39	6.90	5.66	108	2.8	1.8	2.0
10	0.75	0.39	8.50	6.97	151	3.8	2.5	2.0

续表

体重/kg	泌乳量/(kg/d)	日粮干物质进食量/(kg/d)	消化能/(MJ/d)	代谢能/(MJ/d)	粗蛋白质/(g/d)	钙/(g/d)	总磷/(g/d)	食盐/(g/d)
10	1.00	0.39	10.10	8.28	194	4.8	3.2	2.0
15	0.00	0.53	5.02	4.12	30	1.0	0.7	2.7
15	0.15	0.53	5.99	4.91	55	1.6	1.1	2.7
15	0.25	0.53	6.62	5.43	73	2.1	1.4	2.7
15	0.50	0.53	8.22	6.74	116	3.1	2.1	2.7
15	0.75	0.53	9.82	8.05	159	4.1	2.8	2.7
15	1.00	0.53	11.41	9.36	201	5.2	3.4	2.7
20	0.00	0.66	6.24	5.12	37	1.3	0.9	3.3
20	0.15	0.66	7.20	5.90	63	2.0	1.3	3.3
20	0.25	0.66	7.84	6.43	80	2.4	1.6	3.3
20	0.50	0.66	9.44	7.74	123	3.4	2.3	3.3
20	0.75	0.66	11.04	9.05	166	4.5	3.0	3.3
20	1.00	0.66	12.63	10.36	209	5.5	3.7	3.3
25	0.00	0.78	7.38	6.05	44	1.7	1.1	3.9
25	0.15	0.78	8.34	6.84	69	2.3	1.5	3.9
25	0.25	0.78	8.98	7.36	87	2.7	1.8	3.9
25	0.50	0.78	10.57	8.67	129	3.8	2.5	3.9
25	0.75	0.78	12.17	9.98	172	4.8	3.2	3.9
25	1.00	0.78	13.77	11.29	215	5.8	3.9	3.9
30	0.00	0.90	8.46	6.94	50	2.0	1.3	4.5
30	0.15	0.90	9.41	7.72	76	2.6	1.8	4.5
30	0.25	0.90	10.06	8.25	93	3.0	2.0	4.5
30	0.50	0.90	11.66	9.56	136	4.1	2.7	4.5
30	0.75	0.90	13.24	10.86	179	5.1	3.4	4.5
30	1.00	0.90	14.85	12.18	222	6.2	4.1	4.5

注：泌乳后期指泌乳第31～70 d。

第三节　羊的饲料

羊的饲料种类极为广泛。绵羊主要生活在草原地区，以各种草场的牧草为主要饲料。山羊主要生活在山区，青草是主要的饲料，其他还有比较脆嫩的植物茎叶，如灌木枝条、树叶、树枝、块根、块茎等。树枝、树叶可占其采食量的 1/3 ～ 1/2。灌木丛生、杂草繁茂的丘陵、沟坡是放牧山羊的理想地方。羊的饲料按来源可分为青绿饲料、青贮饲料、粗饲料、多汁饲料、精饲料、无机盐饲料、特种饲料等。

一、青绿饲料

青绿饲料的种类很多，包括各种野生的杂草、灌木枝叶、果树和乔木树叶、青绿牧草、刈割青饲料等。青绿饲料含水量高（在 75% ～ 90%），粗纤维含量少，营养丰富，适口性好。

但是，高粱苗、玉米苗等含有少量氰苷类化合物，在胃内由于酶和胃酸的作用，水解为有剧毒的氢氰酸，大量采食可引起羊中毒；幼嫩豆科青草适口性好，应防止羊过量采食，以免造成瘤胃鼓胀。薯秧、萝卜和甜菜等往往带有泥沙，喂前要洗净。同时还要防止农药中毒。

需要注意的是，过嫩的青绿饲料往往含水量高，容积大，羊容易吃饱，也容易饥饿，且容易腹泻。因此，早春季节放牧时要补充一些干草。大量饲喂青绿饲料时，要充分考虑与干物质搭配，以避免摄入的干物质不足而影响生长和生产。

青绿饲料的处理方法有切碎、打浆、闷泡和浸泡、发酵等。这样可以减少浪费，便于采食和咀嚼，提高利用价值，改善适口性，软化纤维素，改善饲料品质。

青绿饲料存放时间过长或保管不当导致发霉腐败，在锅内加热或煮熟后焖在锅里过夜，都会使青绿饲料里的亚硝酸盐含量大大增加，这样的青绿饲料不可再饲喂。

二、青贮饲料

青贮饲料是指将青绿多汁饲料切碎、铡短、压实、密封在青贮窖或青贮塔以及塑料袋内，经过乳酸菌发酵而制成的味道酸甜、柔软多汁、营养丰富、易于保存的一种饲料。它保留了植物绝大多数的营养物质（大部分蛋白质和维生素等）。

1. 青贮的意义

青贮是调制贮藏青饲料和秸秆等饲料的有效方法。青贮既适用于大型牧场，也适用于中小型养殖场。

用青贮饲料饲喂羊，如同一年四季都能使羊采食到青绿多汁饲料，从而使羊常年保持较高的营养水平和生产水平，所以有人也把青贮饲料叫作羊的“青草罐头”。在牧区可以做到更合理地利用牧地；在农区能做到合理地利用大量的青饲料和秸秆。青贮的主要优点如下：

（1）青贮能有效地保留青绿植物的营养成分　一般情况下，青绿植物成熟晒干后，营养价值降低 30% ～ 50%，但青贮以后只降低 3% ～ 10%，能有效保存青绿植物中的蛋白质和维生素。

（2）青贮能保存原料青绿时的鲜嫩汁液　干草的含水量只有 14% ～ 17%，而青贮饲料含水量能达 70%，适口性好，消化率高。

（3）青贮可以扩大饲料来源　羊不喜欢或不能采食的野草、野菜、树叶等，经过青贮发酵，都可以变成其可口饲料。青贮可以改变这些饲料的口味，并且可以软化秸秆，增加可食部分的数量。

（4）青贮法保存饲料经济而且安全　青贮饲料比贮存干草需要的空间小。另外，只要贮存方法得当，饲料可以长期保存，不会因风吹日晒、雨雪而变质，也不会有火灾事故的发生。

（5）青贮可以消灭害虫和杂草　很多危害农作物的害虫多寄生在

收割后的秸秆上越冬，如果对秸秆进行青贮，由于青贮窖内缺乏氧气，并且酸度较高，就可以将许多害虫的幼虫或虫卵杀死。例如，玉米钻心虫经过青贮就会全部失去生活能力。许多杂草的种子，经过青贮也会失去发芽的能力。

（6）青贮饲料在任何季节都能供羊采食　对于羊来说，青贮饲料已经成为维持和创造高产水平不可缺少的饲料之一，一年四季都可食用。

2. 青贮的原理

青贮是在缺氧的环境条件下，让乳酸菌大量繁殖，从而将饲料中的淀粉和可溶性糖变成乳酸；当乳酸积累到一定浓度后，便能抑制腐败菌等杂菌的生长，这样就可以把青贮料的养分长时间地保存下来。

青贮原料上附着的微生物，可以分为有利于青贮的微生物和不利于青贮的微生物两大类。有利于青贮的微生物主要是乳酸菌，它的生长繁殖要求厌氧、湿润、有一定数量的糖分；不利于青贮的微生物有腐败菌等多种，它们大部分是好氧和不耐酸的。

乳酸菌在青贮的最初几天数量很少，比腐生菌少很多。但在几天之后，随着氧气的耗尽，乳酸菌的数量逐渐增加，变为优势菌种。由于乳酸菌能够将原料中的糖类变为乳酸，所以乳酸的浓度不断增加，达到一定量时即可抑制其他微生物的活动，特别是腐败菌在酸性条件下会很快死亡。

青贮成败的关键在于能否给乳酸菌创造出一个好的生存环境来，保证乳酸菌的迅速增殖，形成有利于乳酸发酵的环境条件和排除有害的腐败过程的发生和发展。

乳酸菌的大量繁殖，必须具备以下条件：

（1）青贮原料要有一定的含糖量　青贮原料糖的含量不得少于1%～1.5%。含糖多的如玉米秸秆和禾本科青草等为适宜青贮的原料。

（2）原料的含水量要适度　原料的含水量一般以60%～70%为宜。调节含水量的方法：如果原料含水量高，可加入干草、秸秆等；

如果原料含水量低，可以加入新鲜的嫩草。

测定含水量的方法有：

① 搓绞法。搓绞法就是在切碎之前，使原料适当凋萎，到植物的茎被搓绞而不至于折断，其柔软的叶子也不出现干燥迹象时，原料的含水量正合适。

② 手抓测定法。手抓测定法也叫挤压法，就是取一把切短的原料，用手用力挤压后慢慢松开，注意手中的原料团球状态，若团球散开缓慢、手中见水而不滴水，说明原料的含水量正合适。

（3）温度适宜　一般温度以 19 ～ 37 ℃为宜。

（4）缺氧环境　将原料切短、压实，以利于排出空气。一般要切到 2 ～ 3 cm 长，这样容易踏实压紧，排除青贮料中的空气，创造乳酸菌适宜的厌氧生活环境。

3. 青贮设施的种类

青贮设施有圆筒状的青贮窖和青贮塔，以及长方形的青贮壕等。按照在地平线上、下的位置分，又可以有：地下式（图 4-2，图 4-3，图 4-4）、半地下式和地上式三种。我国大多采用地下式青贮设施，青贮壕或青贮窖等全部在地下，要求建在地下水位低和土质坚实的地区，底部和四壁可以修建围墙，并且底部和内壁用水泥抹得平整、光滑，防止漏气和渗水，也可以在底部和四壁裱衬一层结实的塑料薄膜。

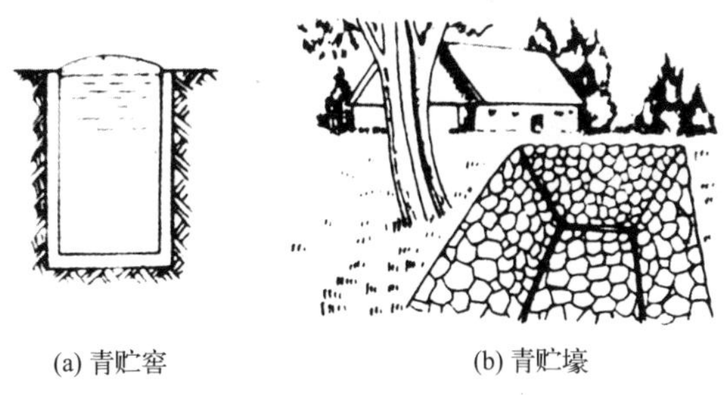

(a) 青贮窖　　(b) 青贮壕

图4–2　地下式青贮窖（壕）示意

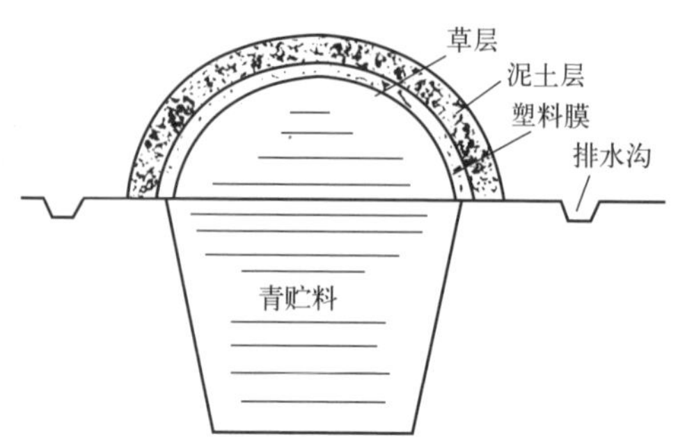

图4-3　地下式青贮窖的剖面示意

图4-4　地下式大型青贮池

国外也有用钢铁或其他不通气的材料建造青贮窖，窖内装填青贮料后，用气泵将窖内的空气抽光，然后覆盖，这样的效果更好。

总的来说，要求青贮设施不通气、不透水，墙壁要平直，要有一定的深度，能防冻。

4. 青贮的原料

常用于青贮的原料有玉米茎叶、苜蓿、各种牧草、块茎作物等。现在大多用玉米的秸秆作原料。在自然状态下，生长期短的玉米秸秆更容易被羊只消化。同一株玉米，上部比下部营养价值高，叶片比茎秆营养价值高。

选择青贮的原料品种和选定适宜的收割时期，对于青贮的质量影响很大。玉米秸秆的青贮，一般用乳熟期或蜡熟期的玉米秸秆作青贮原料。判定玉米的乳熟期方法是：在玉米果穗的中部剥下几粒玉米粒，将其纵向剖开，或只是切下玉米粒的尖部，就可以找到靠近尖部的黑层。如果有黑层存在，那就说明玉米粒已经达到生理成熟期，是选择作青贮原料的适宜收割时期。禾本科牧草的收割选在抽穗期；豆科牧草选在开花初期。

5. 原料的装填和压实

一旦开始装填青贮原料，速度就要快，以避免原料在装满和密封之前腐败。一般要求在 2 d 之内完成。

切碎的原料要避免曝晒；青贮设施内应有人将装入的原料混匀耙平；原料要一层一层地铺平。

原料的压实，小型青贮可以用人力踩踏，大型青贮可以用拖拉机或三码车开进去进行压实，之后人员再到边角地方，对机器不能压实的地方进行人工踩踏、压实，防止存气和漏气。利用机械、车辆等碾压时，注意不要把泥土、油污、金属、石块等带入窖内。

6. 青贮设施的密封和覆盖

青贮设施中的原料在装满压实之后，必须密封和覆盖，目的是隔绝空气继续与原料接触，使得青贮设施内呈现厌氧状态。

密封和覆盖的方法是先在原料的上面覆盖一层细软的青草，草上再盖上一层塑料薄膜，再用 20 cm 左右的细土覆盖密封。顶部要高出地面 0.5 m 左右。之后注意观察，如果有下沉的地方，就及时地用泥土覆盖好。顶部的四周要挖好排水沟，防止雨水、雪水进入设施内。

7. 青贮饲料的品质鉴定

（1）感官鉴定法　一般采用气味、颜色和结构 3 项指标进行鉴定。

① 气味。通过嗅闻青贮饲料的气味，评定青贮饲料的优劣（表 4-9）。

表 4–9　青贮饲料气味以及评级

气味	评定结果
具有酸香味，略有醇酒味，给人以舒适的感觉	品质良好，各种羊都可饲喂
香味很淡或没有，具有很浓的醋酸味	品质中等，羔羊和妊娠羊不能用
具有特殊的臭味，腐败发霉	品质低劣，不能喂羊

② 颜色。品质良好的青贮饲料呈现青绿色或黄绿色（说明青贮原料收割的时机很好）；中等品质的青贮饲料呈现黄褐色或暗绿色（说明青贮原料收割已经有些迟了）；品质低劣的青贮饲料多为暗色、褐色、墨绿色或黑色，说明青贮失败，某个环节有问题，出现这种情况就不能拿来喂羊了。

③ 结构。品质良好的青贮饲料压得非常紧密，拿在手上有很松散、质地柔软、略带湿润的感觉。叶、小茎、花瓣能保持原来的状态，能清晰地看见茎、叶上的叶脉和绒毛。相反，如果青贮料粘成一团，好像是一摊污泥，或质地干硬，表示水分过多或过少，不是良质的青贮饲料。发黏、腐败的青贮饲料是不适合饲喂任何类型的羊的（表 4-10；图 4-5，图 4-6）。

表 4–10　青贮饲料感官鉴定标准

等级	色泽	味道	气味	质地
上	黄绿色、绿色	酸味较浓	芳香味	柔软、稍湿润
中	黄褐色、墨绿色	酸味中等或较淡	芳香、稍有酒精味或醋酸味	柔软稍干或水分较多
下	黑色、褐色	酸味很淡	臭味	干燥松散或黏结成块

图4-5　青贮饲料的外观性状

图4-6　青贮饲料外观品质鉴定

（2）实验室鉴定法　该方法需要较多的设备、很多的化学药品，操作也比较烦琐，这里就不再说明了。

8. 青贮饲料的饲用

羊能够很好、很有效地利用青贮饲料。饲喂青贮饲料的羔羊，可以生长发育得很好，成年羊肥育的速度加快，生长速度加快。青贮饲料喂量：成年羊每天 3 ～ 5 kg；羔羊每天 300 ～ 600 g。饲喂青贮饲料要有一个适应过程，逐渐进行过渡，一般经过 3 ～ 5 d 的时间，才全部过渡到饲喂青贮饲料。取用青贮饲料方法也要得当，要逐层取或逐段取，吃多少就取多少，不要一次性取得太多，取完之后要遮盖严实，尽量避免接触空气。

三、粗饲料

粗饲料包括各种青干草、干树叶、作物秸秆、秕壳、藤蔓等。特点是容积大、水分少、粗纤维多、可消化物质少。秸秆适口性差，消化率低，钾的含量高，钙、磷的含量相对较低。在冬、春枯草季节，可以作为羊的一种基本饲草。

有条件的地方，可以把各种粗饲料进行混合青贮，这样既能提高这些粗饲料的适口性，又能增加粗饲料的消化率和营养价值。

1. 秸秆的加工调制

秸秆中含有大量的粗纤维，利用率低，经过调制以后，可以大大提高秸秆的利用效率。在自然状态下，羊对玉米秸秆的消化率仅为 65% 左右。秸秆饲料有下列加工方法：

（1）切短　秸秆切短后，可以减少绵羊、山羊咀嚼时的能量消耗，减少饲料浪费，提高采食量，并利于改善适口性。切短的长度，一般成年羊要切成 1.5 ～ 2.5 cm 的长度，羔羊可更短一些。

总的要求是喂给羊的秸秆饲料要尽量切短铡碎。这就是老百姓经常说的谚语“寸草铡三刀，不加料也上膘”。

（2）粉碎　优质秸秆和干草经过适当处理和粉碎后，可以提高消化率。但对于羊来说，粉碎得过细，通过瘤胃的速度会加快，利用率反而会降低，秸秆的切短和粉碎可用粉碎机（图 4-7）。

图4–7　秸秆饲料粉碎机

2. 秸秆氨化

秸秆氨化就是在一定的密闭条件下，用氨水、无水氨（液氨）或尿素溶液，按照一定的比例喷洒在作物的秸秆等粗饲料上，在常温下经过一定时间的处理，提高秸秆饲用价值的一种方法。经过氨化处理的粗饲料叫氨化饲料。氨化饲料非常适宜于山羊。

（1）原理　氨水、液氨和尿素都是含氮化合物，这些含氮化合物分解而产生氨，氨可以与秸秆中的有机物发生一系列的化学反应，形成铵盐。铵盐是一种非蛋白氮的化合物，正是羊瘤胃里微生物的良好氮素营养源。当羊食入含有铵盐的氨化秸秆后，在瘤胃脲酶的作用下，铵盐分解成氨，被瘤胃微生物所利用，并同碳、氮、硫等元素合成氨基酸，然后合成菌体蛋白质，即细菌本身的蛋白质。通过氨化作用，氨化后的秸秆可以代替羊的部分蛋白质饲料，尤其是蛋白质饲料不足时，效果更明显。

（2）氨化秸秆的优点　氨化处理后，秸秆饲料变得比原来柔软，有一种糊香或酸香气味，适口性及应用价值显著提高，并大大降低了粗纤维的含量，提高了饲料的消化率。另外，饲喂的效果好，能有效地提高饲料的饲用价值，从而降低饲养成本，为解决饲料资源的短缺问题提供了一条有效途径。秸秆氨化后，还能增加含氮量和粗蛋白质的含量，可以提高秸秆饲料的消化率。

（3）处理方法

① 把秸秆捆成小捆。

② 底层铺好塑料薄膜，把捆整齐的秸秆层层码放在塑料薄膜上，捆与捆之间最好交错压茬，垛紧。

③ 将全部秸秆码好后，用塑料薄膜封严顶部和四周，把氨水管插入垛内，向内部灌注氨水，再把顶部压紧。

（4）氨水用量　氨水占干物质的 1.0% ～ 2.5%。秸秆氨化的温度和时间见表 4-11。

表4–11　秸秆氨化的温度和时间

温度	时间	温度	时间
5 ℃以下	8周以上	30 ℃以上	1周
5～15 ℃	4～8周	45 ℃	3～7 d
15～30 ℃	1～4周		

3. 秸秆碱化

碱可以将纤维素、半纤维素和木质素分解，并使木质素和纤维素、半纤维素分离，引起细胞壁膨胀，最后使细胞纤维结构失去坚硬性，变得疏松。秸秆经过碱化后增加了渗透性，可使羊的消化液和瘤胃微生物直接与纤维素和半纤维素接触，在纤维素酶的参与和作用下，使纤维素和半纤维素分解，被羊消化利用。

秸秆碱化的一般方法是：将秸秆铡短后，用 1% ～ 3% 生石灰溶液浸泡 5 ～ 10 min，捞出放置 24 h 即可用来喂羊。也可以用 2% 左右的氢氧化钠溶液，将粉碎的秸秆拌湿，溶液与秸秆的比例为 1 ∶ 1。处理后的秸秆，消化率显著提高。经 1% 生石灰水处理的麦秸，有机物的消化率提高 20%，粗纤维的消化率提高 22%，无氮浸出物的消化率提高 17%，还能增加采食量和补充钙质。

4. 秸秆微贮

秸秆微贮是近年来发展起来的一项新的饲草处理技术，具有成本低、效益高、适口性好、来源广、保存期长等优点。主要用玉米秸、麦秸或杂草进行微贮。试验证明，这项技术可提高秸秆粗蛋白质的含量，是各类型羊冬、春季枯草期的较好饲料。秸秆微贮的处理方法及步骤：

① 将玉米秸或麦秸切碎，其长度以 1.5 ～ 2.0 cm 为宜。

② 复活菌种（秸秆发酵活干菌系新疆畜牧科学院等单位生产），将小袋内的菌种在常温下溶于 200 mL 浓度为 1% 的砂糖液中，放置 2 h。

③ 将复活好的菌液加入生理盐水中混匀。

④ 将切碎的秸秆铺放在窖内，厚度约 10 ～ 20 cm，然后均匀洒入菌液。

⑤ 压实，原料保持 65% ～ 70% 的水分。

⑥ 薄薄撒上一层玉米粉或麦麸，促进发酵。

重复①～⑥过程，直至碎秸秆压入量高出窖口 20 ～ 40 cm；再压实，并按每平方米面积洒 250 g 的盐（防发霉），最后用塑料薄膜覆盖密封。一般在外界气温 20 ℃左右时，大约 1 个月即可开窖饲喂。但发臭或有霉味的不要饲喂，以防中毒。

四、多汁饲料

多汁饲料包括块根、块茎、瓜类、蔬菜等。多汁饲料水分含量很高，其次为碳水化合物，干物质含量低，蛋白质少，粗纤维含量低，维生素较多，质脆鲜美，消化率高，营养价值高，贮存期长，适口性好。多汁饲料是种公羊、产奶母羊在冬、春季节不可缺少的饲料。多汁饲料也可制成青贮料或晒干，以冬、春季节饲喂最佳。

五、精料

精料主要是禾本科和豆科作物的籽实以及粮油加工副产品，如玉米、小麦、高粱、大豆、豌豆以及麸皮、饼类、粉渣、豆腐渣等。

精料具有营养物质含量高、体积小、水分少、粗纤维含量低和消化率高等优点，是羔羊、泌乳期母羊、种公羊及高产羊的必需饲料。精料的加工有下列一些方法：

1. 粉碎和压扁

（1）粉碎　精料经过粉碎后饲喂，可以增加饲料与消化液的接触面积，有利于消化。例如，大麦有机物质的消化率在整粒、粗磨、细磨的情况下，分别为67.1%、80.6%、84.6%，从中可以看出差别还是很大的。

（2）压扁　将玉米、大麦、高粱等去皮、加水，将水分调节到15%～20%，用蒸汽加热到120 ℃左右，再用辊压机压成片状后，干燥冷却，即成压扁饲料。压扁饲料也可以明显提高消化率。

2. 湿润和浸泡

籽实类饲料经水浸泡后，膨胀柔软，容易咀嚼，便于消化。有些饲料含有单宁、皂苷等微毒性物质，并具有异味，浸泡后毒性减弱、异味减轻，从而提高了适口性和可利用性。例如，高粱中含有单宁，有苦味，在调制配合饲料时，色深的高粱只能加到10%左右。浸泡一般用凉水，料水比为1：（1～5），浸泡时间随着季节以及饲料种类而异，豆类籽实在夏季浸泡的时间要短，以防饲料变质。

3. 蒸煮和焙炒

（1）蒸煮　豆类籽实经过蒸煮可以提高营养价值。例如，大豆经过适当湿热处理，可以破坏其中的抗胰蛋白酶，提高消化率。豆饼和豆腐渣中含有抗胰蛋白酶、红细胞凝集素、皂苷等有害物质，有“豆腥味”，影响饲料的适口性和消化率。但这些物质不耐热，在适当水分条件下加热即可分解，有害作用就可消失，但如果加热过度，会降低部分氨基酸的活性甚至破坏氨基酸。

（2）焙炒　禾本科籽实经过焙炒后，一部分淀粉转变成糊精，从而提高淀粉的利用率，还可以消除有毒物质、杂菌和害虫及害虫虫卵，饲料变得香脆、适口。

4. 制粒

将饲料原料粉碎后，根据羊的营养需要，按一定的配合比例在混料机中充分混合，用颗粒饲料机挤压成一定大小的颗粒形状。颗粒饲料的营养价值全面，可以直接拿来喂羊。颗粒饲料常为圆柱形，直径2 ～ 3 mm，长 8 ～ 10 mm。

六、矿物质饲料

矿物质饲料不含蛋白质、能量，只含无机元素，用来弥补日粮中无机元素的不足，加强羊的消化系统和神经系统器官的功能。这类饲料主要有食盐、骨粉、贝壳粉、石灰石、磷酸钙以及各种微量元素添加剂。矿物质饲料一般用作添加剂，除食盐外很少单独饲喂，饲喂时要与其他饲料混合使用，混合时要注意混合均匀。可以使用饲料搅拌机（图 4-8）进行搅拌，以免有的羊吃到的量多，有的羊吃到的量少。食入过量会引起中毒。

图4–8　饲料搅拌机

七、动物性蛋白质饲料

动物性蛋白质饲料有鱼粉、肉骨粉、血粉、羽毛粉、脱脂奶、乳清等，除乳品外，其他种类蛋白质含量为 55% ～ 84%，不仅含量高，而且品质好。这类饲料含碳水化合物少，几乎不含粗纤维。如鱼粉含钙 5.44%、磷 3.44%，维生素含量较高，正是泌乳期的母羊和育肥期的羊大量需要的。

八、特种饲料

特种饲料是经过特殊调制获得的，包括微生物、抗生素、尿素、氨基酸等人工培养或化学合成的饲料。这类饲料体积小，营养价值高，效能高，主要是为了弥补日粮中某些营养的不足，或调整机体代谢。

1. 尿素

尿素只适用于瘤胃发育完全的羊。尿素只是作为瘤胃微生物合成蛋白质所需的氮源。纯尿素中含 46% 的氮，如全部被微生物合成蛋白质，1 kg 尿素相当于 7 kg 豆饼所含蛋白质的营养价值。

（1）尿素的用量　一般按羊体重的 0.02% ～ 0.05% 供给，占日粮中粗蛋白质的 25% ～ 30%。6 月龄以上的羊每只每日喂给 8 ～ 12 g，成年羊每只每日喂给 13 ～ 18 g。

（2）尿素的饲喂方法　尿素的吸湿性大，易溶解于水而分解成氨，所以不能单独饲喂也不能溶于水中饲喂，应与精料或饲草拌匀后再喂。饲喂后也不可立即饮水，以免尿素直接进入真胃（皱胃）而引起中毒。尿素每日要分 2 ～ 3 次喂给，同时供给足够量的可溶性碳水化合物、矿物质饲料，这样才能使羊很好地利用尿素。喂尿素时，一定要与饲料拌匀，不可和含油脂多的豆饼混合饲喂。

一定要掌握好尿素的饲喂量，同时饲喂尿素还要有一个过渡和适应过程，否则可能发生尿素中毒或羊不爱吃，甚至拒绝采食。

（3）饲喂尿素的注意事项

① 喂尿素时，日粮中蛋白质含量不宜过高。

② 尿素不能代替全部粗蛋白质饲料。喂尿素时如能另外补充一些蛋氨酸或硫酸盐，效果会更好。日粮中配合适量的硫及磷，能提高尿

素的利用率。

③ 羊对尿素的适应期不应少于 7 d，习惯之后要连续饲喂效果才好，因为微生物对尿素的利用有个适应过程，中间不宜中断。

④ 饥饿状态下的羊，不要立即喂尿素。

⑤ 食入过量尿素（包括由于搅拌不匀而食入过多）时，会发生尿素中毒，一般发生在食后 0.5 ～ 1 h。

中毒症状：轻者食欲减退，精神不振；重者运动失调，四肢抽搐，全身颤抖，呼吸困难，瘤胃鼓气。如不及时治疗，重者 2 ～ 3 h 内死亡。

解毒办法：急救方法是灌服凉水，使瘤胃液温度降下来，从而抑制尿素的溶解，使得氨的浓度下降；也可灌服 5% 醋酸溶液或一定量食醋，降低胃液的 pH 值；还可以灌服酸奶，再灌服糖浆或糖溶液，效果更好。

2. 氨基酸

氨基酸饲料主要用作羊的添加剂。目前调整氨基酸的比例主要是靠含氨基酸的饲料。植物性饲料中缺乏蛋氨酸与赖氨酸，而动物性饲料中含量较多，因此，当羊在冬、春季节严重缺乏氨基酸时，增补一些动物性饲料是必要的。

3. 颗粒饲料

颗粒饲料是把粗饲料、精料、加工副产品等粉碎后，再加上必要的无机盐，如食盐、骨粉、微量元素添加剂以及维生素添加剂等，用颗粒饲料机压制而成的饲料。

（1）颗粒饲料的优点　羊只可将适口性差的饲料混合起来吃掉；所含营养成分全面平衡；防止饲料浪费；饲喂方便，节省劳力；节省贮藏饲料的场所，节省占地面积，其占地面积仅为散装粗饲料占地面积的 1/5 ～ 1/3；便于运输；减少羊的鼓胀病。

（2）颗粒饲料的缺点　加工费用高，要购买颗粒饲料机。目前，我国已生产出多种型号的颗粒饲料机供养羊户选用。

4. 磷酸脲

磷酸脲是一种新型、安全、有效的非蛋白氮饲料添加剂，可为羊等反刍家畜补充氮、磷，可在瘤胃中合成微生物蛋白质。磷酸脲在瘤胃内的水解速度显著低于尿素，能促进羊的生理代谢及其对氮、钙、磷的吸收利用。据报道，平均体重为 14.5 kg 的育成羊，每只每日添加 10 g 磷酸脲，日增重平均可提高 26.7%。

第五章

羊的饲养管理技术

第一节　羊场建设

羊场建设是实现羊高效养殖以及集约化养殖的一个重要环节，应根据羊场的规模不同、饲养特点不同而异，还应该考虑不同地域的自然环境、气候条件特点、生态条件，因地制宜地建设好。羊场的设计，要从场址的选择、场内卫生防疫设施等方面进行考虑，尽量做到完善合理。

一、羊舍场地的选择

羊场场址的选择要有周密的考虑、统筹的安排和比较长远的规划，必须适应羊规模化、产业化养殖的需要，所选择的场址要有发展的余地，同时要上报有关部门批准，最好与本地区畜牧业发展规划以及养殖的品种相适应。

1. 建舍地点的总体要求

首先，要考虑羊喜干燥、爱清洁、厌潮湿的特性（尤其是山羊），羊舍要有利于羊的健康，有利于繁殖和保证高产性能。其次，要结合当地的实际情况，有利于保护林木、草原，发展果木业等。再次，羊舍四周应有充足的四季可以放牧的山场、牧场，使得放牧方便。最后，羊舍附近还要有清洁的水源，使羊只饮水和生活用水更方便。

2. 羊场的环境条件

① 保证场区具有较好的小气候条件，有利于舍内空气环境的控制。

② 便于各项卫生防疫制度和措施的落实。

③ 便于合理组织生产，以提高设备利用率和工作人员的劳动效率。

3. 地势和地形的选择

羊场应建在地势高燥（至少建在当地历史洪水的水位线以上）、背风向阳、空气流通、土质坚实、地下水位低（应在 2 m 以下）、排水良好、具有缓坡的平坦开阔地带。羊场还要远离沼泽泥泞地区，因为这样的地方常常是体内外寄生虫和蚊、蝇、虻等生存聚集的场所。羊场要向阳背风，以保持场区小气候的相对稳定，减少冬、春季风雪的侵袭，特别是避开西北方向的山口和谷地。

羊场的地面要平坦而稍有坡度，以便排水，防止积水和泥泞。地面坡度以 5° ～10° 较为理想，最大不能超过 25° 。若坡度过大，则建筑施工不方便，也会因为雨水的冲刷而使场区坎坷不平。

4. 水源的选择

在生产过程中，羊的饮水、用具的清洗、药浴池的用水和生活用水等都需要大量的水。建一个合格的羊场必须考虑有可靠的水源。水源应符合下列要求：

（1）水量充足　能满足场内人畜的饮用和其他生产、生活的用量，并应考虑防火和未来的发展需要。

（2）水质良好　不经过处理即能符合饮用标准的水最为理想。此外，在选择时要调查当地是否曾经因为水质不良而出现过某些地方性疾病。

（3）便于保护　可以保证水源水质经常处于良好状态，不受周围环境污染。

（4）取用方便，设备投资少，处理技术简便易行　无论是地下水还是地面水，抑或是降水，都要符合饮用标准才能使用。

5. 社会联系

羊场的场址应选择在离饲料生产基地和放牧地较近、交通便利、供电方便的地方，不能成为社会污染源，引起周围居民的不满。同时也要注意不被周围环境所污染，应选择在居民点的下风处，距离居民点和公路 500 m 以上，与各种化工厂、畜产品加工厂、同类饲养场的间距应在 1500 m 以上，应具备可靠的电力供应，尽量靠近输电线路，以缩短新线路架设的距离。

二、羊场和羊舍的规划与布局

1. 羊场和羊舍的规划原则

（1）尽量满足羊对于各种环境卫生条件的要求　包括温度、湿度、空气质量、光照、地面硬度及导热性等。羊舍的设计应既有利于夏季防暑，又有利于冬季防寒；既有利于保持地面干燥，又有利于地面柔软和保暖。

（2）羊舍的规划要符合生产流程需要　这有利于减轻管理强度和提高劳动效率，既能保证生产的顺利进行，又能保证畜牧兽医技术措施的顺利实施。设计时应考虑羊群的组织、调整和周转，草料的运输、分发和给饲，饮水的供应及其卫生的保持，粪便的清理，以及称重、防疫、试情、配种、接羔与分娩母羊和新生羔羊的护理等。各阶段羊数量、栏位数、设施应按比例配套，尽可能使羊舍得到充分利用。

（3）羊场规划要符合卫生防疫需要　要有利于防止疾病的传入和减少疾病的发生和传播。通过对羊舍的科学设计和修建，为羊创造适宜的生活环境，这本身也就为防止和减少疾病的发生提供了一定的保障。同时，在进行羊舍的设计和建造时，还应考虑到兽医防疫的问题，如消毒设施的设置、有毒有害物质的存放等。例如，要在羊场的大门口建有消毒池和消毒室（图 5-1）。

图5–1 羊场入口的消毒室（紫外线灯）

（4）结实牢固，造价低廉 羊舍及内部的一切设施最好能一步到位，特别是像圈栏、隔栏、圈门、饲槽等，一定要建得特别牢固，以减少以后的维修麻烦。不仅如此，在进行羊舍修建的过程中还应尽量做到就地取材。

（5）通过环境调控措施，消除不同季节的气候差异 羊舍要实现全年均衡发展、均衡生产，采用科学技术手段，保证做到环境自净，确保生产安全。

（6）全进全出运转方式 全场或整舍最好采用全进全出的运转方式，以切断病原微生物的繁衍途径。

2. 羊场的规划

羊场的规划要本着因地制宜、合理布局、统筹安排的原则。通常羊场分为三个功能区，即生产区、管理区和隔离区。其分区规划应遵循以下几个原则：

① 应体现建厂方针。在满足生产要求的前提下，做到节约用地，少占或不占耕地。

② 建大型集约化羊场时，应全面考虑粪尿和污水的处理及利用。

③ 因地制宜，合理利用地形地物。

④ 应充分考虑今后的发展，在规划时留有余地，尤其是对生产区的规划更应注意。

3. 羊场的布局

（1）管理区　场部办公室和职工宿舍应设在羊场的大门附近或场外，以防外来人员联系工作而进入场区，每栋羊舍最好有专门的值班室。

（2）生产区

① 羊舍。应建在场院内生产区中心，尽可能缩短运输的线路，既要利于采光，又要便于通风和防风。修建数栋羊舍时，应采取长轴平行配置，分成若干列，前后对齐，并应预留足够的运动场。羊场建筑还应包括值班室、工具室、饲料室等。在羊舍周围和舍与舍之间要进行道路规划，道路两旁和羊场建筑物的四周都应栽植树木、培育花草，形成绿化带。

② 饲料加工室（厂）。小型羊场可以将饲料加工室设在羊舍和管理区之间，同时还要考虑运输方便问题。大型羊场应在生产区附近建立独立的饲料加工厂。饲料库应靠近饲料加工厂且运输方便。小型羊场粗饲料应保存在羊舍附近，大型羊场饲料用量较大，最好放在饲料加工厂附近。

（3）隔离区　兽医室应设在羊场下风向，地势低洼处。病羊隔离舍、粪场、尸坑要建在距离健康羊舍 200 m 以外的地方。羊场各个区域规划示意见图 5-2。

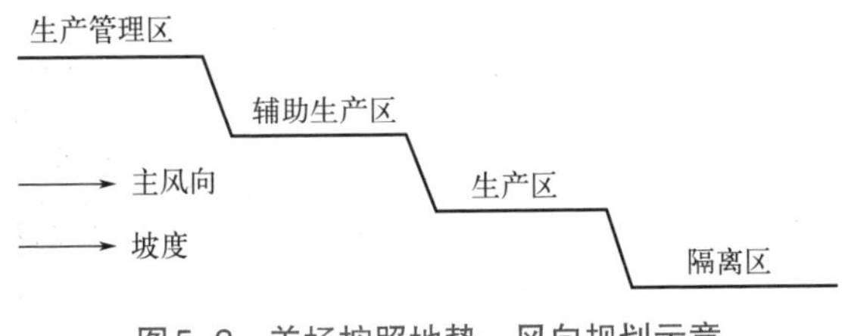

图5-2　羊场按照地势、风向规划示意

三、羊舍的形式

羊舍的形式很多，最好是因地制宜，根据实际条件建设（图 5-3，图 5-4）。在北方地区一般都修建成“一”字形羊舍，这种形式比较经济实用，舍内采光充足、均匀，温湿度差异不大。还可利用山坡修筑半地下式、土窑洞式或楼式圈舍等（图 5-5）。羊的圈舍要考虑冬季防寒保温，无贼风，采光充足，顶棚保温性能好，最好是地势较高、周围较开阔平整、有适当缓坡排水、接近放牧地、接近水源的地方。

图5–3　农村简易羊舍

图5–4　羊舍及运动场

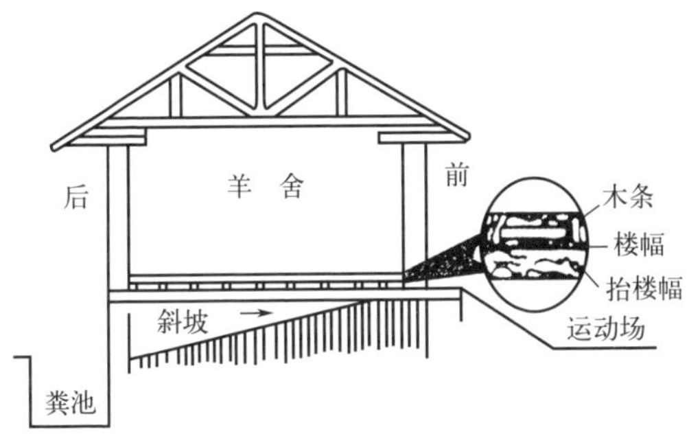

图5-5　楼式羊舍示意图

1. 羊舍的大小、面积及高度

羊舍要防暑、防寒、防雨，保证舍内空气新鲜、干爽。羊舍的高度应不低于 2.5 m（图 5-6）。

图5-6　羊舍的窗户及出入的门

（1）羊舍的大小与通风　羊舍面积过小，羊拥挤，不仅舍内易潮湿，空气易混浊，对于羊的健康不利，而且饲养管理也不方便；羊舍面积过大，不但造成浪费，而且不利于冬季的保温。可以在羊舍的纵轴方向安装排风扇（图 5-7）。

（2）羊舍的面积　羊舍的面积要根据羊的性别、个体大小、生理阶段和羊只数量来决定。各类型羊每只需要的面积见表 5-1。产羔室面积可以按照基础母羊总数的 20% ～ 25% 计算。

图5–7　羊舍纵轴方向的排风扇

表5–1　各类型羊每只需要的面积

羊的类型	面积/(m^2/只)	羊的类型	面积/(m^2/只)
春季产羔母羊	1.1～1.6	1岁及成年母羊	0.7～0.8
冬季产羔母羊	1.4～2.0	3～4月龄羔羊	0.3～0.4
后备公羊	1.8～2.2	育肥羊	0.6～0.9
种公羊	4.0～6.0		

（3）羊舍高度　羊舍的高度一般为2.5 m。窗户开在阳面，窗户的面积为羊舍面积的1/15～1/10，窗台要距离地面1.5 m。羊舍地面应高出舍外地面20～30 cm，铺成缓斜坡，以利于排水（图5-8，图5-9）。

图5–8　羊圈舍与运动场之间的出入口

图5-9　波尔山羊羔羊舍

2. 羊舍的类型及要求

① 成年母羊舍多为对头双列式，中间有走廊（图 5-10）。

图5-10　双列式羊舍

② 产羔室在成年母羊舍的一侧，其大小依据产羔母羊数量和产羔集中程度而定。

③ 后备母羊舍、断奶后至初次妊娠的母羊舍常采用单列式（图 5-11）。

④ 羔羊舍要设立活动围栏。

⑤ 公羊舍饲养种公羊和后备公羊。

羊圈和羊舍连接，其围栏可以就地取材，选用砖、木、土坯或铁管等建成。

图5-11　单列式羊舍

四、圈舍的设备以及附属设施

舍外的设施主要是运动场和护栏，舍内的设施主要有补饲用具及隔栏等。运动场通常建在羊舍的阳面，面积应为羊舍面积的 2 ～ 2.5 倍。运动场的地面应向外稍微倾斜，运动场的围栏应就地取材，高度为 1.3 ～ 1.5 m。饲槽有各种类型，选用原则是使用方便，容易清洗。草架可用木材、钢筋制作。配置补草架，可以避免羊践踏饲草，减少饲草的浪费损失，提高饲料的利用效率。

1. 草棚

在入冬前，要储备青干草、玉米秸秆、稻草、豆秸秆和红薯秧，以及各种秕壳和饼类等。一般每只羊储备的饲草数量是：改良羊 180 ～ 200 kg，本地羊 90 ～ 100 kg。草棚可以建成三面围墙，向阳面留有矮墙，敞口。棚内通风、干燥。草棚要远离住户，远离火源，地势稍高，四周排水（图 5-12）。

2. 料仓

料仓用于储存饲料、预混料和饲料添加剂。仓内也要通风、干燥、清洁，防鼠、防雀。发现受潮或霉变时，能进行晾晒。

图5-12　草料库及贮存的干草（草捆、草包）

3. 青贮窖

有条件的羊场要给羊准备青贮料，要建设青贮窖或青贮池等。建造的青贮窖要选在羊舍附近，供制作和保存青贮料，保证取用方便。

4. 饲喂设备

（1）饲槽　饲槽可以分为移动式、悬挂式、固定式和翻转式等多种。

① 移动式饲槽。一般为长方形，用木板或铁皮制成，其两端有装卸方便的固定架，具有移动方便、存放灵活的特点。

② 悬挂式饲槽。一般用于哺乳期羔羊的补饲，长方形，两端固定悬挂在羊舍补饲栏的上方。

③ 固定式饲槽。固定式饲槽一般设置在羊舍、运动场或专门的补饲栏内，由砖石、水泥制成，可以平行排列，也可以紧靠墙壁，一般设在围栏或颈架外面。饲槽槽口距地面 30 ～ 50 cm，槽内深度 15 ～ 25 cm，采食口的高度 25 ～ 30 cm，上宽下窄，槽底部呈圆形，在槽的边缘用钢筋做护栏，不让羊只踏入槽内，可以减少饲料受到粪尿的污染，防止草料抛落浪费。以贯通型为好，设计长度以采食羊只不拥挤为准。

④ 翻转式饲槽。翻转式带定位栏的饲槽，骨架可用 3 cm×3 cm 的镀锌方管制成。一只羊一个位置，不会出现打架抢食的现象。护栏的整体高度为 1.1 m，多设几个护栏，再摆成一排，还可当围墙（围栏）使用。羊伸头的地方做到 26 cm，卡羊脖子的地方做到 12 cm，这样，大羊也可以使用，小羊也跑不出来，饮水、喂料、喂草一体。槽口宽度 40 cm，深度 20 cm，槽口距离地面 35 cm。翻转式的整体设计，清理剩水、剩料特别方便。槽底用两层夹线 5 mm 厚的输送带，橡胶材料，耐腐蚀、抗老化、耐酸碱，这样的材质比铁皮的寿命长很多，一般用二三十年也不会损坏。输送带的长度可以任意裁剪，想做多长就多长。槽底做成弧形，这样不但喂水、喂料方便，羊还不容易把草料拱出来，同时喂料不腐蚀、喂水不生锈，结实耐用。翻转式饲槽的整体采用螺丝固定，坚固结实（图 5-13，图 5-14，图 5-15）。

图5-13　翻转式饲槽（一）

图5-14　翻转式饲槽（二）

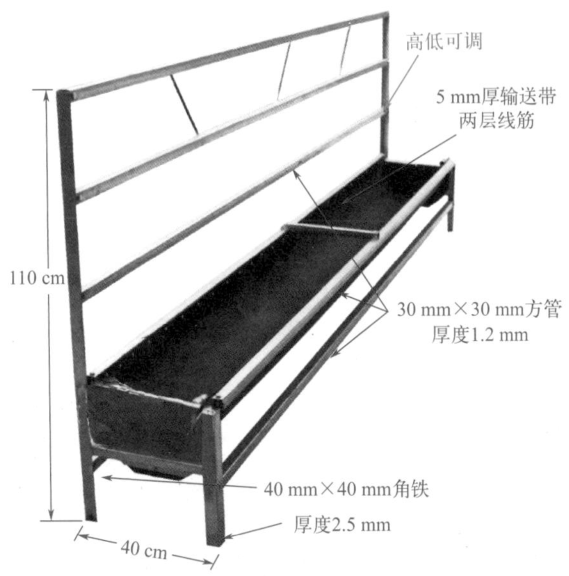

图5-15　翻转式饲槽的尺寸

（2）草料架（槽）　草料架可以用钢筋或木料制成，按照固定与否，可以分为固定于墙根的单面草料架和摆放在饲喂场地内的双面草料架。草料架形状有直角三角形、等腰三角形、梯形和长方形等（图 5-16）。

图5-16　双面草料架（草料槽）

双面草料架的上面可以喂青草、秸秆，下面喂精料，也可以一边喂水一边喂料。每一侧的槽口宽度可做到 30 cm，深度可做到 15 cm。骨架可做成外八字形，这样放在地上更加牢靠稳固。整体采用螺丝固定，结实耐用，拆卸方便。

草料架隔栏的间距为 9 ～ 10 cm，当其间距为 15 ～ 20 cm 时，羊的头部可以伸入隔栏内采食。草料架的底部有的有用铁皮制成的料槽，可以撒入精饲料和畜牧盐（大粒盐）（图 5-17，图 5-18）。

图5-17　农村简易草架

图5-18　双面可移动式草料架

（3）饮水设备　水井或水池要建在距离羊舍 100 m 以外的地方，其外围 3 ～ 3.5 m 处有护栏或围墙。井口或池口要加盖儿。在其周边 30 m 范围内要无厕所、无渗水坑、无垃圾堆和无废渣堆。在距离水井或水池一定距离的地方设置饮水槽。

（4）盐槽　盐槽是用来给羊啖盐的。盐槽中大多数时候放置的是盐砖，也可以放置畜牧盐（大粒盐），供羊自由舔舐。也可悬挂盐砖，供羊自由舔舐（图 5-19）。

图5–19　盐砖

5. 清理设备

清理设备用于清理垃圾、污物、羊粪尿等。

6. 消毒池

消毒池一般设在羊场大门口或生产区入口处，便于人员和车辆通过时消毒。消毒池常用钢筋水泥浇筑，供车辆通行的消毒池大小为长 4 m、宽 3 m、深 0.1 m（图 5-20）；供人员通行的消毒池大小为长 2.5 m、宽 1.5 m、深 0.05 m。消毒液应维持经常有效。在场门口一侧应设有紫外线消毒通道，供人员往来。

消毒池的药液要经常更换，以保持药效。消毒池的面积和长度也必须足够，要保证大车的轮胎能在池中转动一周，否则会影响消毒的效果。

图5-20　羊场大门口的消毒池

第二节　购买及运输羊只的方法和注意事项

养羊首先要考虑购买什么品种、什么类型的羊，购买多少只羊，尤其在考虑购买种羊时。如果只是考虑购买优质羊只，那样前期投入的费用就太高了，一般养殖户可能承受不起。下面简要说明一下购买羊只需要注意的一些问题。

1. 做好准备工作

有的养羊户，因致富心切，没有经过充分准备，急于买羊，往往造成经济损失。正确的方法是先掌握好养羊技术，按照标准建造羊舍，购买羊只之前必须备好充足的饲料。此外，需注意买羊前对圈舍及饲养环境进行彻底的消毒。

再就是药物和医疗器械的准备。羊场应常备清热解毒、抗菌消炎、驱虫消毒的药物，如安乃近、青霉素、强力消毒灵、30%～35%长效土霉素等；常用医疗器械如注射器、听诊器、温度计等。

2. 选好购买的品种及外形

要想养好羊，一定要选好的品种，尤其是种公羊和种母羊。现在的养羊户大多是利用优质高产的种羊来改良当地的低产羊，这样可节省养殖成本，一次性投入较小。

所谓的优良品种都是相对的、有条件的，在甲地是优良品种，而到了乙地可能因不适应环境成为劣种。这一点一定要引起养羊户的注意并高度重视。购买前应根据本地环境和资源，以及本地消费情况和优势，购买和饲养适合本地的品种。羊引种时一定要了解原产地的自然环境条件，要求引入地与原产地在纬度、海拔、气候、饲养管理条件等方面尽可能相似，这样才容易引种成功，羊的生产性能才能得到充分发挥。

一定要购买已育成、生产性能优良的品种，最好购买纯种羊，不可购买低劣的老羊，也不要购买经济杂交的品种，因为杂交羊不宜作种用。

购买的羊要健康，发育良好，四肢粗壮，四蹄匀称，行动灵活，眼大明亮，无眼屎，眼结膜呈粉红色，鼻孔大，呼吸均匀，呼出的气体无异味，鼻镜湿润，被毛光滑有光泽，身体紧凑。排尿正常，粪便光滑呈褐色稍硬。母羊要求乳头排列整齐，体躯长，外表清秀，叫声优美，具有母性特征，符合本品种特征。公羊要求睾丸发育良好，无隐睾和单睾，叫声洪亮，外表雄壮，具有雄性特征，年龄不能太小，以 1 ～ 2 岁最好。

最好是先引进 1 ～ 2 只优秀的公羊，用本地母羊作母本繁殖、生产。对于资金较充裕、有一定饲养条件的养羊户，也可引进良种羊进行纯种繁殖。

3. 购买季节和购买数量

冬季水冷草枯，缺草少料，羊只经过一路颠簸，一方面要恢复体力，适应新环境；另一方面还要面对冬季恶劣的气候，购买的羊成活率较低，所以冬季不适合购羊。夏季高温多雨，相对湿度大，羊怕热，又怕潮湿，夏季运输容易中暑，所以夏季也不适合购买。

最适合的季节是春季和秋季，这两个季节气候温暖，雨量相对较少，地面干燥，饲草丰富。也就是说，适合购羊的时间前半年在 3 ～ 6 月，后半年在 9 ～ 11 月。羊上市的季节在每年的 10 月到第二年3月，这段时间购买价格相对较高，所以避开这段时间，羊的价格可能要便宜一些（优良种羊除外）。

购买的数量主要取决于资金，一般来说，养羊数量从少到多，可以积累资金和饲养经验，少担一些风险。购买多则见效快，可以较快达到计划的羊群规模。例如，计划达到50～60只的饲养规模，可以购买20只能繁殖的母羊和1～2只公羊，第3年就可达到预计的规模，并可以有部分羊出栏。

4. 就近购买原则

购买种羊如果舍近求远，不但会增加成本，还会增加感染疫病的风险。如果养殖过程中再出现死亡、疾病以及无法配种等不可预知的情况，调换都是很困难的事情。如果能就近购买，就能很容易解决出现的问题了。

5. 到正规的单位购买

一定要到有种羊养殖场资质和信誉良好的场去购买，即使价格贵一点也是物有所值，对于生产有利。不要因贪图便宜引进“假良种”。

6. 慎重选羊

（1）熟悉种羊特征　牢记所要购买的羊的品种外貌特征。

（2）注意看牙口　根据门牙更换的情况可判断羊的年龄。5岁以上的羊繁殖力开始下降，不宜再作种用，即利用牙齿磨损情况判定羊的年龄。

（3）母羊的选择

一看膘情。要求膘情适度，不能过肥或过瘦，否则难以怀胎。

二看乳房。产过羔的母羊乳房松弛，而未产过羔的母羊乳房较紧，如果成年母羊的乳房较紧，应考虑是否为难以配种和繁殖的母羊。同时还要求母羊的乳头要大。

三看阴门。要求阴门长而湿润，小而圆者多为不孕羊。另外还要观察有无阴门或肛门闭锁现象。

（4）公羊的选择　要求公羊雄性特征明显，生人不易靠近。用手触摸其睾丸，看看有无弹性或疼痛感，有睾丸炎的应予剔除。

7. 稳妥运羊

（1）运羊车辆消毒　在运羊前 24 h，应用高效的消毒剂对运羊的车辆和用具进行 2 次以上的严格消毒，最好能空置 1 d 后装羊，在装羊之前用刺激性较小的消毒剂彻底消毒 1 次，并开具消毒证明。

（2）要办好各种手续　手续包括购羊发票、产地检疫证明、种羊调运许可证，以备途中检查。

（3）运输途中注意事项

① 要减少应激和肢蹄损伤，避免在途中死亡和感染疫病。运羊前 2 h 停喂饲料。上车时不能装得太急，防止损伤。

② 运羊的车辆应注意避免紧急刹车，不能与其他动物混装。

③ 冬季要注意保暖，夏季要注意防暑，途中还要注意供应饮水，每天要 2 次以上。

④ 应注意观察羊群，如果出现呼吸急促、体温升高等异常情况，应及时采取措施，可注射抗生素和镇痛退热针剂，必要时可采用耳尖放血疗法。

（4）长途运输的车辆要求　最好铺上垫料，垫料可以是稻草、谷壳等；装载的数量不要太多，装得太密会引起挤压而导致死亡；车厢要隔成若干个隔栏，隔栏最好用光滑的铁管制成，避免刮伤羊只；达到性成熟的公羊应单独隔开。

（5）长途运输的种羊　应对每头种羊按照每 10 kg 体重 1 mL 注射长效抗生素，以防途中感染细菌性疾病；对于临床上表现特别兴奋的种羊，可以注射合适的镇静剂。

8. 精心护理羊

运到目的地后，稍作休息就可卸车。卸车时应搭上跳板，也可逐只往下抬。长途运羊，羊容易渴，下车后即可让其饮水，但应控制饮水量，不能暴饮。过半天后，若一切正常再由少到多逐渐给羊喂料。前 3 d 要在料中拌入清瘟败毒散，可减少羊流感、口疮、眼结膜炎等病的发生。前 10 d 让羊吃八分饱，不可过食。15 d 后，给羊进行驱虫、药浴和预防注射。

引进羊后要精心观察羊的精神状态以及吃料、饮水、反刍、排粪等日常情况，发现问题及时处理。

9. 注意疫病防治

购买前要先到购买地调查了解当地疫病情况，严禁到疫区购买，羊只要严格检疫，并且“三证”（场地检疫证、运输检疫证、运载车辆消毒证）齐全。运输羊只的车辆进入羊场前要对车辆进行严格消毒（图 5-21），并隔离饲养 15 d，若未出现异常，方可混群。

图5–21 车辆通过羊场门口的消毒池

第三节 引进种羊时的注意事项

前面介绍了一些国内外的优良山羊、绵羊品种。由于我国一些地方绵羊、山羊的品种生产性能不够突出，需要从国外或国内引进一些优良品种来改良当地的品种。但是，任何品种的羊，无论性能多么优秀，都需要在适宜的环境和饲养条件下才能发挥出其生产潜力来。比如，众所周知的辽宁绒山羊产绒量很高，经济效益非常好，但是其生态适应范围却非常窄，只限于北纬36° 以北地区以及北纬32° 附近的高海拔地区，一旦出了这个范围，则生产效益很差，尤其是产绒量减少。再比如，细毛羊适合在半干旱半湿润的草原条件下生活，否则养殖效益也会下降。基于此，各地在引种时一定要充分考虑生态环境这一重要因素，不能盲目引种，以免造成不必要的损失。再有就是，虽然引入了优秀品种，生态环境也适合，对种羊还要有一个好的饲养管理，否则也不会取得好的经济效益。

一、引种时要选择适合本地自然环境条件的种羊

引进种羊时，不但要考虑品种的经济价值，还要考虑引入的羊品种的特点和适应能力，以及所在地区的气候、饲料、饲养管理条件，以便确定引种后的风土驯化措施。

世界上的每一个品种都是在一定生态条件下经过长期的自然选择和人工培育形成的，羊的品种形成的时间越长，对当地自然条件的适应性越好。一般情况下，羊的放牧和饲养基本上是处于自然条件下。因此，生态环境对羊的影响较大。在引种时除了考虑所引进品种的生产性能外，还要充分考虑两地之间的生态环境差异，如季节变化、温度、降水量等。引入种羊的地区与原产地之间生态环境基本相同，饲养方式没有大的改变，则引种成功的可能性就大；反之，引种成功的可能性就小。

无论是从国外引进还是从国内引进，由于充分考虑了以上因素，好多都取得了较为理想的效果。比如，从澳大利亚引进美利奴细毛羊，通过杂交改良，使得我国细毛羊羊毛的产量和质量都得到了明显的改善；从法国、德国引进的一些肉羊品种，对我国绵羊、山羊产肉性能的提高起了较大的推动作用；我国十多个省（自治区、直辖市）引进辽宁绒山羊来杂交改良当地山羊，都大大提高了当地山羊的羊绒产量；等等。

但是，也有一些失败的教训。比如，前几年各地对小尾寒羊的引种热，有些地方不顾当地与原产地在自然生态条件、饲养方式等方面的差异，盲目引种，造成了不应有的损失。任何一个好的品种都有生态适应区和不适应区，小尾寒羊产于气候温干的黄淮平原，饲草饲料

资源丰富，主要饲养方式是小规模家庭分散舍饲和半舍饲，而把小尾寒羊引种到高海拔、气候寒冷的草原地区终年放牧，或引种到亚热带山区潮湿闷热的环境条件下饲养，则成功的可能性很小。即使能生存下来，其生产潜力也得不到充分的发挥。

二、引种时要考虑不同品种的生物学特性

不同生产方向的品种具有不同的生物学特性，这种特性常与当地的自然生态环境相适应。比如，细毛绵羊适合干燥气候条件，抗寒能力强，厌恶湿热，喜欢吃小禾本科和杂草类，放牧性强，因此我国北方草原牧区适合绵羊生产。山羊的特性是活泼好动，耐粗饲，喜食灌木，善于爬山，对湿热环境有一定的适应性，因此，在山区以灌木为主的草地和亚热带山区适合山羊生产。再比如，虽然绒山羊的生物学特性与普通山羊相似，但绒山羊又不同于普通山羊，养殖绒山羊主要是为了产绒，而绒只有在光周期变化明显的高纬度或高海拔地区才能生长，因此各地引种时必须充分考虑羊的生物学特性。

三、引种时要考虑适宜的季节和年龄

为了防止引入种羊的生活环境突然变化，使羊有一个逐步适应的过程，在引种调羊时要注意原产地与引入地的季节差异，应妥善安排调运的时间。一般情况下，以秋季调运羊为好。秋季气候温和，通过夏、秋季节的放牧，膘肥体壮，不容易得病，有利于种羊的运输。此外，秋季饲草充足，气候适宜，不冷不热。春季羊的膘情差，各种疾病容易发生，所以一般不在春季引种。夏季气候炎热，冬季气候寒冷，都不利于羊的长途运输，所以一般也不在夏、冬季引种。

引入种羊的年龄一般以 1 ～ 3 岁最好。年龄偏大，羊对新的环境适应较慢，种用的年限也短；年龄过小，比如刚断奶或尚未断奶，由于对新的环境不能适应，容易患病死亡。此外，引入年龄较小的羊长时间不能利用，增加了饲养成本。

还有，种羊最好从种羊场引进，并且要有专业技术人员做好实地调查，并进行慎重的个体选择，搞清楚血缘关系。购入的种羊之间应该没有血缘关系。还要考察引入种羊的亲代有无遗传缺陷，并且应带回种羊的血统卡片保存备用。

四、对于引入的种羊进行正确的管理

引入的种羊要严格执行防疫检疫制度，切实做好种绵羊、种山羊的检疫，严格进行隔离观察，防止疾病传入。从国外引种应该向国家动物检疫机构申请办理审批手续。引入的种羊要先隔离观察一段时间，如果没有发病或经过检疫后无病原体，经过免疫和驱虫后，才可以和其他的羊混群饲养或放牧。羊舍要清洁、干燥、通风良好。

在运输的途中要处理好水土不服的问题，要携带适量原产地的饲料供运输途中和到达目的地后使用。根据引种环境要求，采取必要的防护措施，减少羊的应激反应，确保种羊的健康。种羊经过长途运输到达目的地后，一般都很疲乏，首先应让其适当休息，然后再饮水和饲喂。在所饮用的水中最好放一些清热解毒的中药和适量的盐，这有利于羊体力的恢复。

引种的第一年是最关键的，一定要加强饲养管理工作，要根据原来的饲养习惯，创造一个良好的环境，选用适宜的日粮类型。在饲养管理的方式上应尽可能做到与原产地一致。

第四节　管理的原则及注意事项

一、管理原则

科学养羊可以概括为“管、选、配、育、防”五字。这是在长期的生产实践中不断探索总结出来的饲养管理、选种选配、哺幼育肥、

疫病防治等方面的经验。

1. 管

管即科学的饲养方法。经济效益好的养羊户，多采用舍饲养羊，合理配合饲草、饲料，这种方法可以节省放牧人员，提高技术含量。采用放牧补饲相结合的方法，除了抓好青草期放牧以外，还可以采取其他措施，如大量种植苜蓿等优质牧草，准备青贮，强化羔羊和母羊的补饲。

采用灵活的放牧方式，如分群放牧，按照年龄、性别、大小分群；根据羊的采食特点，采取分片轮回放牧的方法，即每日在出牧前先让羊在往日放牧的地方吃草，待羊吃到半饱时，再到新鲜草地放牧，等看到羊不大肯吃时再放开手，采用“满天星”方式让羊吃饱为止。这种方法有利于放牧羊群的增膘和保胎育羔。

2. 选

选即优化羊群结构。通过存优去劣，逐年及时淘汰老羊以及生产性能差的羊只，多次选择，分类分段培育。坚持因时（时间）因市（市场情况）制宜、循序渐进的原则，使得羊群的结构不断优化，经济效益不断提升。虽然各户饲养的品种不同、数量不同、发展不同、选择方法不同、选择的比例不同，但都要注重初生、断奶、周岁三个阶段和繁殖性能及后代生长速度等几个方面。母羊选择的比例为：淘汰率15%～20%，留选率35%～40%。公羊根据情况引入，一般不留种，可以是不同的养殖户之间互相调换。经过不断的选择，使得羊群的结构保持在青年羊（0.5～1.5岁）占15%～20%，壮年羊（1.5～4岁）占65%～75%，5岁羊占10%～20%的比例。母羊的比例达到65%～70%，其中能繁殖的母羊占45%～50%。母羊的比例越大，出栏率越高，经济效益越好。

3. 配

配即选配和配种方式，就是通过对配种个体的合理选择，采用科学的配种方法，实现以优配优，使适龄母羊全配满怀的目的。这样既可以充分有效地利用种公羊，又能人为地控制产羔季节、配种频率。也可以采用同期发情控制技术，使母羊适时同期集中发情，在较短的时间内配种，这样受配率、受胎率较高，同时也提高了羔羊的质量，且便于管理。

4. 育

育即对羊只的培育措施。在母羊妊娠后期、哺乳前期，给予合理的补饲，同时搞好饮水、补盐和棚舍卫生。补饲要根据牧草、季节、母羊的状况而异。饲料组成为玉米 51%、麸皮 8%、饼类 23%、苜蓿草粉 10%、骨粉 3%、食盐 2%、磷酸氢钙 3%，补饲量一般每日每只 0.5 ～ 0.7 kg，分早、晚 2 次补饲，并给以适量的优质牧草。临产前要细心观察母羊的状况，晚上有专人值班，随产随接。羔羊出生后，加强培育，保证多胎羔羊的哺乳。羔羊出生后 10 ～ 14 d 开始补饲优质饲草和配合饲料，配合饲料的补饲量为：2 周龄 50 ～ 70 g；1 ～ 2 月龄 100 ～ 150 g；2 ～ 3 月龄 200 g；3 ～ 4 月龄 250 g；4 ～ 6 月龄 300 ～ 500 g。配合饲料的组成为：玉米 40%，饼类 25%，苜蓿草粉 25%，麸皮 8%，骨粉 2%，食盐适量。

5. 防

防即预防疾病。除了进行常规的疫苗注射以外，在剪毛后要进行药浴，每年的春、秋两季都要驱虫。同时在活动场所、圈舍门口和消毒池内用消毒药进行消毒，对异常或发病的羊进行隔离治疗，以降低发病率和死亡率。

二、管理的注意事项

1. 注意羊的越冬管理

在我国的北方地区，之所以要注意冬季的管理，是因为冬季天气寒冷，水凉草枯，此时又正值大多数母羊妊娠、分娩，而育成羊正经历第一个越冬期。因此，为了能安全越冬，应该着重注意以下几个方面：

（1）加强羊群的夏、秋季节抓膘　坚持放牧和补饲相结合的饲养方式，给公羊、母羊、育成羊以相应的营养条件，为越冬做好准备。

（2）储备饲草，制作青储料，充分利用农副产品　在山区养羊，除了依靠野外放牧，必须相应进行补草、补料。在立秋前后，树木落叶之前，集中时间打羊草或收集秸秆，晒成青绿芳香的干草并储备起来。同时将花生秧、白薯秧、豆叶和豆秸秆等储存起来，作为越冬的饲草。尤其是青储料对于羊的增重和提高毛的产量等方面更有显著的效果。

（3）整顿羊群，适时补饲　对于个别增重不多、身体消瘦、体质很差的羊，要及时进行处理，因为这样的羊很难度过冬、春季节。为了减少损失，在越冬前普遍做一次检查，对一些难以越冬的老羊，生产力低下、连年不孕的母羊以及发育不好的育成羊，应及早予以淘汰。对于保留下来准备越冬的羊只，应重新组群。根据不同情况，给予不同的放牧、补饲管理。

补饲应本着“粗饲料为主、精料为辅”的原则，对于少数优秀高产羊只、妊娠母羊、哺乳母羊，应适当多补饲一些精料。

（4）修棚搭圈，防寒保温　羊虽耐寒冷，但冬季过度寒冷或受贼风侵袭，必将消耗大量体热，影响生长，对于羔羊则容易引起疾病，甚至死亡。因此，羊越冬要有圈舍，尤其还要有单独的作冬季产羔和培育羔羊用的圈舍。越冬前，对原有圈舍要进行维修，彻底清除羊粪，消毒、垫土、垫草。有条件的最好建保温棚。

2. 饮水

安排羊只饮水是每日必不可少的工作。在山区放牧饲养时，常常需要由山上下到沟底，注意下坡要缓慢，控制好羊群的速度，快到饮水的地方时，要把羊挡住，待喘息稍定再开始让羊饮水。在经常饮水的河边、泉水边、渠边或井旁铺些卵石，以防水被污染。冬季用井水要随打随饮，夏季把井水打上来要晒一晒再让羊饮水。

3. 啖盐

盐除了供给羊所需的钠和氯外，还能刺激食欲，增加饮水量，促进代谢，利于抓膘和保膘，有利于羊的生长发育。成年羊每日供盐大约 10 ～ 15 g，羔羊 5 g 左右。简便的方法是任羊自由舔舐，舍饲和补饲的可拌在饲料里喂饲。但在山区，特别是夏季放牧，羊流动性大，喂盐不方便，可采用 5 ～ 10 d 喂 1 次的方法，或当看到羊吃草的劲头不大时喂一次盐。

4. 数羊

羊要勤数，特别是山区更容易丢羊。谚语说“一天数一遍，丢了在眼前；三天数一遍，丢了寻不见”，这是经验总结。要求至少应在每天出牧前和归牧后都数一遍羊只。

第五节　羊的日常管理技术

一、药浴

寄生虫病是羊五大类疾病（即传染病、寄生虫病、内科病、外科病、中毒病）之一。为了保证羊身体健康，需要定期对羊进行药浴（体外驱虫）和驱虫（体内驱虫）。

羊的体外驱虫即药浴，就是用杀虫药液对羊只体表进行洗浴，目的是防治羊体表常见的寄生虫，如蜱、螨、虱子、跳蚤等。各地药浴时间是不一致的，北方地区一般都是在春季天气逐渐转暖的时候，大多是剪毛或绒山羊梳绒之后。每年在剪毛、梳绒 10 ～ 15 d 之后，对全群羊进行一次药浴；也可以进行 2 次，即在第 1 次药浴后，再过 7 ～ 14 d 后重复药浴 1 次。也有的地方体外寄生虫病比较严重，每 15 d 就要进行 1 次药浴。药浴应选择在晴朗天气，药浴前停止放牧半天，并让羊充足饮水。药浴可以使用喷雾器喷淋，也可以用药浴池等。

1. 药浴使用的药液

药浴使用的药液有杀虫脒 0.1% ～ 0.2% 水溶液、敌百虫 0.5% ～ 1.0% 水溶液、速灭菊酯 80 ～ 200 mg/kg、溴氰菊酯 50 ～ 80 mg/kg，另外还有蝇毒磷 20% 乳剂或 16% 乳油配制的水溶液。成年羊药浴的浓度为 0.05% ～ 0.08%，羔羊药浴浓度为 0.03% ～ 0.04%。也可以用下列药剂：

① 用 50% 辛硫磷乳油 0.05 kg，加水 25 L，配成浓度为 0.2% 的药液进行药浴。

② 热硫黄石灰水：用硫黄末 12.5 kg，新鲜石灰 7.5 kg，加热水 500 L 制成。

③ 20% 双甲脒乳油，稀释 500 ～ 600 倍。

2. 药浴的方法

具体方法有喷浴法和浸浴法等。

（1）喷浴法（淋浴） 用喷雾器等将配好的药液直接喷到羊只的体表，喷透即可。

（2）浸浴法（池浴） 供羊药浴的药浴池一般用水泥筑成，形状为长方形。池深约 1 m，长 10 m 左右，底部宽 30 ～ 60 cm，上部宽 60 ～ 100 cm，以一只羊能通过但是不能转身为度。药浴池入口一端呈陡坡状，在出口端筑成台阶，以便于养只行走。在入口一端设有围栏，羊群在围栏里等候入浴池，出口一端设有滴流台。羊出浴后，在滴流台上停留一段时间，使得身上的药液流回池内。滴流台用水泥修成。在药浴池旁边安装炉灶，以便烧水配药液。

把药液放入药浴池中，药浴时人站在药浴池的两侧，用木棍控制羊，勿使其漂浮或沉没。羊药浴完后在出口的滴流台处稍停一会儿，让羊身上的药液流回池中，以免浪费药液。将羊的身体浸于药液中浸透即可，一般每只羊要浸浴 3 min（图 5-22）。

（3）盆浴 盆浴是在大盆、大锅、大缸中进行药浴，比较适合于农区羊只数量不多的农户。盆浴时用人工的方法逐只洗浴，比较麻烦费事。

图5-22　羊只在药浴池药浴

3. 药浴的注意事项

（1）药浴的时机　剪毛后 10 ～ 15 d，应及时组织药浴。药浴前要检查羊身上有无伤口，有伤口的不能药浴，以免药液浸入伤口，引起中毒。

（2）药浴前先要进行安全试验　为保证药浴的安全有效，应在大批入浴前，先用几只羊（最好是体质较弱的羊）进行药浴观察试验，确认无中毒出现，再按照计划组织药浴。对于体质很差的羊，要帮助它通过药浴池。遇到拥挤、相互挤压的，要及时分开，以免药液呛入羊肺或羊被淹死。牧羊犬也要同样药浴。

（3）药浴要确实　不论是淋浴还是池浴，都应让羊多停站一会儿，使药液充分浸透全身。力求全部的羊都参加药浴。池内的药液不能过浅，以能使羊体漂浮起来为好。

（4）要防止羊饮药液中毒　药浴前 2 h 应让羊饮足水，药浴前 8 h 停喂停牧，浴后避免阳光直射，圈舍保持良好的通风。

（5）药浴的过程　药浴要选择在晴朗无风的上午进行，以防羊只受凉感冒。药浴后，如遇风雨，可赶羊入圈以保安全。药浴时，先将水加热到 60 ～ 70 ℃，药液的温度控制在 20 ～ 30 ℃。当羊行至池中央时，要用木棍压下羊的头部，如果羊的背部、头部没有浸透，要将其压入水中浸湿，浸入药液内 1 ～ 2 次，以使头部、背部也能药浴。羊出池后，要停留在凉棚或宽敞的棚舍内，过 6 ～ 8 h 后，等毛阴干无中毒现象时方可喂草料或放牧。药浴结束后，要妥善处理残液，防止人畜中毒。

（6）科学用药　选择驱虫药要遵循“高效、低毒、广谱、价廉、方便”的原则。选药要正确，用药要科学，剂量要准确。当一种药使用无效或长期使用后要考虑更换新的药品，以免产生耐药性。

二、驱虫

羊的寄生虫病是养羊业中最常见的多发病之一，是羊生产的大敌。各种虫体不仅消耗羊体内的营养，影响羊正常的采食，而且大量寄生时，还会分泌一种抗蛋白酶素，使羊对粗蛋白质不能充分吸收，阻碍蛋白质的代谢，同时影响钙、磷的吸收，降低饲料的利用率，使羊的生产性能降低，严重的导致死亡。寄生虫的代谢产物，也会影响造血器官的功能和改变血管壁的通透性，从而引起羊腹泻或便秘。北方地区对于寄生虫感染严重的羊群，可以在 2 ～ 3 月进行 1 次治疗性驱虫，剪毛之后再进行 1 次普遍性驱虫。

常用的体内驱虫药有四咪唑、驱虫净、丙硫咪唑等。丙硫咪唑是一种广谱、低毒、高效的新药（剂量参照说明书），对线虫、吸虫和绦虫都有较好的治疗效果。驱虫要注意以下事项：

（1）选择最佳时间　羊只体外寄生虫活动具有一定的规律性，要了解寄生虫的生活史和流行病学特点，选择最佳驱虫时间。羊的驱虫一般选择在早春的 2 ～ 3 月和秋末的 9 ～ 10 月进行，羔羊最好在每年的 8 ～ 10 月进行首驱。冬季其实也是一个很好的驱虫时机，冬季驱虫后，幼虫和虫卵不能发育和越冬，对牧地的影响会大大减少，有利于环境保护，同时也能够预防和减少羊只再次感染。

（2）驱虫前要先做试验　也就是先在小范围内的群体上进行驱虫试验。一般分实验组和对照组，每组 4 ～ 5 只羊。在确定药物安全可靠和驱虫效果确实后，再进行大群、大面积驱虫。

（3）驱虫前要禁食并充足饮水　羊群驱虫前要禁食，但禁食的时间不能过长。禁食前要充足饮水，饮水的目的是防止羊只口渴而误饮药水。

（4）药物选择　一般驱除肠道线虫选盐酸左旋咪唑（四咪唑），口服量为每千克体重 8 ～ 10 mg，肌内注射量为每千克体重 7.5 mg，应在首次用药后 2 ～ 3 周再用药一次；防治绦虫一般多选氯硝柳胺（灭绦灵），口服量为每千克体重 50 ～ 70 mg，投药前应停饲 5 ～ 8 h；防治线虫常用氰乙酰肼，口服量为每千克体重 17.5 mg，羊体重在 30 kg 以上的，总服药量不得超过 0.45 kg；防治羊虱可用 0.1% ～ 0.5% 敌百虫水溶液进行喷雾或药浴。绵羊常发的寄生虫病及发病季节、常用驱虫药见表 5-2。

表 5-2　绵羊常发的寄生虫病及发病季节、常用驱虫药

序号	寄生虫病	发病季节	常用驱虫药
1	羊螨病	冬末春初	伊维菌素
2	羊虱病	常年发生	溴氰菊酯、敌百虫、伊维菌素、阿维菌素
3	羊蜱虫病	春季、夏季	克虫星
4	羊鼻蝇蛆病	夏季、秋季	伊维菌素、阿维菌素
5	羊皮蝇蛆(伤口蛆)病	夏季	百合油
6	脑包虫病(棘球蚴病)	常年发生	伊维菌素、阿维菌素、吡喹酮
7	羊绦虫病	夏季、秋季	氯硝柳胺、丙硫苯咪唑、阿苯达唑、别丁

注：丙硫苯咪唑对线虫的幼虫、成虫和吸虫、绦虫都有效果，但对疥螨等体外寄生虫无效。有报道称，丙硫苯咪唑对胚胎有致畸作用，所以对于妊娠母羊要慎重使用，一般都是在母羊配种前先驱虫。

（5）注意耐药性　如果长期单一使用某种驱虫药或用药不合理，寄生虫会产生耐药性，造成驱虫效果不好。耐药性的问题可以通过减少用药次数、合理用药、交叉用药得到解决。当寄生虫对某种药物产

生耐药性后，可以更换药物。

三、编号

为了便于管理和识别羊只，或掌握羊改良育种的进展情况，在养殖生产过程中需要给羊编号，做个体记录。编号在育种和生产等方面有十分重要的意义，是一个不可缺少的技术环节。编号还有利于识别血统，记录生长发育状况、检查生产性能等。编号可以分为临时编号和永久性编号。临时编号一般在出生后进行，作为临时性识别。永久性编号是在断奶后或经过鉴定后进行。编号可在羔羊出生后 2 ～ 3 d，结合出生鉴定进行。标号方式有耳标法、剪耳法、墨刺法等。

1. 耳标法

目前羊的编号主要采取耳标形式。耳标在使用前按照统一规定编号，包括记录羊的品种符号、出生年份及个体号等。耳标用铝片或塑料制成。耳标形状有长方形和圆形等，但都要固定在羊的耳朵上，用红、黄、蓝等不同颜色代表羊的等级。

（1）品种符号　以父本和母本品种汉语拼音的第一个大写字母或第一个汉字代表，如新疆细毛羊，取“X”或“新”作为品种标记。

（2）出生年份　取公历年份的最后一位数，如“2023”取数字“3”，放在个体号前；编号时以十年作为一个编号年度，各地可以参考执行。

（3）个体号　根据羊场规模的大小，取三位数或四位数；公羊用单数表示，母羊用偶数表示。如果是双羔或三羔，可在编号后加“-”，并标出 1、2 或 3；如果羔羊数量多，可在编号前加“0”。

戴耳标时，先将羊的编号烫印在塑料片或铝片的耳标上或书写在耳标上，然后在羊的左耳基部用碘酒消毒，再用打孔钳在无血管处打孔，之后用耳钉将打好号码的耳标固定在羊耳上。戴耳标最好避开蚊蝇滋生的季节，以防蚊蝇叮咬而感染。编号的号码、字迹要清晰工整，并能够长久保存。若耳标丢失要及时补标，以利于资料记载和统计育种及生产管理。下面为某羊场的一个耳标编号（图 5-23）。

XH339-2

图5-23　耳标法编号示意

图 5-23 中，X 表示父亲是新疆细毛羊；H 表示母亲是小尾寒羊；第一个 3 表示 2023 年出生；39 表示该公羔的编号；-2 表示该公羔是双羔的老二。

2. 剪耳法

这种方法虽简便易行，但养殖数量多的羊场不适用，因耳上的缺口多了容易认错，且要剪很多的缺口。这种方法多用于羊等级标记。其规定是：左耳作为个位数，右耳作为十位数，左耳上缘剪一个缺口代表“3”，下缘剪一个缺口代表“1”，耳尖剪一个缺口代表“100”，耳中间打一孔代表“400”；右耳的上缘剪一个缺口代表“30”，下缘剪一个缺口代表“10”，耳尖剪一个缺口代表“200”，耳中间打一孔代表“800”。当用作种羊鉴定等级的标记时，纯种羊以右耳作为标记，杂种羊以左耳作为标记。具体规定如下：特级羊在耳尖剪一个缺口；一级羊在耳下缘剪一个缺口；二级羊在耳下缘剪两个缺口；三级羊在耳上缘剪一个缺口；四级羊在耳上、下缘各剪一个缺口。

3. 墨刺法

刺号前先将墨刺钳的字钉排列成拟编的羊号，羊耳的内侧用碘酒消毒，然后蘸墨汁在耳内侧毛少的部位刺字。这种方法简便经济，且无掉号风险，但是随着羊耳的长大，字迹常常变得模糊不清，无法辨认。因此，在刺字以后，经过一段时间应进行检查，如果不清楚，一定要重刺。

四、去势

为了提高羊群的品质和羊的产肉性能，便于管理，对于不适合留作种用的小公羊或留种后不能正常配种的公羊均应去势（去势也叫阉割），目的是防止杂交乱配，影响羊群的品质。去势后的公羊性情会变得温顺，管理更方便，节省人力和饲料，容易肥育，生长速度加快，肉膻味儿小，且肉质细嫩，提高了养羊的经济效益。

去势一般在羔羊出生后的 10 日龄或 1 ～ 2 月龄，往往结合断尾（绵羊）同时进行，天气寒冷或羔羊虚弱时，去势的时间可以适当推迟。去势的季节最好在春季或秋季，淘汰的成年羊可随时进行去势。去势方法有结扎法、刀切法等。

1. 结扎法

结扎法非常简单，多用于羔羊。在公羔羊出生后的 7 ～ 10 日龄，将睾丸挤到阴囊的底部，还可用大号的止血钳夹住阴囊的颈部，然后在止血钳上方，再用橡皮筋或细绳等紧紧地结扎阴囊基部（上部），要扎紧系牢，打结固定（然后取下止血钳）。这样使羊阴囊和睾丸的血液循环受阻，阻断血液流向阴囊和睾丸。经过 10 ～ 15 d 后，结扎以下的部位会自行干枯、脱落。这种方法不出血，简单易行，还可以防止感染破伤风。但此法对羔羊的刺激时间较长，对羊的生长较为不利。现在还有专业的钳子（去势钳）和胶皮圈（牛筋圈）用于结扎（图 5-24），大致操作步骤见图 5-25 ～图 5-30。另外，这套工具还可以用于断尾。

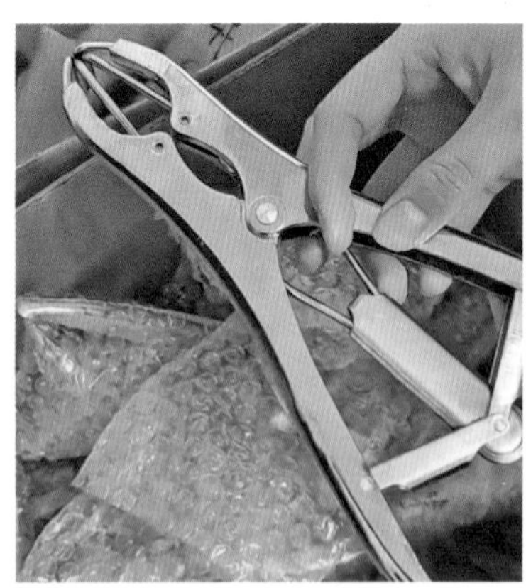

图5-24　专用去势钳及牛筋圈

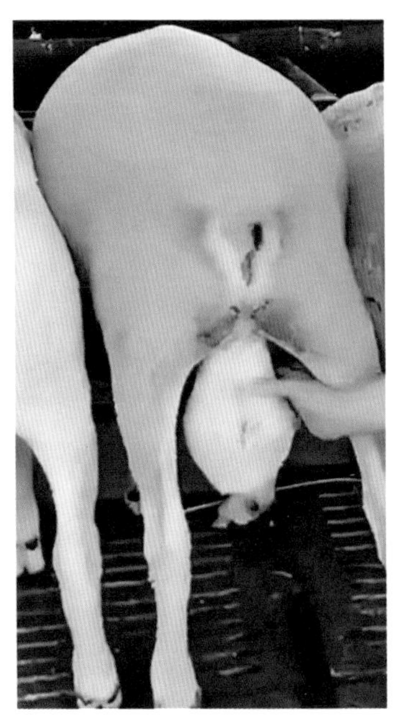

图5-25　第一步，先把阴囊上的羊毛剪干净，便于下一步操作

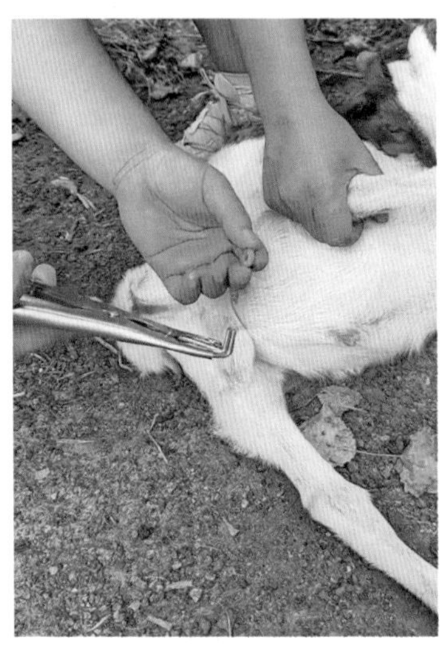

图5-26　第二步，准备结扎的工具（撑开牛筋圈的去势钳、牛筋圈）

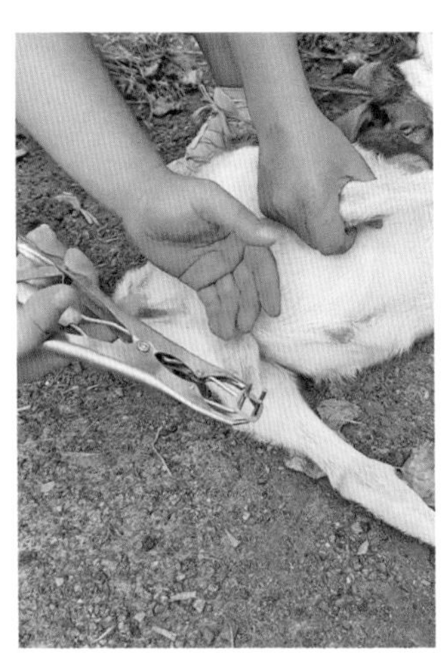

图5-27　第三步，把牛筋圈套在去势钳头部的四个爪上

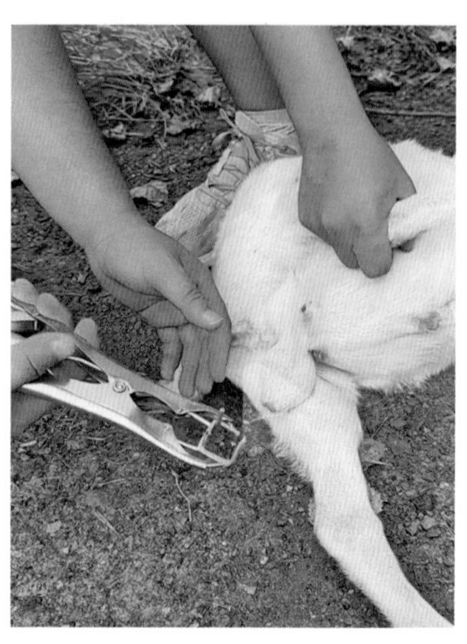

图5-28　第四步，用专用去势钳撑开牛筋圈

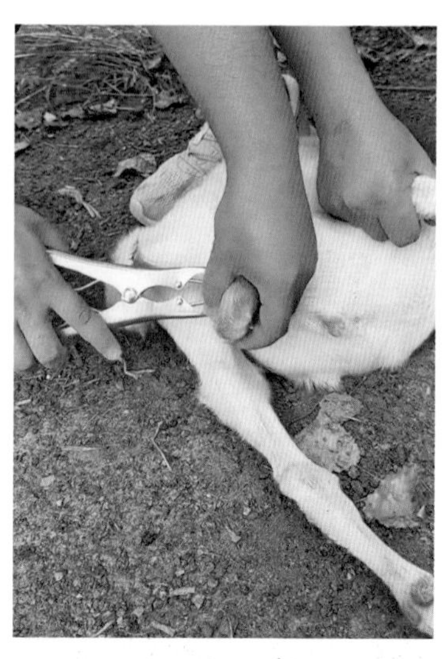

图5-29　第五步，把睾丸挤到阴囊的底部，再把阴囊穿过去势钳的开口，把牛筋圈固定在睾丸的基部

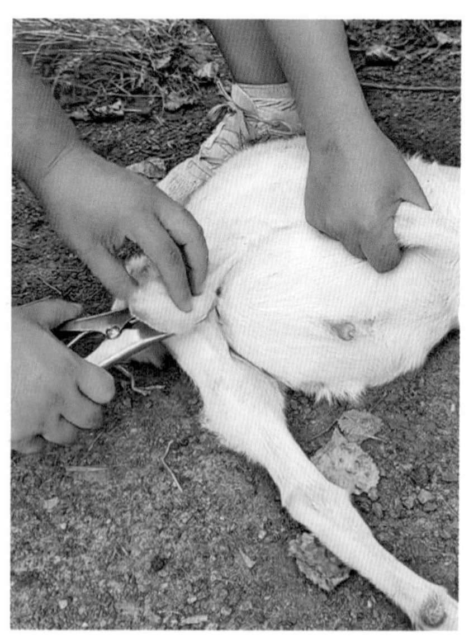

图5-30　第六步，勒紧牛筋圈后，松开去势钳，小心取下

2. 刀切法

此法一般适用于 1 ～ 2 月龄的羔羊和成年公羊。

（1）要求　选用刀切法去势，如果羊群中有传染病流行，应禁止手术。该地区如果发生过破伤风，在刀切法去势前，应注射抗破伤风血清或类毒素。对于体弱有病的羔羊，如长期腹泻、缺奶、营养不良、体质衰弱等，暂不手术。在去势前，应禁食半天，把需要去势的羊只集中在一个小圈中，少量饮水。准备好场地、药品、器械等。器械要严格消毒。

（2）保定方法　根据羊的年龄、体重和手术方法，可选用下列适宜的保定方法。

① 抱起保定。适用于小公羔羊的去势。助手抱起羊坐在凳子上，使羊背部朝向保定者，腹部朝向术者，用两手分别握住同侧的前肢和后肢（图 5-31）。

② 倒提保定。适用于中、小公羊。助手用两手分别将羊两后肢提起，同时骑在羊的颈部，用两腿夹住羊体（图 5-32）。

图 5-31　抱起保定法示意图

图 5-32　倒提保定法示意图

③ 倒卧保定。适用于成年公羊的去势。助手站在羊的左侧，弯腰，两手经过羊的背部伸到其腹下，分别握住并提举羊左侧的前肢和后肢，把羊放倒在地上，使羊呈左侧卧姿势，再握住两前肢和后肢（图 5-33）。

（3）刀切法手术过程　由一人保定好公羔羊的四肢，腹部向外显露出阴囊，另一人（术者）将羊的阴囊洗干净，再用 5% 碘酊消毒，酒精脱碘后，用左手将睾丸紧紧握住挤在阴囊里，右手在阴囊的下三分之一处纵切（也可以用横切法或横断法）一个小切口，口长以刚能挤出睾丸为度，将睾丸挤出，再由此切口通过阴囊中隔摘出另一个睾丸。然后拧转睾丸以防精索出血，拉断血管和精索，若精索出血则可以用结扎、烧烙、捻转或挫切（刮挫）法除去睾丸。伤口撒布消炎粉，再用碘酒消毒即可。为防止感染破伤风，手术完成后可以肌内注射破伤风抗毒素 3000 IU。

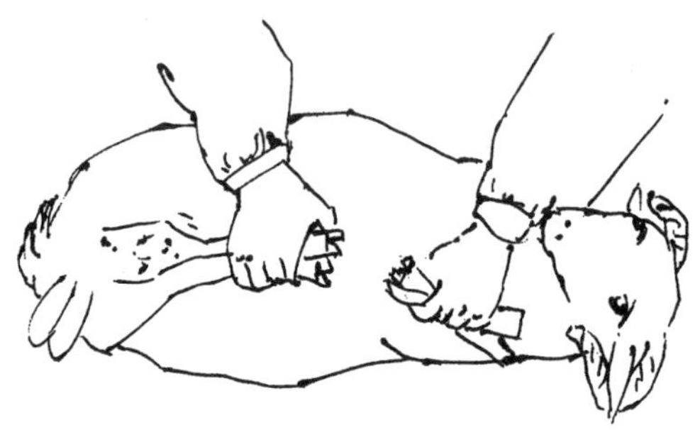

图5-33　倒卧保定法示意图

3. 去势钳去势法

这种方法就是用特制的去势钳，在公羔阴囊上部用力将精索夹断，使得睾丸逐渐萎缩。该方法快速有效，无开放性伤口，不流血，无感染风险（图 5-34）。但术者必须具备一定的经验。

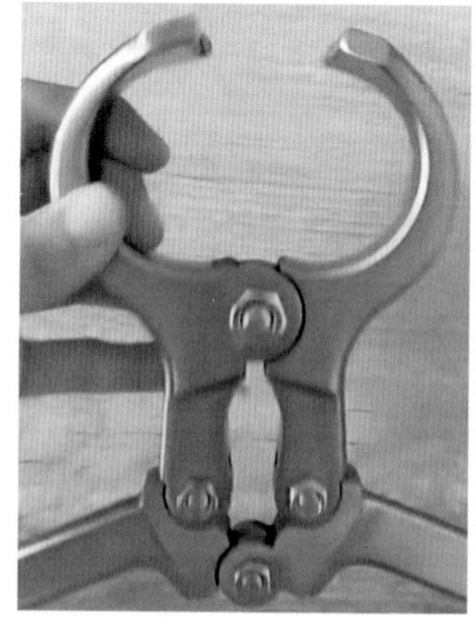

图5-34　公羊去势钳

4. 药物去势法

此法安全可靠且易操作。去势的药物一般选用消睾注射液。助手把公羊保定好，术者一只手将睾丸挤到阴囊的底部，并对阴囊顶部与睾丸对应处进行消毒，另一只手拿吸有消睾注射液的注射器，从睾丸顶部顺睾丸长轴方向平行进针，扎入睾丸实质部，当针尖抵达下 1/3 处时慢慢注射。边注射边退针，使得药液停留在睾丸中 1/3 处。依照同样的做法对另一只睾丸注射。睾丸注射后呈膨胀状态，所以切忌挤压，以免药液外溢。药物的注射量参照说明书，注射时一般用 9 号针头。

五、修蹄

蹄是皮肤的衍生物，生长较快，若长期不修蹄则会导致蹄甲过长，蹼蹄，严重的产生跛行，行走困难，甚至使四肢残废，种公羊失去配种能力。由于有的羊体形较大，四肢相对短小，四肢的负担较重，羊蹄过长或变形会影响羊的行走放牧，甚至发生蹄病，造成羊只残废或跛行，所以修蹄是四肢保健的一项重要工作。

（1）修蹄次数　对于放牧的羊只，一般每半年修理 1 次羊蹄；对于舍饲羊，每月至少修蹄一次。

（2）修蹄时机　修蹄一般选在雨后或雪后进行，此时蹄壳较软，容易操作。或者先用清水将羊蹄泡软。

（3）修蹄工具　修蹄的工具主要有蹄刀、蹄剪（也可以用其他的刀、剪代替）。

（4）修蹄方法及注意事项　修蹄时，先将羊固定好，一般让羊呈坐姿保定，背靠操作者。一般先从左前肢开始，操作者用左腿夹住羊的左肩，使得羊的左前膝靠在操作者的膝盖上，左手握蹄，右手持刀、剪，先除去蹄下的污泥，用蹄剪将过长的蹄壳剪掉，再用修蹄刀将蹄部削平，剪去过长的蹄壳。修剪好的羊蹄底部平整，形状呈椭圆形，羊站立时体形端正。修蹄时要细心操作，动作要准确、有力，一层一层地往下削，不可一次性切削过深过多，一般削至可见到淡红色的微血管为止，不可伤及蹄肉。修完前蹄后，再修后蹄。修蹄时如果不慎伤到蹄肉，造成出血，可视出血量的多少采用压迫法止血或烧烙法止血。烧烙时应尽量减少对其他组织的损伤。为防止感染，要在修整面上涂抹或喷洒消毒液，如碘酒等（图 5-35 ～图 5-38）。

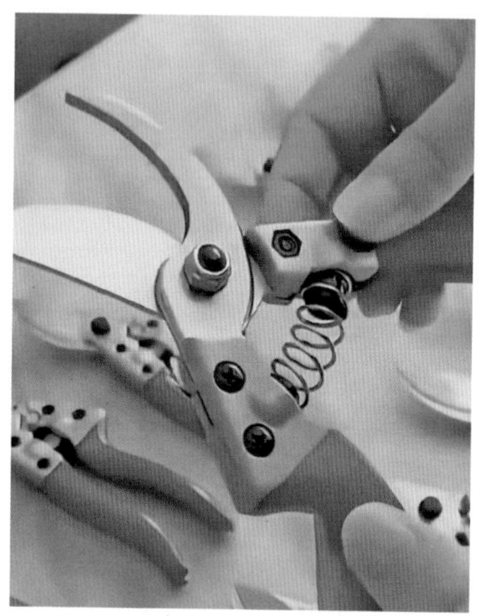

图5–35　修蹄剪

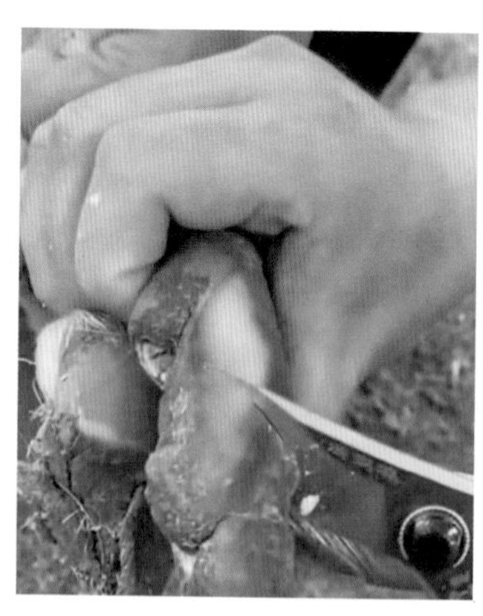

图5–36　对羊蹄进行修剪

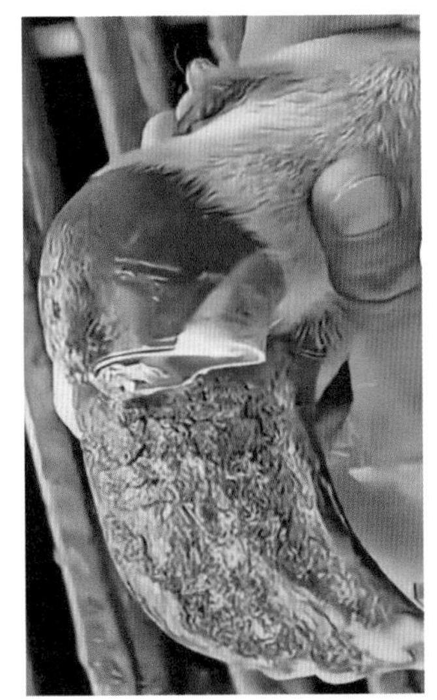

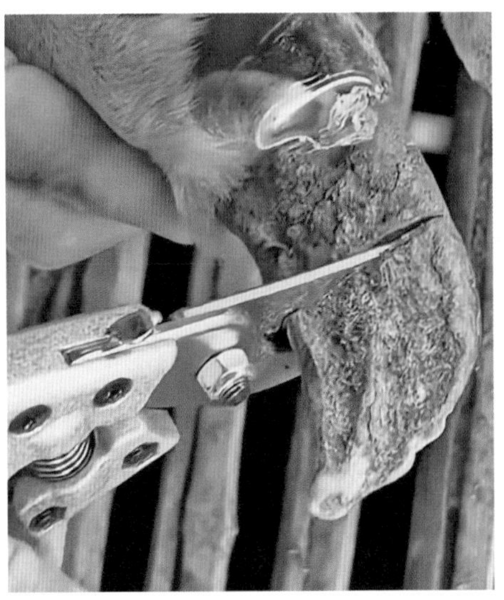

图5-37　修剪了一半的羊蹄

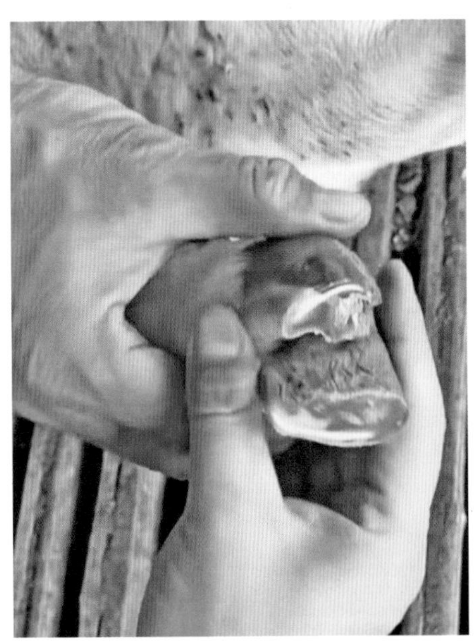

图5-38　羊蹄被修剪平整

对于变形蹄应分几次矫正，切不可操之过急而伤害羊蹄。种公羊更应经常检查，及时修蹄，以免影响配种。

六、捉羊和导羊

1. 捉羊

捉羊是管理上常见的工作，有的人抓毛扯皮，揪犄角拽腿，往往对羊造成伤害，造成不应有的损失。一般对于体重较小的羊，正确的捉羊方法是：趁羊不备时，迅速把羊抓住。一般是人站在羊的一侧，一只手由羊的两腿之间伸进并托住胸部，另一只手抓住同侧后腿飞关节，把羊抱起，再用胳膊由后外侧把羊抱紧。这样羊能紧贴人体，抱起来既省力，羊又不乱动。还可以使用专用的抓羊钩子来抓羊，多用于成年羊，趁羊不备时，用钩子钩住一条腿，顺势将羊抓住（图5-39～图5-43）。此种抓羊钩子可用于羊只剪毛、装车、喂药、输液等。

2. 导羊

导羊就是控制羊前进的方法。当进行羊群鉴定或分群时，必须进行导羊管理。羊的性情很倔强，一般不能扳住羊头或犄角使劲牵拉，这时导羊人越是用劲，羊就越是后退。正确做法是：导羊人站在羊的一侧，用一只手托住羊的颈下部，用另一只手轻轻搔挠抚摸羊的尾根部，为羊搔痒，这样羊便会向前走动。

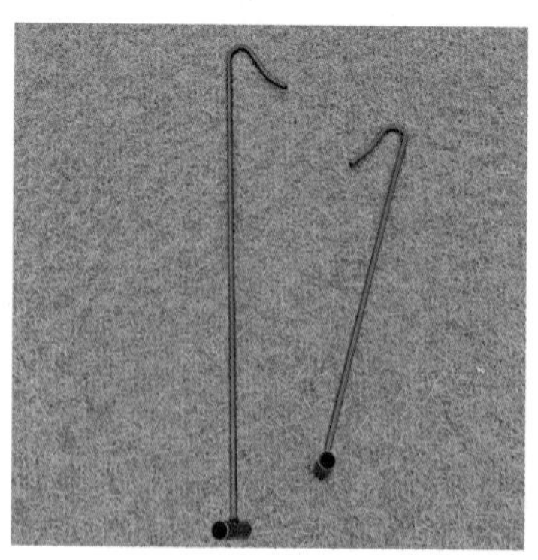

图5-39　抓羊的钩子

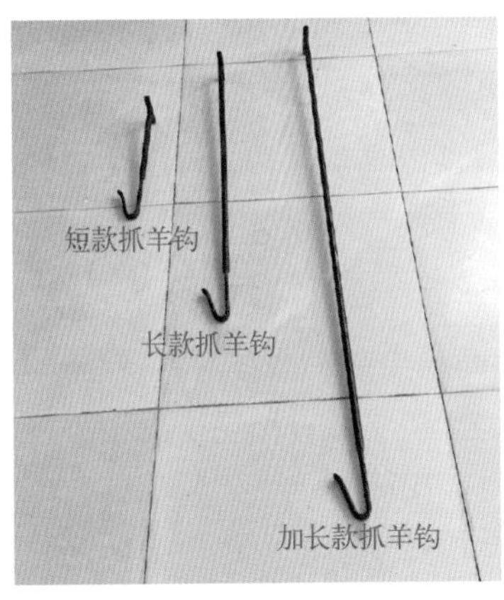

图5-40　三种规格的抓羊钩子

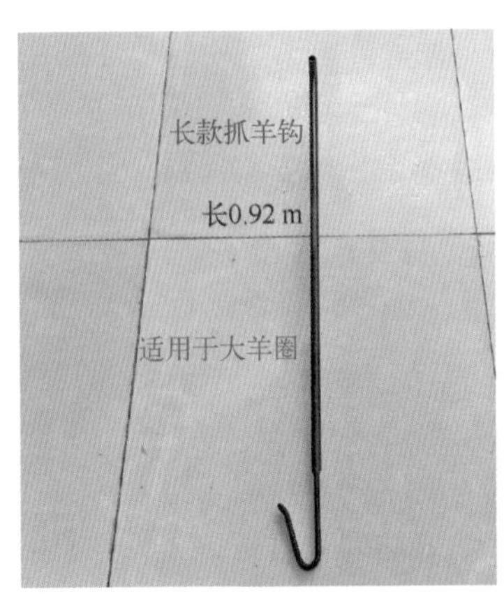

图5-41　长款抓羊钩子

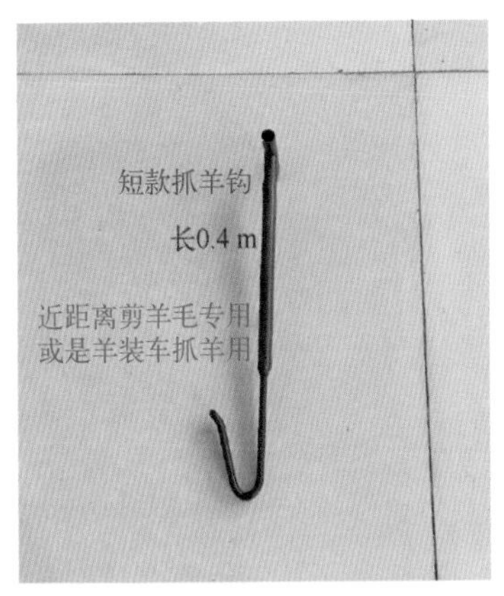

图5-42　短款抓羊钩子

图5-43　抓羊钩子钢筋要求及钩子的特点

七、断尾

断尾是针对绵羊来说的。断尾主要适用于细毛羊、半细毛羊，其目的是保持羊体的清洁卫生，防止粪便污染羊的后躯，保护羊毛的品质和便于配种。由于细毛羊和半细毛羊均有一条细长肥大的尾巴，夏季苍蝇还会在母羊的阴部产卵，长尾巴还会影响配种。断尾一般应在羔羊出生后 7 ～ 15 d 进行。断尾的方法有结扎法、刀切法、热断法等。

1. 结扎法

结扎法较方便。方法是用弹性强的橡皮筋（橡胶圈），在距离羔羊尾根部 4 cm 处（第 3 和第 4 尾椎之间）结扎。结扎前先用手将此处的皮肤向尾根部推送一下，之后用橡皮筋将羊尾紧紧扎住，以阻断尾下部的血液流通。尾下部因得不到养分的供应逐渐萎缩，经过 10 ～ 15 d，尾巴的下段就会自结扎处自行脱落（一般不要剪割，以防感染破伤风）。此法往往结合去势同时进行。在实际生产中，当羔羊尾巴刚被扎上橡皮筋时，会表现出不适应，如出现鸣叫不安、食奶量下降等现象。其实，这种断尾方法对羔羊伤害并不大，且方法简单易行、不流血、愈合快、效果好。

现在还有专业的钳子（去势钳）和胶皮圈（牛筋圈）用于断尾。工具及断尾操作过程见图 5-44 ～图 5-49。另外，这套工具还可以用于结扎去势。

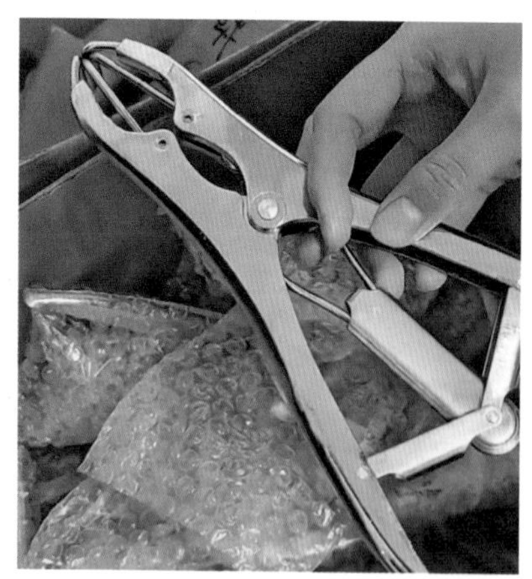

图 5-44　断尾和结扎用的钳子——断尾钳及牛筋圈

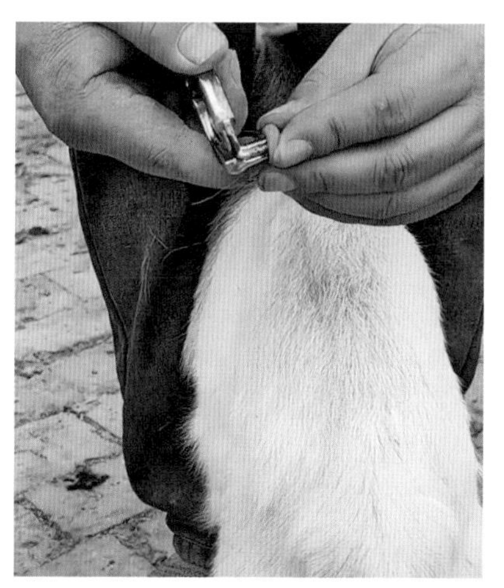

图5-45　第一步，把牛筋圈套在断尾器头部的四个爪上

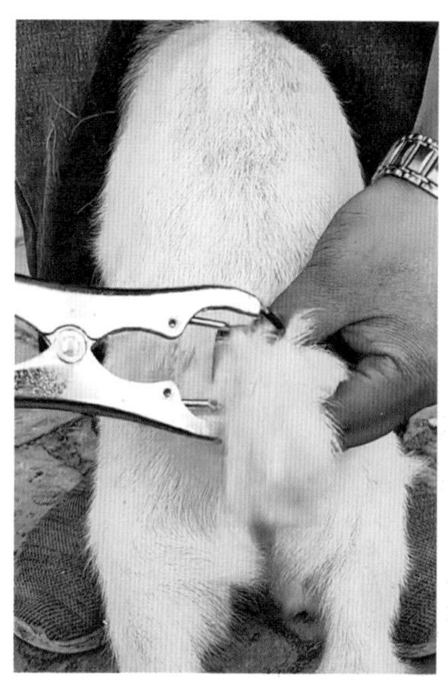

图5-46　第二步，把羊尾巴套过断尾器的开口

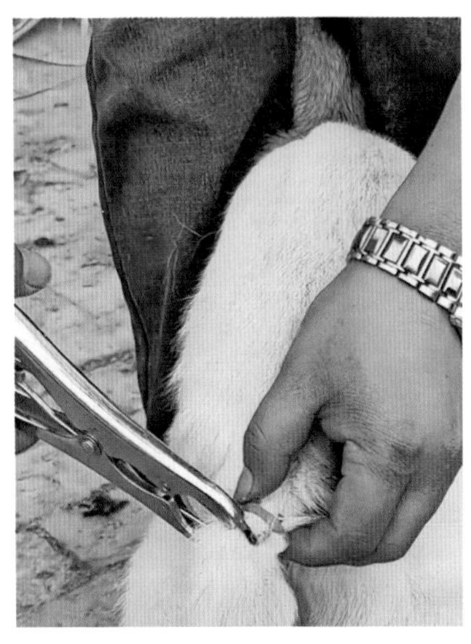

图5-47　第三步，套好扎牢牛筋圈，撤出断尾器

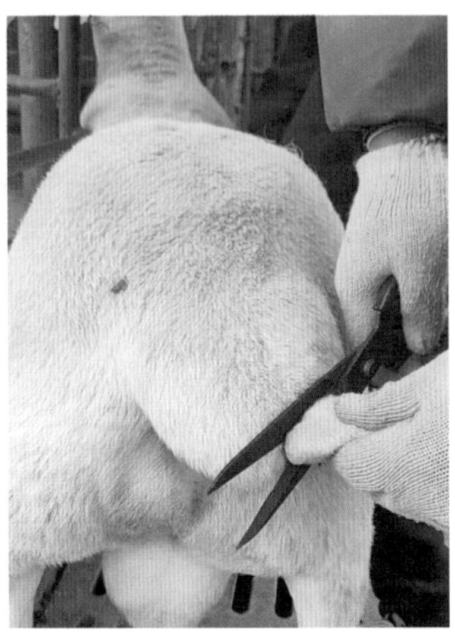

图5-48　第四步，对大羊进行断尾时，经过10 d左右，可用剪子在牛筋圈处剪断

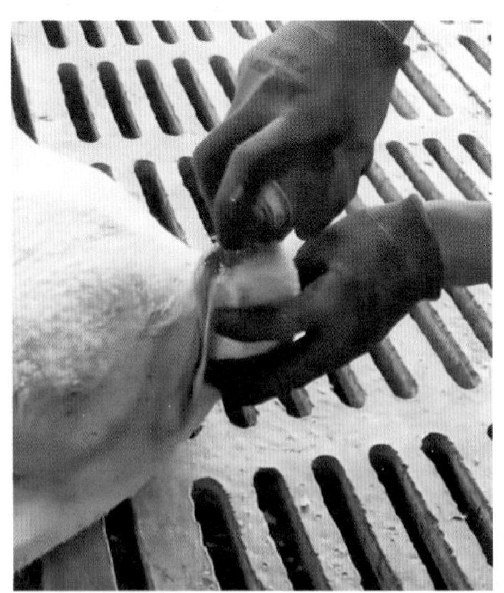

图5-49　第五步，剪断后在断端喷洒碘酊消毒

2. 刀切法

先用细绳扎紧尾根，以阻断尾尖部的血液循环，然后在距离尾根 4 ～ 5 cm 处，用快刀切断，之后伤口处用纱布和棉花包扎，以免引起感染或冻伤。断尾的当天下午就可将尾部的细绳解开，使血液畅通。这种断尾方法一般需要 7 ～ 10 d 伤口就会愈合。但此方法若处理不好，容易造成感染。

3. 热断法

热断法可用断尾铲或断尾钳进行断尾。用断尾铲断尾时，在距离尾根 4 cm 左右处，也就是在第 3 ～ 4 尾椎之间，用烧至黑热的断尾铲进行断尾，断尾的速度不宜太快，应边烙边切，以免出血。如果有出血，用热铲烫一下即可。断尾后用浓度 2% ～ 3% 的碘酊消毒。热断法断尾时要多观察，若尾部出血，要立即采取止血措施。热断法的优点是速度快、操作简便、失血少，对羔羊影响小，安全可靠；缺点是伤口愈合较慢。

断尾时应注意如下事项：

第一，断尾时一定要掌握好断尾的部位，以所剩尾根可以盖住肛门和阴户为标准，不能过短。断尾时应将尾部的皮肤尽量推向尾根，以防断尾后尾骨外露。

第二，断尾操作一般在羔羊出生后 5 ～ 10 d 进行。但在实际生产中，一般实行早期断尾，尤其是一些尾巴比较大的羊，如滩羊，在羔羊出生后 1 ～ 3 d 就可断尾，且一般多采用结扎法。

总的来说，以上三种方法以结扎法最为简便易行，羔羊痛苦少、不流血、愈合快、效果好，既经济又实惠，适合于规模化羊场使用。

八、去角

羔羊去角也是羊饲养管理的一个重要环节。因为有角的公羊之间往往会发生打斗，容易发生创伤，不便于管理，个别性情暴烈的种公羊还会攻击饲养员和放牧人员，容易造成人身伤害。为了安全起见，母羊最好也要去角。因为无论公羊还是母羊都有一个不好的习惯：用犄角抵在树上，上下左右来回地蹭树，小树很容易被蹭掉皮而死亡，在进行放牧饲养时对于林果业的发展很有害。因此，去角便显得十分重要。

羔羊去角一般都选在出生后 5 ～ 10 d 进行。人工哺乳的羔羊，最好在学会吃奶后进行，这时去角对于羊的损伤小。有角的羔羊出生后，角蕾部呈旋涡状，触摸时有一个较硬的凸起。去角时，先将角蕾部分的毛剪掉，剪的面积要大一些（直径约 3 cm）。去角的方法有：

1. 烧烙法

将烙铁烧至暗红色（也可以用功率为 300 W 左右的电烙铁），对保定好的羔羊的角基部进行烧烙，先烙掉皮肤，再烧烙骨质角突，直至破坏角芽。烧烙的次数可以多一些，但每次烧烙的时间以 10 ～ 15 s 为宜，当表层皮肤破坏并伤及角突后可终止，之后再对术部进行消毒。

2. 化学去角法

化学去角法即用棒状苛性钾（氢氧化钾）在角基部摩擦，破坏皮肤和角原组织。术者应先剪掉角突周围的羊毛，之后在角突周围涂抹一圈医用凡士林，防止碱液损伤其他部位的皮肤或流入眼内，再用苛性钾棒在两个角芽处轮流涂擦，以去掉皮肤及破坏角芽。需要注意的是：操作时要先重后轻，将角芽表层擦至有血液渗出即可，摩擦的面积要稍大于角基部。术后应将羔羊的后肢适当捆住（松紧程度以羊能站立和缓慢行走为宜）。由母羊哺乳的羔羊，在半天之内羔羊应与母羊隔离，哺乳时也应尽量避免羔羊将碱液污染到母羊的乳房而造成损伤。去角后，要在伤口处撒上少量的消炎粉。

3. 角磨机去角

这种去角方法多用于大羊。先对羊只进行保定，尤其注意头部的保定。然后用角磨机在羊犄角的适当位置进行切割（图 5-50）。去角时，要注意出血和止血，注意羊只和人员的安全。

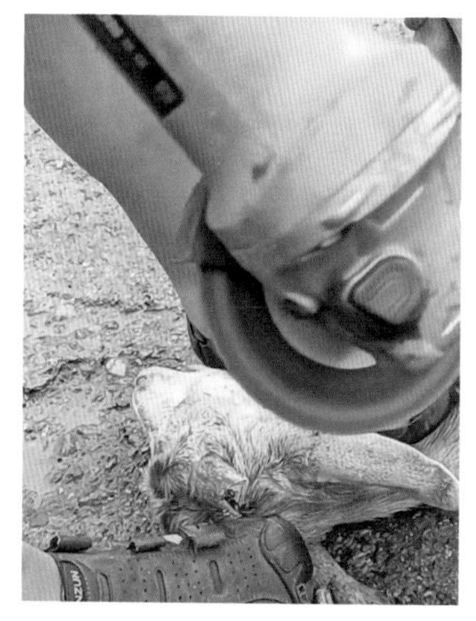

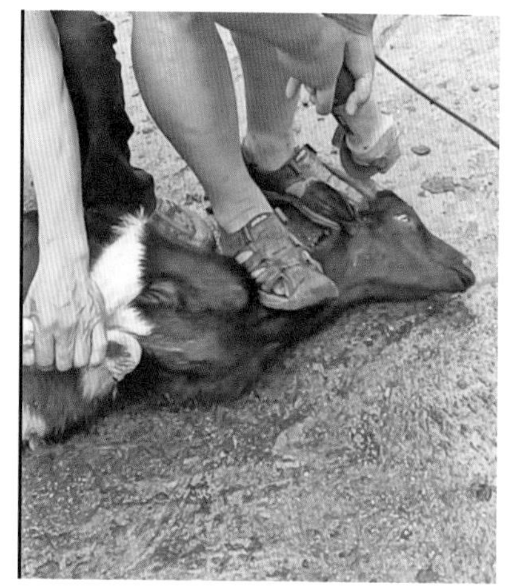

图5-50　用普通的切割钢筋的角磨机去角

九、剪毛

羊毛是绵羊的主要产品之一，每年的春季 5 ～ 6 月都会进行一次剪毛。细毛羊、半细毛羊以及生产同质毛的杂种羊，一般 1 年仅春季剪毛一次；粗毛羊和生产异质毛的杂种羊，每年可剪毛 2 次，也就是春、秋季各剪毛一次。

羊的剪毛方式可分为机械剪毛和手工剪毛。剪毛方式主要根据羊群羊只的多少、操作者的熟练程度以及所用的器械工具而定。规模大的和集约化的牧场通常采用机械剪毛，速度快，省工省时；规模小的羊场仍采用手工剪毛。另外，近年来国外又发明了一种化学脱毛法，即给每只羊口服环磷酰胺 24 mg，8 d 后羊毛自行脱落。

1. 剪毛时间

我国幅员辽阔，各地的气候差异很大，给羊剪毛的适宜时间也不相同，过早或过迟对羊都不利。过早羊容易遭受冻害；过迟既阻碍羊散热，也影响羊的放牧和抓膘，又会出现羊毛自行脱落的情况而造成经济损失。北方地区一般多在 5 ～ 6 月剪毛，高寒的牧区应该在

6～7月剪毛，秋季剪毛多在9月进行。

刚剪过毛的羊，其采食量会增加15%～20%，要给所有剪过毛的羊提供优质饲料，以补充因寒冷和剪毛所带来的消耗。进行放牧饲养的羊只，剪毛后要把羊放牧于水草茂盛的牧场，以免羊因为禁食禁水时间过长而影响采食量，引起消化道疾病。

2. 不同类型羊只剪毛的先后次序

一般都是先从低价值的羊只开始，先从粗毛羊开始，然后再剪细毛杂种羊，最后剪细毛纯种羊。同一品种的，先剪羯羊、幼龄羊，后剪种公羊、种母羊。患病的羊，特别是患体外寄生虫病的羊，应留在最后剪毛。这样，有利于剪毛人员熟练掌握剪毛技术，以保证剪价值高的绵羊时能剪出质量好、品质高的羊毛来。

3. 剪毛前的准备

在剪毛前3～5 d，要先对剪毛场所进行认真的清扫和消毒。选在干净、平坦的地方，例如可以在水泥地面进行，不宜在羊圈或有干草、稻草等能弄脏羊毛的地方。对于绵羊来说，全身应该保持干净、干爽，因为潮湿的羊毛在保存时会很快变质。在露天场地剪毛时应选在地势高燥的地方，并铺上席子或塑料薄膜等，以免玷污羊毛。如果是用剪毛机剪毛，必须先培训技术人员，检修机器，以保证剪毛的质量。手工剪毛的时候，则必须先准备好剪子、磨刀石、席子、秤、口袋、碘酊、棉球和记录本等物品。

剪毛人员要在剪毛前剪短指甲，要洗手，剪毛时要戴口罩、穿工作服，剪毛后要洗手、消毒。注意人员的防护，避免人畜共患病的传播。

剪毛一般都是在上午进行，剪毛前不要放牧。全天剪毛时，中午可以放牧1 h，然后休息1 h后再剪，傍晚还须留出2～3 h的放牧时间。

4. 剪毛方法

将羊捆绑保定好以后，卧倒在清扫干净的席子或塑料薄膜上，剪毛人员先蹲在羊的背后，由羊后肋向羊的前肋直线开剪，然后按照与此平行的方向剪腹部以及胸部的毛，再剪前后腿毛，最后剪头部的毛，一直把羊的半身毛剪至背中线。再用同样方法剪另一侧的毛。剪毛不求美观，只剪一剪毛，不准剪二茬毛。二茬毛毛短，价值低，并且毛纺时容易卡住纺毛机器，毛纺产品的断头较多。对于较小的羊只，也可以让其站着剪毛。

剪毛的时候，剪子要放平，紧贴着羊皮剪毛，使毛茬留得短而且齐。剪毛时到了乳房、阴囊和脸颊部位的时候，要小心慢慢剪。如果剪破了皮肤，要涂抹碘酊消毒，以防感染。

剪完后把毛按照收购等级分类收集起来。细毛、半细毛要毛茬向下，先左右卷，后前后卷，卷成长枕头形，最后用绳捆起来。从种羊身上剪下的毛要逐个过秤，并做好记录，以便考查。

需要注意的是，如果在寒冷天气剪毛，需要对羊进行护理，剪毛结束后把羊安置在干燥清洁的圈舍中，剪毛后 7 d 内不能暴露在雨或雪中。剪毛全部完毕后，要按照好坏分开，也就是把干净的羊毛与短的、脏的、污染的毛分开。

5. 剪毛注意事项

剪毛的时候，要注意根据天气情况选择最佳的剪毛时机，应在羊的体况良好时进行，还要选在晴朗无风的天气。春季剪毛应在气候变暖、温度趋于稳定时进行。绵羊剪毛前 12 h 停止放牧、饮水和饲喂，以免剪毛时粪便尿液污染羊毛，或者在剪毛过程中翻转羊体时因饱腹而发生胃肠扭转等事故。必须保证羊只在干燥状态下剪毛。如果绵羊的被毛被雨水淋湿，要等到羊毛干了之后再剪。剪毛前把羊群驱赶到狭小的圈舍内让羊只相互拥挤，可促进羊体油汗溶化，剪毛效果更好。

6. 羊毛的保存

剪下的羊毛要尽快出售给收购部门。出售前，可将按照等级收集起来的羊毛放在干木板上，保存在干燥通风的室内，要防雨淋、受热和潮湿，并应防火、防虫蛀。

十、运动

适当运动是保证羊健康的重要因素之一，运动对于舍饲的羊更为必要。运动能增强体质，提高代谢功能，提高抗病能力，增强适应性。若长期缺乏运动，常常影响羊的采食和对于饲料的消化能力，最终影响到羊的健康和生产性能。种公羊若运动不足，则性欲减弱，精液的品质下降，影响配种效果。母羊妊娠期坚持运动，可以防止难产，增强心脏功能。哺乳羔羊适当运动，可以促进消化，预防拉稀，增强体质和适应力，有利于生长发育。育成羊加强运动，有利于骨骼生长发育。良好的营养加上充足的运动培养成的青年羊，具有胸部发育好、个子大、体躯长、外形理想等特点，成年后生产性能也高。

将羊驱赶到草场或牧地进行放牧是理想的运动方式，每日坚持 4 h 即可。无放牧条件的，则每日应驱赶运动 1 ～ 2 h，保证一定的运动量。运动量过小，则达不到运动的目的；运动量太大，会因过于疲劳而影响健康和生产性能。

十一、称重

体重是衡量羊生长发育好坏的主要指标，也是检查饲养管理工作的主要依据之一，应及时准确地进行。一般羔羊出生后，在毛稍干而未吃奶前就应称重，称为初生重。除了称初生重之外，还应称断奶重、周岁体重、2 岁体重、成年体重、配种前体重、产前体重和产后体重等。称重一般在早晨空腹时进行。

十二、羊体尺测量

羊只一般在 3 周龄、6 周龄、12 周龄和成年四个阶段要进行体尺测量，通过体尺测量可以了解羊只的生长发育状况（图 5-51）。测量的指标主要有以下几个：

① 体高。由鬐甲最高点至地面的垂直距离。

② 体长。即体斜长，由肩胛最前缘至坐骨结节后缘的距离。

③ 胸围。位于肩胛骨后缘，绕胸一周的周长。

④ 管围。左前肢管骨最细处的水平周径。

⑤ 十字部高。由十字部到地面的垂直距离。

⑥ 腰角宽。两侧腰角外缘间的距离。

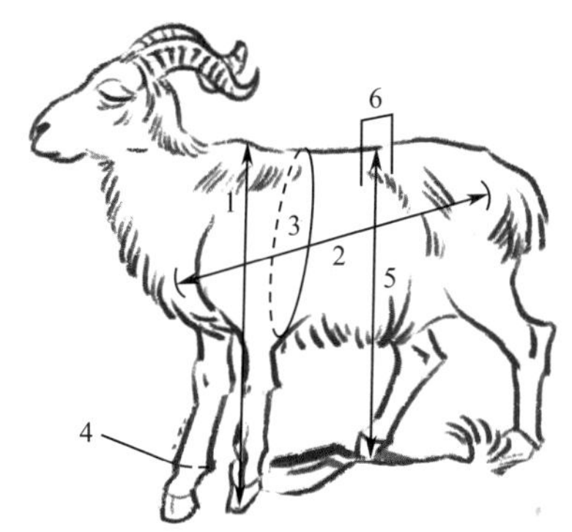

图5-51　羊体尺测量示意图

1—体高；2—体长；3—胸围；4—管围；5—十字部高；6—腰角宽

十三、整群和羊群结构调整

对于规模较大的羊场，每年都要整群和对羊群结构进行调整。合理整群和调整羊群结构，对羊的生产有很大意义。

（1）整群　羊只整群一般在一个生产年度结束后进行，即羔羊断奶后进行，通常在秋季，大致在 9 月。

具体操作是：羔羊达到 4 月龄断奶后组成育成公羊群和育成母羊群；上一年度的育成羊转成后备羊；后备羊转成成年羊。每年都要对羊群进行调整，对于生产性能差、有繁殖障碍的、年老的、有特殊病的羊只进行淘汰，及时补充同类羊只。每年每群的淘汰率应保持在 15% ～ 20%，以保证羊群的正常生产。对于同类羊只难以组群的，应选择生产性能、年龄、体质等相近的羊组成一群，以利于生产和育种。

（2）羊群结构　羊群结构按照年龄可分为羔羊群（出生到4月龄）、

育成群（4 月龄断奶至 18 月龄）、后备群（18 月龄至 30 月龄）、成年群（30 月龄以上）。

每群的只数：成年公羊一群 20 ～ 30 只，后备公羊一群 30 ～ 40 只，育成公羊一群 50 ～ 60 只，成年母羊一群 50 ～ 60 只，后备母羊一群 60 ～ 70 只，育成母羊一群 60 ～ 70 只。

成年公羊应占羊只总数的 15%，后备母羊、育成母羊应占羊群总数的 20%，以便羊只能够得到更新换代。

第六节　羊的放牧技术

羊是食草家畜，传统的饲养方法以四季放牧为主。同时，羊也是最适合放牧的家畜。农谚常说："赶羊上山转一圈，胜过在家喂半天。"这是千百年来养羊方法的总结。近年来，由于饲养量的增加，草场牧地生态资源逐年恶化。各级政府采取了各种方法保护生态环境，其中主要的方法就是封山育林或季节性放牧、季节性限牧。将来羊的饲养方式将逐渐由放牧向半舍饲、舍饲过渡。羊长期放牧有助于骨骼和内脏的锻炼，增强适应能力，节省饲料和管理费用。合理放牧加上适当的补饲，可以促进羊生长发育和提高生产性能。因此，有条件的尽量要求放牧管理。

一、放牧羊群的组织和牧场要求

合理组织羊群，不但有利于放牧管理，而且能合理利用和保护植被资源，提高羊的生产能力和劳动效率。

农户如果养羊数量少，不能进行分群，应将各户的种公羊集中组群饲养，无种用价值的公羊要去势，防止劣质公羊在群内滥交乱配，影响羊群的质量和生产性能。

天然草场牧地是羊重要的饲料来源。放牧养羊既符合羊的生物学特性，又可以节约粮食，降低羊的养殖成本，增加经济效益。

（1）春季草场　羊在春季体况普遍较差，母羊既要产羔又要哺乳，再加上气候变化频繁，温差较大，草料匮乏，稍有不慎，就会造成羊群大量损失。因此，春季草场要求是地势平坦，缓坡向阳，邻近水源，牧草萌发早的草场。

（2）夏季草场　多选在坡度较大、灌木丛生和杂草较多的地方。避免长期在低洼、潮湿的草场放牧，以防止寄生虫及其他有害菌的感染和传播。

（3）秋季草场　秋季是羊群抓膘准备越冬的关键时期，应该选择牧草丰盛、生长成熟好的草场或农作物收获后的茬地。

（4）冬季草场　应选择背风向阳、水源充足、积雪较少的地方作为冬季牧场，以利羊只的保膘、保胎。

二、放牧的基本要求

放牧的技术和方法是养好羊、抓好膘和保好膘的关键。有经验的放牧人员把羊放得膘满肉肥，不会放羊的人，东奔西跑，人累，羊还吃不好。所以放羊要讲究技术，要爱护羊，细心照顾，不怕风，不怕雨，勤奋务实。

按照季节要“春放阴，夏放阳，七、八月放沟塘，十冬腊月放撂荒”。在放牧时间上要“晚放阴，早放阳，中午山岗找风凉”。有地方则说：“放羊不要早，多放晌午蔫巴草。”还有的说：“日头一压山，羊儿吃草欢。”等农谚。当夕阳西下的时候，天气凉爽，羊儿感到要收牧了，会拼命吃草。牧羊人要尽量利用这段时间，让羊多吃一会儿草。放牧时间一定要充裕。“若想羊吃饱，必在时间上找。”“早上把羊撒，不饱不回家。”这些都是有经验的牧羊人总结出来的放羊经验。

放羊要讲究“羊靠回头草”和“羊不吃回头草不肥”。羊尤其是山羊都愿意抢吃新鲜草，脚步也快，专门挑选好草吃，很多质量差一些的草都被剩在了牧地，久而久之，牧地上质量差的草越来越多，对于牧地的保护非常不利。而且羊只本身“吃肥走瘦”，走远路对于其生长发育也很不利，所以一定要让羊吃回头草，就是在牧地上让羊来回吃两遍。习惯了以后，羊也会把质量差的草吃掉。另外，早晨露水大，放头一遍还有蹚掉露水的作用，吃回头草就显得更为重要了。但是，在同一块牧地上放牧时间太长也不好，时间长了牧草受到粪尿的污染，有了异味后羊就不爱吃了，而且长时间的踩踏会影响牧草的再生能力，要勤更换地方放牧。俗话说的“在熟地上放不好羊”就是这个道理。

山区放牧最好不要到太陡峭的高坡，主要是怕陡坡上的植被被羊踏坏，不利于水土保持。要“盘道上山，顺垄入地”。顺垄沟盘道上山，羊边走边吃，不费力气就到了山顶。放牧的基本要求如下：

1.“三勤”“四稳”

“三勤”就是腿勤、手勤、嘴勤；“四稳”就是出入圈稳、放牧稳、走路稳、饮水稳，其中以放牧稳最为重要。放得稳、少走路、多采食、能量消耗少，羊膘情就好，所以放牧稳是增膘的关键（图 5-52）。

图 5-52　羊群的河边放牧

2. 学会领羊、挡羊、喊羊、折羊

具体的要求如下：

（1）领羊　领羊是人在羊群前慢走，羊群跟着人走，主要用于放牧饮水和归牧。

（2）挡羊　挡羊是人在领头羊的前面来回走动，使羊群徐徐向前推进，主要用于牧地放牧，控制羊群不乱跑。

（3）喊羊　喊羊是放牧时呼喊口令，使落后的羊跟上队，抢先的羊缓慢前进，主要用于牧地放牧时或羊群距离过远时，防止因羊强弱不同，造成采食不均，体力消耗差异过大。

（4）折羊　折羊是改变羊群前进方向，把羊群拨向既定的草地、有水源的道路上去。如放牧时不善于引导，则羊群的走动极不稳定，时而围绕成圈，时而前前后后，时而分成几段，常使羊群处于被追逐的状态。因此，放牧员必须善于勤挡稳放，控制好羊群。

3. 有计划地训练、调教羊

羊属活泼型牲畜，反应灵敏，便于调教，合群性好，落单后常常咩叫不已。羊群中总有一只“头羊”领路，所以，必须要训练好“头羊”。

4. 建立指挥群羊的口令

通过长期的训练，让羊群理解牧羊人的固定口令。选口令时应注意语言配合固定的手势，不可随意改变，否则指挥口令发生混乱，影响条件反射的建立。

5. 训练牧羊犬

有的牧羊人通过利用牧羊犬来放牧羊群。牧羊犬的选择可以根据自己的实际条件，实际上只是当地土种的犬类就可以了。通过手势、语言、动作把牧羊人的指令传达给牧羊犬，让牧羊犬辅助牧羊人放牧，这对于放牧人员非常有帮助，能节省很多体力，效果很好。

总之，在放牧技术上要想尽一切办法让羊多吃草少走路，多摄取营养、少消耗营养，只有这样才能使羊增膘复壮，才能多产肉多出产品，一定不要让羊“吃肥了”却“走瘦了”。

三、放牧队形

要想提高羊采食量，使羊肥体壮，采用适当的放牧队形是重要的手段。否则会出现有的羊吃不饱、有的羊只能吃劣质草的不平均现象。放牧的队形应根据各个季节牧草的厚薄、优劣，牧场面积的大小、地形和植被状况的不同灵活选择。总的目的就是要达到控制羊群的走动、休息、采食时间，充分利用好牧场资源。

1. 横列式队形（俗称“一条鞭”队形）

横列式队形即羊群进入牧地排成“一”字形横队，牧羊人在羊群前面拦挡身体强壮的羊，控制其行走速度，等待后面体弱的羊，并左右移动、稳慢后退，使羊群缓慢前进，齐头并进。控制放牧速度应遵循“饿时慢，饱时快”，队形保持应冬紧夏松、早紧午松、草厚紧草薄松。早晨刚出牧时，羊群急于采食，前进的速度较快，这时要压住“头羊”，控制羊群的速度和方向。羊群在横队里可以有 3 ～ 4 层，层数不能过多，否则后面的羊就吃不到好草。放牧一段时间后，露水消失了，羊群的前进速度会自动慢下来，这时要让羊群安静采食，不要打扰。等到羊吃饱以后，可以就地休息。“一条鞭”队形适用于牧地宽阔平坦、植被较好、青草初生、牧草生长均匀的草地。这种队形能保证各种羊都能吃上优质草，可使羊少走路多吃草。春季采用这种队形，可防止羊群“跑青”现象的发生（图 5-53）。应注意的是，在采用“一条鞭”队形时，严禁大喊大叫，以防羊受惊后扎在一起或向两侧跑，搞乱队形。

2. 散开队形（俗称“满天星”队形）

散开队形即将羊群散布在一定区域内，就像天上的星星一样，让

图 5–53 “一条鞭”放牧方式示意

其均匀散开，散成一片，自由采食，放牧人员站在高处或羊群中间控制羊群，监视羊群不使其越界或过于分散，直到牧草采食完以后，再转移到新的牧草地上。

羊群散开的面积大小，主要取决于植被密度。在牧草密度大、产草量高的牧地上，羊群散开的面积就小一些，反之则大一些。在山区采用此队形放牧时，放牧员可以站在高处指挥，对于个别离群太远的羊，可以喊口令把羊轰回来，也可将石块或土块投扔在羊的前面，把羊撵回来，控制羊群。“满天星”队形适合于夏季或牧草较优良的牧场，或者是牧草稀疏、覆盖不均匀的草场，如高山、地势不平的丘陵地。如果牧草丰富且优良，羊群散开后随时都可以采食到好的牧草；反之，牧草普遍不良，控制羊群也无益处，不如自由采食能吃到更多的牧草。采用这种队形，可以减少羊群的游走距离，但要求放牧员勤看管，防止羊只分散、离群（图 5-54）。

图5–54 “满天星”放牧方式示意

3. “簸箕掌”队形

“簸箕掌”队形即放牧员站在羊群中间挡羊，使羊群缓慢前进，逐渐使羊群中间走得慢、两边走得快，边走边吃，形成簸箕掌式队形（图 5-55）。

4. “一条龙”队形

“一条龙”队形是一种纵队，在农区运用非常广泛，各个季节都

图5-55 “簸箕掌”放牧方式示意

适用。一般由坡下向坡上放，或由坡上向坡下放，在田间地埂放牧，以及在比较狭窄的陡坡放牧时多采用此方法。放牧人员在山坡地边儿，观察羊群的采食情况，控制好羊群，如果是两个放牧人员，一般是在羊群的前、后各一人，如果在田间放牧，可以在羊群的左、右各一人（图5-56）。

图5-56 “一条龙”放牧方式示意

总之，放牧队形要灵活运用，在牧地上放牧的羊群不宜控制太紧，要“三分由羊，七分由人”。表 5-3 是四种放牧队形的比较。

表 5-3　四种放牧队形的比较

队形类别	队形含义	优点	缺点	适合的条件	注意事项
“一条鞭”	羊群排成“一”字形横队，放牧员挡在羊群前面	这种队形能使羊都能吃上优质草，可使羊少走路多吃草		适用于牧地宽阔平坦、植被较好、牧草分布均匀的草地。春季采用这种队形，可防止羊群“跑青”	羊群在横队里可以有3～4层，不能过密，否则后面的羊就吃不到好草
“满天星”	羊群像天上的星星一样散布在一定区域内，放牧人员在一旁监视羊群	采用这种队形，可以减少羊群的游走距离	放牧员必须勤快，认真看管，防止羊只过于分散、发生离群	适合于夏季或牧草较优良的牧场，或者是牧草稀疏不均匀的草场，如高山、地势不平的丘陵地	羊群散开的面积大小，主要取决于植被密度。如果在山区放牧，放牧员可以站在高处监视指挥，控制羊群
“簸箕掌”	放牧员站在羊群的中间挡羊，使羊群中间走得慢、两边走得快，形成簸箕掌式队形	放牧员能较好地控制羊群前进的速度		羊群缓慢行走，边走边吃，有利于羊只的采食	注意控制两边的羊行走的速度
“一条龙”	“一条龙”队形是一种纵队形式。放牧人员在山坡地边儿，观察羊群的采食	适用于在农区放牧，适合于各个季节。适合于田间地埂放牧，以及在比较狭窄的陡坡放牧	放牧人必须精心看护羊群，免得糟蹋庄稼	放牧人员在山坡地边儿，观察羊群的采食情况，有利于控制好羊群	如果牧羊人是两个人，可以一前一后，或者一左一右。如果牧羊是一个人，照看起来比较吃力

四、放牧地点的选择

不同地区和环境、不同季节，牧草的生长情况不同，牧场选择也不尽一致。因此，必须按照季节和地形特点选择牧场，以利于放牧管理。由于季节气候的变化，羊往往出现“夏壮、秋肥、冬疲、春乏”的现象。为了减少自然条件对放牧的影响，应依照当地的地势、气候、草场情况，选好牧地，增强抗灾能力。一般平原地区按照“春洼、夏岗、秋平、冬暖”的原则进行选择；山区按照“冬放阳坡、春放背、夏放岗头、秋放地”的原则进行选择。

五、四季放牧管理的技术要点

根据各种羊所适应的环境以及采食、放牧等特性，在不同的牧场、不同的季节、不同的时间应进行有计划的放牧。

1. 春季放牧管理

春季是羊一年中最困难的时期，即俗话说的“三月羊，靠倒墙”。羊只经过冬季漫长的枯草期，营养消耗大，体况消瘦，去年秋季在体内积存的营养物质几乎被消耗殆尽，还要妊娠、产羔和哺乳，身体极度虚弱，护理不当很容易出现问题。再加上春季气温极不稳定，昼夜温差大，是羊群最为乏瘦的时期，放牧不当很容易引起损失。因此，要想尽办法巧度春荒。春季气候逐渐转暖，枯草逐渐返青，所以春季是羊由补饲渐渐转向全面放牧的过渡期。由于绿草刚刚萌发，牧地看着已经青绿，可是草很矮小，羊根本啃食不上来，于是羊群便整天东奔西走地追逐青绿色的牧草而吃不饱，形成了“跑青”现象，造成羊体瘦弱。

“跑青”就是在山区春季放牧的时候，羊总是跑路，从这座山跑到那座山，又从那座山跑向更远的山，总是追赶青草。实际上自远处看是青草，但到了近处，却发现草很低。老百姓谚语说：“三月是清明，杨柳发了青。牛羊满山跑，专把小草盯。”这种现象在春季放牧时经常发生。所以，春季放牧一定要避免“跑青”现象发生，否则很容易造成羊只走很远的路，却吃不到多少草，非常容易疲劳、腹泻拉稀、瘦弱，刚刚开始放牧的羔羊和体弱的羊很容易死亡。

春季的牧场应该选择平地、川地、盆地或丘陵地及冬季没能利用的阳坡地。这些地方气候较暖，雪融化较早，牧草萌发也早。在山区，可以把羊赶到村落附近，以便防寒和积肥。总结起来，春季放牧要注意以下九个方面的问题：

① 要防止“跑青”。民间常有“放羊拦住头，放得满肚油；放羊不拦头，跑成瘦马猴”之说。羊群啃食了一冬天的枯草，到了春季，喜欢“抢青”而疲于走路，为了避免羊群“抢青”和因此而引起的腹泻，可以先在枯草地上放牧一会儿，因为阴坡的灌木丛中还有一些被积雪覆盖的树叶和杂草，而且这里温度低，青草长出来晚，能使羊安心吃草。等到羊半饱后再赶到青草地上。

② 要防止瘤胃鼓气。在豆科牧草比例较大的牧场，羊采食过多的豆科牧草，尤其是在牧草较为潮湿的情况下，往往会造成瘤胃鼓气。最好在出牧之前先饲喂少量的青草或精料，适量饮水，以防止放牧时抢食大量的豆科牧草引起鼓胀。

③ 要防止因羊贪青而引起下痢。避免吃露水草，防止吃到毒草。

④ 要注意预防寄生虫。春季羊体瘦弱，也是寄生虫繁殖滋生的适宜时期，要注意驱虫。春季除了妊娠母羊以外，羊群要集中驱虫一次。丙硫苯咪唑可驱除混合感染的多种寄生虫，阿维菌素可驱除体内、体外多种寄生虫，这两种药物都是较理想的驱虫药物。羊圈要勤垫、勤打扫，保持卫生，以便清除虫体和虫卵。

⑤ 要掌握好出牧和归牧。春天风大，早上风较小，羊能够顶住风，归牧时羊走累了，为了避免消耗体力，要尽量顺风。春季放牧要特别注意天气变化，发现天气有变坏的预兆时，要及早把羊群赶到羊圈附近或山谷地区放牧，以便风雪来临时随时躲避。根据春季气候特点，出牧宜迟，归牧宜早，中午可以不回圈，让羊多吃一些草。放牧时还要防止丢羔现象发生，如果母羊频频咩叫，很可能是丢羔了，应回去仔细寻找。也可以把羊群赶回到原来放牧的地方，通过母羊的叫声也能找回羔羊。临产母羊放牧时要注意观察，并及时照料。

⑥ 要及时补硒补镁。羔羊缺硒，易患白肌病，死亡率高；母羊缺硒易造成胎衣不下。因为硒有助于羊体对维生素 E 的利用，硒和维生

素 E 同时使用，效果更好。所以补硒常用亚硒酸钠维生素 E 注射液肌内注射，剂量为每只 0.5 ～ 1.0 mL。镁供给不足，易发生神经性震颤，即低镁血症，俗称“青草搐搦症”。春季牧草含镁量低，可用硫酸镁或醋酸镁 2 ～ 5 g 加入水中饮服。其他季节不必补镁。

⑦ 要保证饮水和补盐。一般羊每吃 1 kg 干料，需要水 2 ～ 3 kg。所以务必供给充足的清洁饮水，每天保证饮水 3 ～ 4 次。如果缺盐，羊就不爱吃草，就会掉膘，羔羊的生长就会停滞。因此，每周要补盐 2 ～ 3 次，每次每只 10 ～ 15 g，单独喂、拌料喂或加在水中喂均可，最好把食盐略炒一下，加上一些绿豆等清火解热的饲料共同磨成粉末后喂羊，这既能帮助羊消化，促进新陈代谢，增加食欲，上膘快，又便于放牧。也可以把盐砖放在盐槽中或吊在草料槽上，任其舔食。

⑧ 要及时补喂草料。春季羊的营养情况差，从冬季补饲向春季放牧转移，需要一段过渡期，每天放牧时间要延长，否则会引起腹泻等现象，并且产冬羔的母羊正在哺育羔羊，产春羔的母羊刚刚分娩或正在妊娠的后期，需要营养较多，因此除了正常放牧外，每天每只最好补喂干草 0.3 ～ 0.5 kg，使其体质健壮，顺利度过春季的枯草期。

⑨ 要注意防疫。要坚持“无病早防、有病早治、防重于治”的原则。疫苗的种类很多，要结合当地的疫情合理安排免疫接种。

总之，牧羊要掌握好“勤看、勤数、勤圈”的三勤原则。注意观察羊只，发现情况及时处理。春季放羊，牧羊人大多挡在羊的前面，压住强壮羊，迁就瘦弱羊，决不能让瘦弱羊总是追赶强壮羊，时间长了会被拖死。

2. 夏季放牧管理

夏季草木茂盛，营养价值高，要不失时机地抓好夏膘，促进羊只恢复体力，为秋、冬季满膘和配种打下基础。因为夏季气候炎热，并且低洼处闷热，蚊蝇滋生，羊不安于采食，影响抓膘，甚至会因为营养不良而推迟发情和配种。夏季一般选择高燥凉爽的山坡放牧，可以减少蚊虫的叮咬，而由于气候凉爽，牧草丰盛，羊能够安心吃草，有利于羊群放牧抓膘。中午气温高时，要防止羊“扎窝子”，应将羊赶到阴凉的场地休息或采食，也就是“晾羊”。雨后要把羊毛晒干后才能进圈，这样能预防羊病，并防止脱毛。夏季日照时间长，应尽量延长羊群早、晚放牧的时间，早出晚归，出牧宜早，归牧宜迟，中午可以不赶回圈，在最热的时候，可以选择高燥凉爽的地方，让羊群卧息，多休息一会儿，每天放牧要保证 10 h，以抓紧时机“壮伏膘”（图 5-57 ～图 5-59）。

图5–57　夏季羊群的河边放牧

图5–58　夏季羊群的山坡放牧

图 5–59　吐根堡奶山羊羊群的林边放牧

总的要求是做好以下几点：

① 要搞好驱虫。5 月中旬，母羊普遍产羔结束，可用新型驱虫药阿福丁（虫克星）驱除体内线虫及体外虱、螨、蜱、羊鼻蝇等寄生虫。50 kg 体重用阿福丁 1 小袋（5 g），拌入饲料中饲喂即可。隔 7 ～ 10 d 后再重复给药一次，两次驱虫后可不进行药浴。如果春季来不及驱虫，则在夏牧前驱虫一次。其他常用的驱虫药及每千克体重的药量为阿苯达唑 15 ～ 20 mg、左旋咪唑 8 mg、灭虫丁 0.2 mL。春季出生的羔羊，可在秋季驱虫。

② 要搞好放牧。夏季天气炎热，羊爱聚堆，吃不饱。上午要早出牧，下午可以晚一些出牧，中午多休息。一般天刚刚亮出牧，上午 10 点左右天将热前，把羊放饱收牧，下午 2 点半左右出牧，晚 7 点收牧。

中午 11 点至下午 2 点半把羊赶回圈休息，也可以让羊在凉爽高燥的山坡上卧息。午前放阳坡草质较差的牧场，午后放阴坡草质较好的牧场，傍晚前要选择草质茂嫩的牧场，采用“满天星”放牧方法，反复驱赶羊群，让羊多吃几遍“回头草”。晴天、热天要选择干燥通风的地方或在树荫处放牧，避免羊挤堆和蝇、蚊、虻的骚扰。阴雨天宜在平坦地方放牧。每天放牧前要给水、给盐，使羊登山有力，每天饮清洁水 4 ～ 6 次。不要让羊在潮湿泥泞处卧息。夏至以后，小雨时可以坚持放牧，尽量避开大雨和暴雨放牧，雨后把羊圈在山坡上，也采用“满天星”放牧方法，让风尽量吹干羊毛，以防生病。伏天要早一点选岗头、风口或上山放牧，这些地方风大，露水干得快。

③ 要晾羊。夏季在天气很热的地区，羊很容易上火发病，晾羊是十分重要的管理方法。晾羊就是把羊群赶到圈外阴凉地方休息，让羊体散发热量，保持羊只健康。收牧后如果立即把羊群赶进羊圈，因为羊跑了很长的路，感到闷热，容易得病。中午羊群到家后不要立即赶进圈，要让羊在树荫下风凉一段时间。晚上收牧后把羊赶到院子里，直到傍晚天凉了再赶进圈，也可让羊在敞圈里过夜。近些年来，许多养羊户都修建了二层小楼式羊舍，夏季楼上很风凉，羊群收牧后直接赶进即可。

④ 要做好消毒工作。

羊圈消毒：用 10% ～ 20% 石灰乳或 10% 漂白粉或 3% 来苏儿或 5% 草木灰或 10% 苯酚溶液喷洒消毒。

运动场消毒：用 3% 漂白粉或 4% 甲醛溶液或 5% 氢氧化钠溶液喷洒消毒。

门道消毒：用 2% ～ 4% 氢氧化钠或 10% 克辽林喷洒消毒，或在出入口处经常放置浸有消毒液的草垫或麻袋。

皮肤和黏膜消毒：用 70% ～ 75% 酒精或 2% ～ 5% 碘酒或 0.01% ～ 0.05% 新洁尔灭水溶液，涂擦皮肤和黏膜。

创伤消毒：用 1% ～ 3% 甲紫或 3% 过氧化钠或 0.1% ～ 0.5% 高锰酸钾溶液，冲洗污染处和化脓处。

粪便消毒：用生物热消毒法，即在离羊圈 100 m 以外的地方，把羊粪堆积起来，上面覆盖 10 cm 厚的细土，发酵 1 个月即可。

污水消毒：把污水引入污水处理池，加上漂白粉或生石灰进行处理。

⑤ 要对羊群进行药浴。常用的药液有 0.05% 辛硫磷、0.03% 林丹乳油、0.2% 消虫净、0.04% 蜱螨灵和石硫合剂浴液（取生石灰 7.5 kg、硫黄粉 12.5 kg，用水搅成糊状，加水 150 L，边煮边搅，直至煮沸至浓茶色为止，弃去沉渣，上清液为母液，给母液加 500 L 温水，即成药浴液）等。药浴的内容后面再进行详细叙述，此处不再介绍。

⑥ 要投喂夏季保健药。为了预防保健，可给羊投喂夏季保健药。例如，用天花粉 25 g、连翘 25 g、黄连 25 g、黄芩 25 g、黄柏 25 g、栀子 25 g、郁金 25 g、甘草 15 g，共研末后服用。如果有粪便干燥的羊只，可另加芒硝 10 g、大黄 25 g 和牵牛子（二丑）30 g，与上述药物一起研末服用。

3. 秋季放牧管理

秋季放牧的重点是抓好秋膘，为配种和越冬做好准备。秋季以后逐渐变凉，秋高气爽，雨水少，蚊蝇较少，牧草正值开花、结实期，营养丰富。各种植物的籽实逐渐成熟，籽实饱满，正是“立秋之后抢秋膘，吃上草籽顶好料”的大好季节，羊吃了含脂肪多、热能多、易消化的鲜嫩牧草和籽实后，能在体内积存脂肪，促进上膘，为越冬和度春打好基础。秋季也是母羊配种的大好季节。此时，放牧的羊群应该从高山牧场向低处转移，可以选择牧草丰盛的山腰和山脚地带放牧。

经过夏季放牧以后，羊的体况明显恢复，精力旺盛，营养比较好，应尽量利用距离比较远的牧地，活动量可以大一些。要充分利用农作物收获后的茬地放牧，茬地利用时间虽然短，但收过庄稼的田里往往遗留少量的粮食，所以要抢好茬地，拣干净田间谷粒等残留的粮食粒儿。这时放羊要松一些，不要圈得太紧，也就是常说的“九月九大撒手”，这对于羊群增加营养大有好处。秋季已经有早霜，羊群最好晚出晚归，中午继续放牧。总的要求是做到以下几点：

① 适当延长放牧时间。初秋早、晚凉爽，中午热，要晚出牧，尤其有霜雪的天气，更要晚收牧，适当延长放牧时间，同时应坚持中午避暑。每天坚持饮井水或泉水 2 次，防止饮空肚水。晚秋放牧还要注意保暖，尤其是山区，应当到牧草长势较好的向阳坡地放牧。尽量少走路、多吃草。放牧时，先放阴坡后放阳坡，先放沟底后放高坡，先放低草后放高草。瘦弱羊要单独组群，放牧在草多的牧地，并及时补喂精料。

② 做到“四稳”。即出入圈门稳、放牧稳、归牧稳、饮水喂料稳，要严防拥挤造成妊娠母羊流产。还要做好越冬准备工作，羊舍要修整，露天圈要搭棚草、棚杆等保暖设施。

③“啖盐”。每隔 10 d 喂 1 次盐，每只羊每天 10 g。啖盐时要先饮水，防止妊娠母羊喂盐后饮水过量造成“水顶胎”而发生流产。

④ 做好配种工作。秋季母羊膘情好，发情正常，排卵多，易受胎，有利于胎儿发育，要抓好母羊配种，以提高受胎率和产羔率。一般秋季配种，春季产羔，以 8 ～ 9 月份配种为宜，来年 2 月产羔，这样母羊产后就能很快吃上青草，羔羊发育良好。

⑤ 做好防疫工作。秋季是羊各种疾病多发和流行的高峰季节。因此，秋季应用左旋咪唑、阿苯达唑或丙苯咪唑对羊群进行一次体内驱虫，同时注射有关羊用疫（菌）苗以预防传染病发生。保持羊舍内干燥清洁，勤清理羊舍内的饲料残渣、残草及粪尿。定期用百毒杀或 2% 福尔马林溶液对圈舍消毒。经常刷拭羊体，促进血液循环，增强抗病能力。秋季尤其要防止羊吃到较多的再生青草及高粱和玉米的二茬苗，防止氢氰酸中毒。

4. 冬季放牧管理

冬季放牧的主要任务是保膘，防流产和保胎。冬季气候寒冷，风雪频繁，地面冻结，草枯叶干，树木凋零，饲料减少。应选择地势较低和山峦环抱的向阳平坦地区放牧，不要走得过远。冬季注意勤运动，多晒太阳，除了风雪天都要外出放牧，锻炼羊只耐寒能力。冬季牧草枯萎，营养价值又比较低，草场常感到不足，应尽量节约牧地。应先远后近，先阴后阳，先高后低，先沟后平，晚出晚归，慢走慢游。冬季要适当补饲，但不可骤然改变，以免引起便秘或腹泻。冬季放羊可以采取顶风放顺风归，让羊走暖和以后再吃草，注意保证饮水。同时要保持圈舍温度，降低维持需要，尽量使羊有一个舒适的生活环境。冬季放牧要注意以下几点：

① 提前检修圈舍。冬季北方地区气候寒冷、干燥，常常出现寒流，此时最容易诱发羊呼吸道和消化道疾病。所以要堵死墙壁裂缝，防止贼风侵袭；门口挂上草帘子，开放或半开放的圈舍，最好盖上塑料薄膜，以提高舍内的温度。羊舍的温度应保持在 0 ℃以上。凌晨，如果发现羔羊卧在大羊身上或扎堆，表明舍内温度低。羔羊舍要安装取暖设备。

② 防止料水结冰。最好喂给干料、温水，井水可以放在室内预温；喂给粥料时，要尽量加热喂给；各种饲料都要防止结冰；严寒季节，青贮饲料最好在中午时间喂给。

③ 重视消毒工作。门口的消毒池要保持足够的液面深度，也可以将麻袋片浸足消毒液，铺在消毒池内，进出的人员、车辆、用具都必须在消毒池内走过。

④ 注意舍内通风。在做好保暖的同时，很多养羊户往往忽略了舍内的通风管理，这也很容易导致疫病的流行。封闭良好的圈舍，每天都应有 2 ～ 3 h 的通风时间，可以在 13:00 ～ 15:00 打开前窗和门口的草帘子散气。

⑤ 合理放牧饲养。冬季放牧要选择避风向阳、地势高燥的阳坡地、低凹处。初冬，一部分牧草还未枯死，这时要抓紧放牧，迟放早归，注意抓住晴天中午暖和的时间放牧，让羊尽量多采食，但不要让羊吃到霜冻的草和喝冰水，这段时间若羊不能吃饱，回栏后要进行补饲。

⑥ 精心舍饲。冬季气候寒冷，羊体热消耗大，加上绝大多数母羊处于妊娠阶段，所以要特别注意加强饲养管理，除了保证羊的青干草和秸秆类饲料外，还要给羊补充一部分黄豆、玉米、麦麸等精饲料，并注意羊舍干燥保暖，使羊不掉膘或少掉膘。

⑦ 抓好保胎。冬季绝大多数母羊处于妊娠期，公、母羊要分开饲养，放牧时不要让妊娠母羊吃到霜冻和有冰雪的草，防止因打架、冲撞、挤压、跌倒而引起流产。多给母羊喂精饲料和加盐的温水，并注意抓好空怀母羊的配种工作，以增加经济效益。

⑧ 抓好栏舍卫生和疫病防治。羊厌恶潮湿，怕贼风。所以冬季栏舍要避风、干燥，要随时保证羊体表的清洁卫生，同时要抓好防病灭病工作，对粪便进行生物热处理，搞好羊疾病的防治和驱虫工作，特别抓好羊痢疾、大肠杆菌病、羊链球菌病、羊感冒等病的防治，并经常用驱虫药对羊进行预防性驱虫，冬季驱虫效果好，驱除的虫体排到外界后，在寒冷的冬季，幼虫和虫卵会被冻死，这样驱虫就比较彻底、干净。要确保羊体健壮，安全度过寒冬季节。

⑨ 进行整群。对于老弱羊和营养太差的羊进行适当淘汰，重新组群。进入冬季有必要进行一次修蹄，修理畸形蹄和过长蹄，利于冬季登山扒雪寻食。

六、放牧注意事项

总的来说，归纳起来，放牧饲养时都要注意下列一些问题：

（1）严防扎堆　夏季炎热，羊（主要是绵羊）易互相挤成一团，一些羊钻到另一些羊的腹下，不食不动，影响采食抓膘，甚至使中间的羊窒息而死。出现扎堆现象时，必须及时驱散。

（2）防毒草　在山区放牧时，牧场上往往有好多毒草混生在牧草中，毒草大多生长在潮湿的阴坡上，放牧时应多加注意。尤其是刚刚开始跟群上山放牧的育成羊，对于毒草的分辨能力差，很容易发生食入毒草的事件。藜芦、狼毒、毒芹、白头翁等均为有毒植物。

（3）饮水和啖盐　若饮水不足，羊的增膘、繁殖、生长、泌乳等都会受到影响，严重缺水会危及生命。每天最少饮水 2 次，夏季要增加饮水的次数。可以利用河流、泉水和井水。但水质要清洁，避免饮沟塘、死坑子的水。

啖盐不仅能补充羊体内的钠、氯等元素，而且可增加食欲和饮水量。日粮中盐的量，大羊应该在 8 ～ 15 g，小羊 3 ～ 5 g，种公羊、妊娠母羊、哺乳母羊的量要在 15 ～ 20 g。喂盐的方法：一是把粉碎的盐混在精料中喂；二是将大粒盐放在盐槽中，让羊自由舔食；三是在羊舍吊挂盐砖，让羊自由舔食。

（4）多吃少消耗　要想羊放得膘满肉肥，就必须想尽办法让羊多吃草、少走路。摄取营养多、消耗少才能膘肥体壮。

七、处理好林牧关系

羊属于食草动物，尤其山羊喜欢采食青草、树叶和啃食嫩枝条，对树木有一定的损害（尤其是幼树），与林业发展发生冲突，解决的方法有：

（1）统一规划林地、牧地，定期互换　在山区划出一定的林地和牧地。林地实行封山育林，牧地放羊，等到林地的树木长大，不至于被羊破坏时（一般约需要 5 年），再开坡放牧。同时把牧地转为林地，实行封山育林。

（2）建立和完善养羊护林措施　对幼龄羊去角；对树干涂抹白灰、沥青；放牧羊群时，不要进入林地；训练羊改掉啃树的坏习惯；选择无角品种的羊进行养殖。

（3）育林养羊相互协调　果树地区要远离牧区；采取快速育林措施；划片造速成林，缩短林牧地轮换时间。

第七节　放牧羊的饲养管理技术

一、种公羊的引进和饲养管理

俗话说：“母羊好，好一窝，公羊好，好一坡。”因此，种公羊对于羊群品质的提高和改良有极其重要的作用，其饲养的好坏对羊群影响很大。所以，必须合理地饲养种公羊，使其保持健壮的体魄、充沛的精力、较强的性欲、良好的配种能力、优良的精液品质和较长的利用年限。但不要过肥，过肥多半是由于饲养不当和缺乏运动造成的，这会引起公羊配种能力下降，精液品质下降。

种公羊的饲养管理，包括配种期和非配种期。无论哪个时期都应该保持中等以上的体况。种公羊的饲料要求营养价值高，日粮必须含有丰富的蛋白质、维生素和无机盐，特别是维生素 A、维生素 D 等。蛋白质能影响种公羊的性机能，饲喂含蛋白质的饲料，能使种公羊的性机能旺盛，精液品质良好，母羊的受胎率提高；钙、磷等元素是形成精液所必需的，故在配种期常常给种公羊补饲牛奶、鸡蛋、骨粉等。饲养最好是放牧和舍饲相结合的方式，在青草期以放牧为主，在枯草期以舍饲为主。在饲养上应做到：第一，保证饲料的多样性。精、粗饲料搭配合理，保持较高的能量和蛋白质水平，同时满足维生素和矿物质的需要。精饲料有玉米、高粱、豆饼、麦麸、黄豆、豌豆等。第二，必须有适度的放牧和运动时间，以提高精子的活力，并防止过肥。

1. 配种期的饲养

配种期种公羊最消耗营养和体力。种公羊的配种期一般也就 2 个月，此时种公羊的日粮营养要全价，特别是蛋白质不仅要充足，而且质量要好，日粮适口性要好，以保证种公羊的性欲旺盛，射精量多，精子的活力强、密度大，使母羊的受胎率高。精料量每日 0.7 ～ 0.8 kg，鸡蛋 2 ～ 3 个，骨粉 10 g，食盐 15 g。配种期种公羊不爱吃草，可以喂一些适口性较好、营养价值较高的白薯秧、花生秧、榆树叶等。在配种前 1.5 ～ 2 个月，应逐渐调整种公羊的日粮，增加混合精料的比例，同时进行精液品质检查，对于精液稀薄的公羊，应增加蛋白质饲料的比例，当精子活力差时，应加强公羊的放牧和运动。

2. 非配种期的饲养

非配种期的持续时间较长，将近 10 个月时间。这时虽无配种任务，但它直接关系到种公羊全年的膘情以及配种期的配种能力和精液品质。因此，在非配种期，一定要坚持“放牧为主、补饲为辅”的原则。配种结束后，种公羊的体况都有不同程度的下降，为了使体况很快恢复，在配种结束的 1.5 ～ 2 个月，种公羊的日粮应与配种期保持一致。然后根据体况恢复情况，逐渐转为非配种期的日粮。在冬、春季节（11 月份至第二年 5 月份），牧草枯萎，放牧时间短，采食量低，很难满足种公羊的营养需要，应进行较高营养水平的补饲。每天每只应供应混合精料 0.75 ～ 1.25 kg，玉米秸秆等自由采食。具体补饲数量可以根据种公羊的体况来定。

3. 种公羊的管理

种公羊最好有专人饲养，以便熟悉其特性。对待种公羊要耐心，严禁粗暴，以便建立条件反射和增进人羊感情。

种公羊舍要通风、干燥、向阳、环境安静，并远离母羊舍，以减少发情母羊的干扰。种公羊要单独饲养，以避免相互爬跨和打架消耗体力甚至致伤。一定要使其保持充沛的精力和旺盛的性欲。单栏圈养的面积要求 1 ～ 1.2 m^2，配种前期要加强运动，提前优饲。每日要保证 3 ～ 5 km 的运动量，并做到“三定”，即定时间、定距离、定强度。在非配种季节，每天要保证 6 ～ 8 h 放牧。要经常观察种公羊羊的采食、饮水、运动以及排粪、排尿情况。

青年公羊一般在 4 ～ 6 月龄性成熟，早熟品种 6 ～ 8 月龄体成熟，晚熟品种 1 ～ 1.5 岁体成熟。只有体成熟后才可以参加配种。对于小公羊要及时检查生殖器官，如果有小睾丸、短阴茎、隐睾、独睾、附睾不明显、公羊母相的，都要予以淘汰。

种公羊配种要适度，以每天 1 ～ 2 次为宜，旺季可每天配种 3 ～ 4 次，但要注意连续配种 2 d 后要休息 1 d。要经常给种公羊刷拭体表，一般每天 1 次。定期修蹄，一般每季度 1 次。

二、繁殖母羊的饲养管理

繁殖母羊的饲养管理分空怀期和妊娠期两个阶段。在母羊繁殖期间，饲料的种类要多样化，日粮的浓度和体积要符合羊的生理特点，并注意维生素 A、维生素 D 及矿物质铁、锌、锰、钴、硒等的补充，使羊保持正常的繁殖机能，减少空怀和流产现象的发生。

1. 空怀期的饲养管理

空怀期是指从羔羊断奶至下一次配种前 1 ～ 2 个月这段时间。空怀期母羊不妊娠、不泌乳，无负担，因此往往被忽视。其实此时母羊的营养状况直接影响发情、排卵及受孕情况。营养好、体况好，则母羊排卵数多。因此加强空怀期母羊的饲养管理，特别是配种前期的管理对于提高母羊的繁殖力十分关键。

母羊空怀期因产羔季节不同而不同。产冬羔的母羊一般 5 ～ 7 月份为空怀期；产春羔的母羊 8 ～ 10 月份为空怀期。该阶段的母羊饲养任务是使其尽快恢复中等以上体况，以利于配种。根据多年的饲养经验，中等以上体况的母羊第 1 期受胎率可以达到 80% ～ 85%，而体况差的只有 65% ～ 75%。因此应根据哺乳母羊的体况进行适当的补饲，并做好羔羊的适时断奶。在配种前的一个半月，应加强繁殖母羊的饲料营养，选择牧草丰盛且营养丰富的牧地放牧，延长放牧时间，使母羊尽可能多采食优质牧草，尽快恢复体况，促进发情，提高受胎率和双羔率。对体况较差的母羊可通过补饲来调整体况，每天可补给优质干草 1 ～ 1.5 kg，青贮饲料 1.5 kg，精饲料 0.3 ～ 0.5 kg，并补给适量的羊用复合维生素及矿物质添加剂，力求羊群膘情一致，发情集中，便于配种和产羔。

2. 妊娠期的饲养管理

母羊妊娠期（约为 5 个月）可分为 3 个阶段：前 2 个月为妊娠前期，第 3 个月为妊娠中期，最后 2 个月为妊娠后期。只有改善母羊妊娠期的饲养管理，才能提高后代的生产力，产更多的肉、毛、绒等，产更多更健康的羔羊。

（1）妊娠前期　此期胎儿发育较慢，又处在牧草、籽实成熟的时间（秋季配种），放牧即可满足其营养需要，或稍加补饲即可。随着天气渐渐寒冷，水凉草枯，胎儿生长速度逐渐加快，每天要补饲优质干草 1.5 ～ 2.0 kg，并需补饲精料 0.2 kg。

（2）妊娠中期　要求不太严格，原则上与妊娠前期一致。

（3）妊娠后期　妊娠后期母羊除了维持自身的营养需要外，还要供给胎儿所需的营养物质。羔羊出生时体重的 80% ～ 90% 是在妊娠后期形成的。母羊妊娠后期热能代谢比空怀期高 60% ～ 80%，可消化粗蛋白需要量提高 150%，钙和磷需要量提高 1 ～ 2 倍。妊娠后期精料补充量每天为 0.3 ～ 0.4 kg，优质干草 2.5 kg，有条件的可补喂胡萝卜等块根块茎类饲料 0.3 ～ 0.5 kg。

妊娠期母羊不能吃腐败、发霉和冰冻的饲料，也不能给过多的容易在胃中引起发酵的饲料。放牧时应避开霜和冷露，早上出牧晚一些，最好饮温水，不许驱赶羊，出入羊舍切忌拥挤，羊舍不应潮湿，不应有贼风。母羊在临产前 1 周左右，不得远牧，应在羊舍附近做适量运动，以便分娩时能及时回到羊舍。

三、哺乳期母羊的饲养管理

1. 管理

具体内容可参考本书第三章第五节相关内容。

2. 饲养

母羊产羔后即开始哺育羔羊。母羊哺乳羔羊时间常规为 3 ～ 4 个月，如果羔羊育肥也有提前到 1 月龄进行早期断奶的。此期可分为哺乳前期（前 1.5 ～ 2 个月）和哺乳后期（后 1.5 ～ 2 个月）。

（1）哺乳前期　母羊产羔后，最初几天主要采用舍饲方式，尽量减少放牧，让母仔在一起，让母羊精心抚育羔羊。饲料以优质嫩草、干草为主，同时喂米汤，让其自由饮用，并根据膘情灵活补饲煮熟的豆腐渣、豆浆等，每天 0.5 kg 左右。

产后 4 ～ 7 d，每日可喂麸皮 0.1 ～ 0.2 kg，青贮饲料 0.3 kg。

产后 7 ～ 10 d，每日喂混合精料 0.2 ～ 0.3 kg，青贮饲料 0.5 kg。

产羔 15 d 以后，逐渐恢复到正常的饲养标准。

要注意的是，首先保证优质青干草任母羊自由采食，但精料和多汁饲料的喂量要逐渐地由少到多，缓慢增加，不能操之过急，否则会影响母羊体质和生殖器官的恢复，还容易发生消化不良等胃肠疾病，轻者影响本胎次的产奶量，重者影响终生的生产性能。哺乳前期单靠放牧无法满足母羊泌乳的需要，因此，必须补饲草料。对于膘情好、乳房膨胀过大者，饲喂应以优质青干草为主，不喂青绿多汁饲料，控制饮水，少给精料，以免加重消化障碍和乳房肿胀；对于体况较瘦、消化力弱、食欲缺乏和乳房肿胀者，可适当补喂一些含淀粉的薯类饲料，多进行舍外运动，以增强体力。

（2）哺乳后期　母羊产羔后 1 个月，其泌乳量达到高峰，2 个月后逐渐下降。这时母羊的食欲较旺盛，饲料的利用率高，每天除了饲喂相当于自身体重 2% ～ 4% 的优质干草外，还应尽量多喂一些青贮、青草、块根块茎类多汁饲料。要定时定量，少给勤添。后期每天除了逐渐减少精料以外，应尽量供应优质青干草和青绿多汁饲料，有利于自身和羔羊的生长。

总之，母羊补饲的重点在哺乳前期。哺乳前期羔羊的生长发育主要依靠母乳，如果母乳充足，羔羊生长发育就快，抵抗疾病的能力也强，成活率也高。此时，一定要供给母羊丰富而又完善的营养，特别是蛋白质和无机盐。单羔母羊每天补精料 0.3 ～ 0.4 kg，双羔母羊每天补精料 0.4 ～ 0.6 kg。随着羔羊开始采食草料，母羊的营养标准可逐步降低。哺乳后期，母羊泌乳量下降，而羔羊已具有采食饲料的能力，不再完全依赖母乳了。

四、羔羊的饲养管理

羔羊是羊一生之中生长发育强度最大的一个阶段，也是肌肉和骨骼发育最快的阶段。若母乳不足或补饲不当，不仅会影响其发育和体质，还会影响其一生的生产能力，因此必须加强羔羊的培育。羔羊出生后一定要吃好初乳。羔羊的饲养管理分为初乳期、常乳期和奶、草过渡期 3 个阶段。

1. 初乳期的饲养管理

初乳期是指出生的前 7 d。此期要让羔羊吃好初乳。母羊产后 1 ～ 7 d 内分泌的乳汁称为初乳，其中的干物质含量多，营养价值高，所含的蛋白质（17% ～ 23%）、脂肪（9% ～ 16%）、维生素、无机盐不仅丰富，而且易于消化吸收。初乳中还含有免疫球蛋白，可提高羔羊的抗病力；含有镁盐，利于胎粪的排出。羔羊吃好初乳，对早期的生长发育有重要作用。羔羊出生后几乎每隔 2 h 就要吃奶 1 次，以后逐渐减少。所以产羔后应将母羊和羔羊放在一起饲养，给羔羊充足的吃奶机会，几天后可把羔羊圈在羊圈内，母羊在圈舍附近放牧，中间回来给羔羊喂奶（图 5-60）。

图5-60　盼望妈妈归来的羔羊群

加强母仔护理，羔羊栏舍要干燥、清洁、通风，要冬暖、夏凉。寒冬季节要在羊栏里垫上棉絮、稻草或放置保温板，防止羔羊受冻。但不能在羊舍内燃火升温，以免羔羊受到烟熏而患肺炎。

2. 常乳期的饲养管理

常乳期一般是指羔羊在 7 ～ 60 日龄这段时间。在这个阶段母乳是羔羊的主要食物，辅以少量草料。对于缺乳、少乳的羔羊可采取找保姆羊或人工喂养的方式来解决。保姆羊可以用奶山羊或产期相近、奶水好的产单羔母羊或产死胎母羊或死羔母羊来代替。人工喂养可以用羊奶、牛奶或奶粉、豆浆、鸡蛋等，但必须做到定时、定量、定温和干净清洁卫生。

羔羊出生后 7 ～ 10 d，即可让羔羊到羊舍外运动场运动、游戏和晒太阳，以增强体质，促进生长，减少疾病。这样既能保持羊圈的干燥、清洁、卫生，又能锻炼羔羊的体质，增加采食量。羔羊到 20 日龄时，在天气暖和无风时可驱赶到羊舍附近的草地上放牧、运动。随着羔羊日龄的增长，可以逐渐延长放牧时间和放牧距离。但不要在低洼地、潮湿草场放牧，应选择干燥、向阳背风、灌木较稀的地方放牧。

3. 奶、草过渡期的饲养管理

奶、草过渡期多指 2 月龄到断奶这段时间。这时以采食为主，哺乳为辅。羔羊能采食饲料后，要求饲料要多样化。初生羔羊的前 3 个胃不发达，不能反刍，没有消化粗纤维的能力，只能靠母乳。当羔羊日龄达到 15 ～ 20 d 时，就要开始训练其吃嫩绿的树叶、青草和青干草，以促进羔羊胃肠发育。方法是：在羊圈内吊挂草把，任羔羊自由采食，混合精料炒后粉碎，放在食槽内，或与切碎的青干草等混合搅拌。羔羊的饲喂量见表 5-4。

表5–4　羔羊的饲喂量

月龄	补料(日喂量)
20日龄	20～30 g精料
1月龄	精料50～75 g, 优质干草75～100 g
1～2月龄	精料75～100 g, 优质干草100～200 g
3～4月龄	精料125～150 g, 干草200～250 g, 青贮100～150 g

精料的种类要多样化，最好能制成配合料，含量为玉米面45%～50%、豆饼30%～35%、麦麸10%～15%，其他如小米等5%～10%。若无条件时，也尽量能有3种以上的精饲料，并轮换饲喂。

应备有优质青干草、豆秸秆（大豆、小豆、绿豆的细嫩秸秆）等粗饲料，以及青绿多汁饲料和优质青贮等，再配合精饲料和胡萝卜丝混喂，这样饲料的适口性好，羔羊十分喜欢吃。若喂给羔羊白薯粉渣，喂量不能过多（30～40 g以内），否则会引起羔羊下痢，诱发消化道疾病。

放牧期羔羊容易感染寄生虫。对此应早发现，早治疗。体表寄生虫主要有蜱和虱子，最好的治疗办法是药浴。体内寄生虫以绦虫和消化道线虫易发，治疗的首选药物是丙硫苯咪唑或左旋咪唑，也可以用伊维菌素或阿维菌素等。

羔羊一般3～4月龄断奶，也有的在1月龄早期断奶。早期断奶对母羊的繁殖、体况的恢复和下一次妊娠有好处，但对于羔羊必须供给优质的代乳料。

五、羔羊早期育肥技术

羔羊早期育肥技术包括早期断奶羔羊强度育肥和哺乳羔羊育肥两种。

1. 早期断奶羔羊强度育肥

这种育肥方法是在羔羊45～60日龄断奶，然后采用全精料舍饲育肥。这种育肥方法羔羊日增重能达300 g左右，料肉比约为3∶1。当120～150日龄，活重达到25～35 kg时屠宰上市。

（1）早期断奶羔羊强度育肥的特点　利用早期生长发育快，消化方式与单胃家畜相似的特点，给羔羊补饲固体饲料，能获得较高的屠宰率，饲料报酬和日增重也比较高。此外，全精料育肥只喂给各种精料，不喂粗饲料，使得管理简化。但这种育肥方法也有缺点，即胴体偏小，生产规模受羔羊来源限制，精料比例大，成本较高，较难推广。

（2）育肥前准备

① 羊舍准备。育肥羊舍应该通风良好、地面干燥、清洁卫生、夏挡强光、冬避风雪。圈舍地面上可铺上少量垫草。羊舍面积按照每只羔羊 0.75 ～ 0.95 m^2 计算。饲槽的长度应与羊的数量相称，每只羔羊 23 ～ 30 cm，避免因为饲槽长度不足而造成羔羊拥挤、进食不匀，从而影响育肥效果。

② 隔栏补饲。羔羊断奶前半个月实行隔栏补饲，或在早、晚的一定时间将羔羊与母羊分开，让羔羊在一个专用圈舍内活动，活动区内放有精料槽和饮水器，其余时间让母仔在一起。

③ 做好疫病预防。育肥羔羊常患羊肠毒血症和出血性败血症。羊肠毒血症疫苗可在产羔前给母羊注射，或给羔羊在断奶前注射。一般情况下，也可以在育肥开始前给羔羊注射羊快疫、羊猝疽、羊肠毒血症三联苗。

（3）育肥日粮　由于早期断奶时羔羊对粗饲料的消化能力差，应以全精料型饲料饲喂，要求高能量、高蛋白质，并添加维生素和微量元素添加剂预混料，易消化，适口性要好。高能量饲料最好选玉米。谷物类饲料不需要破碎，不破碎的饲喂效果要优于破碎的谷粒。一例饲料配方为：整粒玉米 83%，黄豆饼 15%，石灰石粉 1.4%，食盐 0.5%，维生素和微量元素 0.1%。其中维生素和微量元素的添加量按每千克饲料计算为：维生素 A、维生素 D、维生素 E 分别为 500 IU、1000 IU、20 IU，硫酸锌 150 mg，硫酸锰 80 mg，氧化镁 200 mg，硫酸钴 5 mg，碘酸钾 1 mg。

（4）育肥期日粮饲喂及饮水要求　饲喂方式采用自由采食、自由饮水。饲料投喂最好采用自动料槽，以防羔羊四肢踏入槽内，造成饲料污染；饲草距离地面的高度要适宜；饮水器或水槽内始终有清洁的饮水。

（5）关键技术

① 早期断奶。集约化生产要求全进全出，羔羊进入育肥圈时的体

重大致相似。如果差异较大，不便于管理，影响育肥效果。因此，除了采取同期发情诱导产羔之外，早期断奶是主要措施之一。一般羔羊到8周龄时断奶比较合理。对羔羊实行早期断奶，可以缩短育肥进程。

② 营养调控技术。如果饲料中精料过多，就缺乏饱感，一般精、粗饲料比以 8∶2 为宜。同时，应大力推行颗粒饲料。因为颗粒饲料体积小，营养密度大，适口性好，非常适合饲养羔羊。在开展早期断奶强度育肥时，都应采用颗粒饲料。如果单纯依靠精饲料，既不经济，又不符合羊的生理特点。日粮中必须有一定比例的干草，一般占饲料总量的 30% ～ 60%，以苜蓿干草较好。

③ 适时出栏。出栏时间与品种、饲料、育肥方法等有直接关系。大型肉用品种 3 月龄出栏，体重可达 35 kg；小型肉用品种相对差一些。再就是，断奶体重与出栏体重有一定的相关性，断奶时体重大，出栏时体重也大。因此，在饲养上应设法提高断奶体重，这样就可以增大出栏活重。

（6）注意事项

① 断奶前补饲的饲料应与断奶育肥饲料相同。玉米粒在刚补饲时稍加破碎，待习惯后则喂整粒玉米。羔羊在采食整粒玉米的初期，有吐出玉米粒的情况，这属于正常现象，不影响育肥效果。随着羔羊日龄的增加，吐玉米粒的现象会逐渐消失。

② 羔羊断奶后的育肥全期都不要变更饲料配方。如果改用其他饼类饲料代替豆饼，可能会导致日粮中钙、磷比例失调，应注意预防尿结石。

③ 羔羊对温度变化比较敏感，如果遇到天气变化或阴雨天，可能出现拉稀现象，所以羔羊的防雨和保温极为重要。正常情况下，羔羊粪便呈团状、黄色，粪便内无玉米粒。

④ 做好断奶前母羊的补饲。保证断奶前母羊体壮奶足，是提高羔羊育肥效果的重要技术措施。

2. 哺乳羔羊育肥

（1）哺乳羔羊育肥特点　哺乳羔羊育肥基本上以舍饲为主，但不属于强度育肥。羔羊不提前断奶，只是提高隔栏补饲水平，到断奶时，从大群中挑出达到屠宰体重的羔羊（25 ～ 27 kg）出栏上市。达不到者，断奶后仍可转入一般羊群继续饲养。羔羊育肥过程中不断奶，保留原有的母仔对，减少了因断奶而引起的应激反应，有利于羔羊的稳定生长。

（2）哺乳羔羊育肥的要点

① 饲养方法。以舍饲育肥为主，母仔同时加强补饲。母羊哺乳期间每天喂给足量的优质豆科牧草，另外加 500 g 精料，目的是使母羊的泌乳量增加；羔羊应及早隔栏补饲，且越早越好。

② 饲料配制。整粒玉米 75%，黄豆饼 18%，麸皮 5%，沸石粉 1.4%，食盐 0.5%，维生素和微量元素 0.1%。其中维生素和微量元素的添加量按每千克饲料计算：维生素 A、维生素 D、维生素 E 分别为 5000 IU、1000 IU 和 200 mg，硫酸钴 3 mg，碘酸钾 1 mg，亚硒酸钠 1 mg。每天喂两次，每次喂量以 20 min 内吃净为宜。羔羊自由采食苜蓿干草。

③ 适时出栏。经过 30 d 育肥，到 4 月龄时止，挑出羔羊群中体重达到 25 kg 以上的羔羊出栏上市。剩余的羊只断奶后再转入舍饲肥育群，进行短期强度育肥；不作育肥用的羔羊，可以优先转入繁殖群饲养。

六、育成公、母羊（青年羊）的饲养管理

育成羊是指 4 月龄断奶后至 18 月龄这个年龄段的幼羊，也就是从断奶到配种之前的羊，这样的羊也叫青年羊。这个阶段是羊骨骼和器官充分发育的时期，饲养是否合理，对生长发育速度和体形结构起着决定性作用。如果饲养管理不当，就会影响其一生的生产性能，如会出现体狭而浅、体重小、剪毛量低等问题。给予优质的饲草饲料和充分的运动是培育育成羊的关键，可以使羊胸部宽广、心肺发达、体质强壮（图 5-61）。

图5-61　绒山羊的育成羊

这个阶段半放牧半舍饲是培育育成羊（青年羊）最为理想的饲养方式。预期增重是育成羊（青年羊）发育完善程度的标志，按月固定抽测体重，借以检查全群的发育情况。称重需要在早晨未饲喂或未出牧前进行。羔羊断奶后的前4个月生长发育较快，8月龄以后生长强度逐渐下降。根据育成羊的生长发育状况，育成羊分为育成前期（4～8月龄）和育成后期（9～18月龄）两个阶段。

1. 育成前期（4～8月龄）

育成前期的日粮以精料为主，结合放牧或补饲优质干草和青绿多汁饲料，日量的粗饲料量以15%～20%为宜。有条件的每天每只可补饲混合精料0.25～0.4 kg。每天早晨在放牧前应以全天供给精料量的一半进行饲喂，同时补给一些胡萝卜条、萝卜条、地瓜丝等青绿多汁饲料。放牧应该就近，中途让羊回来饮水。由于育成羊刚刚开始随着羊群放牧，刚接触青草，对于各种草的识别能力比较差，容易发生食入毒草中毒事件，放牧的时候一定要注意。另外，放牧要逐渐由近到远，逐步锻炼。晚上归牧后，先饮水，然后将另一半精料补饲给育成羊。同时要在羊槽内放一些嫩草或优质干草，让其自由采食。

2. 育成后期（9 ～ 18 月龄）

此阶段以放牧为主，尽量让羊多采食。同时适当补充一些混合精料和优质干草。此期虽然小公羊、小母羊有发情表现，也能妊娠，但由于尚未达到体成熟，若让其配种则容易发生流产、死胎、难产等现象，同时妊娠过早将会影响其一生的生产性能。

3. 育成羊（青年羊）的育肥及育肥添加剂

育成羊（青年羊）育肥前应按品种、性别、年龄、体况、大小、强弱合理分群。整群驱虫，公羊去势。在育肥期如果进行舍饲，应保持有一定的活动场地，每只羊占用的面积为 0.75 ～ 0.95 m^2。饲喂时避免拥挤、争食。饲槽的长度要与羊只的数目相称，每只羊应有 25 ～ 40 cm，自动食槽可适当缩短。投喂量不要过多，以吃完不剩下为最好。适合于肉羊育肥的添加剂有：

（1）喹乙醇　喹乙醇又称倍育诺、快育灵，是一种合成抗菌剂，也是国内外目前广泛使用的抗菌促生长添加剂。喹乙醇能影响机体代谢，促进蛋白质同化作用，毒性极低，按照剂量使用很安全，副作用小。用法是：均匀地混合在饲料中饲喂，羔羊每千克日粮干物质添加 50 ～ 80 mg，6 月龄以上也可每只羊每天喂 25 mg。停药期为 28 d。

（2）莫能菌素钠　莫能菌素钠又叫莫能菌素、瘤胃素，为白色或类白色结晶，有特殊臭味，稳定性好，保存期长。每千克日粮添加 25 ～ 30 mg，最开始时喂量应该少些，以后再逐渐增加到规定的剂量。据试验结果，舍饲绵羊饲喂莫能菌素钠，日增重比对比组提高 35%，饲料转化率提高 27%。

（3）腐殖酸钠　本品是黑色粉剂，是促进羔羊生长的有效生长剂。使用方法是每只羊每天 4 g，拌入少量的精料中喂给。

（4）畜禽旺　畜禽旺饲料添加剂，也是氟中毒的防治药物，对绵羊、山羊都具有良好的营养作用，能够抗氟和提高羊的生长性能。其用法是：按照剂量每只羊每天 3 ～ 5 g，投入饮水中饮服。

（5）羊育肥复合添加剂　羊育肥复合添加剂有很多种，一般由微量元素、瘤胃代谢调节剂、生长促进剂以及抑制有害微生物的物质组成，适合于生长和育肥。一般是每天每只羊 2.5 ～ 3.3 g，与精料或饲料混合均匀饲喂。产品效果因其质量不同而有差异。一般用于当年羯羊、淘汰的公羊和老弱成年羊，育肥 90 d，放牧并补饲精料、混合料，平均日增重为 136 g。

（6）杆菌肽锌　杆菌肽锌是抑菌生长剂，对畜禽都有促生长作用，有利于养分在肠道内的消化吸收，提高饲料利用率，增加体重。羔羊用量为每千克混合料中添加 10 ～ 20 mg（42 万～ 84 万 IU），在料中混合均匀后饲喂。

（7）磷酸脲　磷酸脲是一种新型、安全、有效的非蛋白氮添加剂，可以为反刍家畜补充氮、磷，可在瘤胃中合成微生物蛋白质。磷酸脲在瘤胃内水解速度显著低于尿素，能促进羊的生理代谢及其对氮、磷、钙的吸收利用。平均体重为 14.5 kg 的育成羊，每只羊每日添加 10 g 磷酸脲，日增重平均可提高 26.7%。

（8）复合尿素舔块　复合尿素舔块是由尿素 20%、食盐 10%、磷铵 5%、硫铵 5%、黏土 60%、水适量加工而成，每日分次让羊自由舔食。

（9）矿物质添加剂　矿物质添加剂的添加量一般是每 10 只羊每天按照以下矿物质的量添加：硫酸铜 196.5 mg、氯化钴 20.2 mg、亚硒酸钠 18.1 mg、土霉素 200 mg、骨粉 50 g、食盐 50 g、玉米面 200 g。

七、后备公、母羊的饲养管理

一般把 19 ～ 30 月龄的羊称为后备羊，而农户多指 2 ～ 3 岁的羊。这一时期的羊生长迅速，各种生理指标、生产性能基本成熟。该阶段仍需要较高的饲养水平，每天每只补饲混合精料 0.3 ～ 0.5 kg、优质干草 0.25 ～ 0.5 kg、秸秆 0.4 ～ 0.5 kg。管理上要把后备公羊与成年公羊分开，防止争斗而造成伤害。后备母羊在配种前要进行短期优饲，以便发情集中、配种集中、产羔集中，使得饲养管理更为方便。后备母羊产羔时要做好接羔护羔工作，因为这样的母羊是头胎，第一次产羔，生产上经验不足。对于母性差的母羊，要进行调教，以便养成良好习惯。

八、奶山羊的饲养管理

奶山羊非常适合农户小规模饲养，如果大规模养殖的话，不能完全圈养，一定要设置宽敞的运动场，并尽可能减少饲养密度，且必须与放牧形式相结合。其饲料也是以粗饲料为主，精饲料为辅。

（一）奶山羊的饲养

奶山羊饲养的好坏对其产奶量有重大影响。奶山羊的饲养可以分为泌乳初期、泌乳上升期、泌乳下降期和干乳期等 4 个时期。

1. 泌乳初期

奶山羊产羔后就开始泌乳进入泌乳初期，此期一般为 2 ～ 3 周时间。刚开始的一周内，奶山羊胃肠道空虚，消化能力比较差，但饥饿感很强，食欲会随着羔羊的吃奶而逐渐旺盛，这期间不宜对母羊过早地采取催乳措施，否则容易造成食滞或慢性胃肠疾病而影响泌乳量，甚至可影响终生的消化能力。所以，在奶山羊产羔后 7 d 内应以优质青草或干草为主，任其采食。可适当喂给一些含淀粉较多的块根块茎类饲料，切忌过快地增加精料。每天应喂给 3 ～ 4 次温水，并加入少量的麸皮和食盐，以后逐渐增加精饲料和多汁饲料。直到 10 日龄或 15 日龄后，再按照饲养标准喂给日粮。但如果产后体况消瘦，乳房膨胀不够，则应早期少量喂给含淀粉的白薯类饲料。

2. 泌乳上升期

泌乳 2 ～ 3 周后，泌乳量会逐渐上升。这一时期奶山羊体内储存的各种养分不断被消耗以保证产奶量，而出现体重减轻的现象。这个时期应喂给最好的草料，多给精料，不限量地喂青草、青贮料，还应补喂一些块根块茎类多汁饲料，每昼夜投喂 3 ～ 4 次为好，间隔时间尽可能均等。饲喂要按照先粗后精再多汁的顺序进行。

3. 泌乳下降期

泌乳 2 ～ 3 个月之后，泌乳量达到高峰，持续稳定一段时间后（也有的奶山羊会出现第二个高峰），产奶量开始直线下降，每月下降 10% 左右。但采食量反而有所增加，以利于恢复体重和膘情。这段时间可逐渐减少精料，但青草、干草或青贮料等不能减少，以保证迅速恢复良好的体况。

4. 干乳期

母羊经过 10 个月的泌乳和 5 个月的妊娠，营养消耗很大，为了使其有个恢复和补充的机会，应停止产奶。停止产奶的这段时间叫干乳期。干乳期对繁殖母羊来说就像是辛劳工作 15 个月后的 60 d 假期，但在这段时间里，它们的饲养管理非常关键。

一般在产羔前的 2 个月要停止挤奶。奶山羊的妊娠后期，产奶量会逐渐减少。这时一方面胎儿发育很快，需要大量营养；另一方面，由于母羊在泌乳期内因产奶使体内营养物质消耗较多，需要恢复体况，为下一个泌乳期储备养分。干乳期一定要让母羊有足够的运动，以便顺利产羔，同时要注意保胎，防止流产及早产。

（二）奶山羊的日粮配合

在奶山羊的饲料中，应有优质豆科干草。用含 15% 粗蛋白质的苜蓿干草饲喂，产奶量与喂含蛋白质 14% ～ 16% 的混合精料相似。另外，多汁的块根、块茎类也是奶山羊的好饲料。冬、春季节可以喂青贮料。奶山羊常用的精料有玉米、大麦、豆类以及粮食加工副产品，如豆饼、新鲜酒糟、豆腐渣等。只有饲料配合种类多、配比合适，才能充分发挥各种饲料的营养作用。

（三）奶山羊的管理

奶山羊的管理主要内容是挤奶，而挤奶技术要求高，劳动强度也很大。挤奶技术不仅影响羊奶产量，而且可能会由于操作不当而造成奶山羊发生乳房疾病。

1. 挤奶

挤奶方式有机械挤奶和人工挤奶两种。养殖规模比较大的奶山羊场，多采用机械挤奶。机械挤奶要有专门的挤奶室。挤奶室要清洁、明亮、卫生，要有专用的挤奶台，台面距离地面 40 cm，台宽 50 cm，台长 110 cm，前面颈枷总高度 1.6 m，中间一个料槽。台面右侧前方有方凳，是挤奶员操作时的座位，这种挤奶台可以移动。也可以设立固定的挤奶架。另外，需要配备挤奶桶、储奶桶、热水桶、台秤、毛巾、桌凳和记录本等。

一般养殖规模小的奶山羊场，多采用人工挤奶方式。人工挤奶的挤奶次数应根据泌乳量的多少而定。一般日产奶 3 kg 以下的，挤奶 2 次；日产奶5 kg左右的，日挤奶3次；日产奶6～10 kg的，挤奶4～5 次。挤奶需要定时，并按照羊只的一定顺序进行。羊上挤奶台后，用毛巾蘸上 40 ～ 50 ℃的温水擦洗乳房和乳头，再擦干，接着用手按摩乳房，刺激乳房，促进泌乳。挤奶时最初挤出的几滴奶因为被污染，必须丢弃掉，然后以均匀的速度将奶挤入储奶桶中，等到大部分奶被挤出后，再按摩乳房数次，最后将奶挤干净。

（1）人工挤奶的方法　人工挤奶的方法有两种，即拳握法和滑挤法，其中以拳握法为好。方法是：先用拇指和食指固定奶头基部，防止奶回流，然后依次将中指、无名指和小指向手心压缩，促使储奶池中的奶从奶头管中排出。初产母羊和一些乳头比较小的母羊，挤奶时可以用滑挤法，即用拇指和食指捏住奶头基部向下滑动，挤出奶来。

（2）挤奶注意事项

① 母羊产羔后，要先把乳房周围的长毛剪掉。

② 挤奶员要经常修剪指甲，避免损伤乳房。

③ 挤奶人员要固定，对待奶山羊不打不恐吓。

④ 挤奶前后要观察奶山羊的乳房，如果有奶头干裂、伤口、乳房炎的要及时处理。

⑤ 每次挤奶时，奶必须挤净，防止乳房疾病的发生。

⑥ 每天的挤奶时间要固定，相隔时间应尽可能相同。

2. 刷拭

奶山羊要保持被毛光顺，皮肤清洁健康，每天都要刷拭1～2次，可以用硬鬃毛刷子，也可用草刷子。刷拭的时候一般是从前向后、从上向下，一刷挨着一刷，依次进行。刷拭一般在饲喂后和挤奶后进行，以免污染饲料和羊奶。后躯的粪尿等要洗净擦干，夏季天气炎热时要洗澡。

3. 去角

有角的奶山羊会给管理增加不便。奶山羊的羔羊去角是在出生后1～2周时候进行。一般都是一个人保定羔羊，另一个人进行去角操作。具体的去角方法在本书的"羊的日常管理技术"部分有详细叙述。

4. 打破季节性发情规律，解决全年鲜奶供应不平衡问题

奶山羊的发情季节性强，大多集中在秋季9～10月份，到来年的2～3月份生产。如果采取人工处理，可以打破奶山羊的季节性发情规律，使其在非发情季节发情、排卵和受胎。例如采用浸透氟孕酮的海绵塞入母羊的阴道14 d，或者将浸透前列腺素的海绵放入母羊阴道20 d，并同时在发情期注射孕马血清促性腺激素8～10 mL，隔日或连日注射，经过3～4 d可发情，这些方法都可以调节产羔时间，使得50%的奶山羊在休情期受胎。

5. 喂代乳品促使羔羊早断奶

随着奶山羊的集约化大规模生产，用代乳品喂养羔羊已经成为必然的趋势，这既可提高繁殖率，又可节省总奶量的10%～15%。但是，要把喂代乳品的时间掌握好，一般不能早于9日龄。8日龄之前要让羔羊吃好初乳、吃足初乳。在喂代乳品的过程中还要有一个逐渐过渡的过程，要让羔羊慢慢适应，此过程不能少于4 d。

喂代乳品的方法是：把代乳品用水调匀，使其黏稠度和鲜奶相似。羔羊出生后第9 d，开始减少喂奶量，同时补加代乳品；13日龄停止喂奶，每天喂给1.5～2.0 L的代乳品，并保证充足的精料、干草和饮水；40日龄时停止喂代乳品，每天喂给0.5 kg的精料。羔羊喂代

乳品能保证正常发育，很快增重。羔羊正式喂干草的时间，以出生后6周龄为宜。

6. 提高奶山羊产奶量的措施

养殖奶山羊要想获得好的经济效益，必须想办法促进多产奶，具体有以下一些措施：

（1）坚持放牧　奶山羊要坚持每天放牧5～6 h，放牧可增加羊的活动量，促进羊的新陈代谢，提高胃肠蠕动和消化能力，增进食欲，增强体质；放牧还可以提高产奶量。同时，放牧可以让羊吃到营养丰富、适口性好的青草。

（2）饮足温水　水是乳汁的重要成分，占最大的比例。因此，每天要为奶山羊提供充足的饮水，一般是每天至少4次。水要洁净卫生，并加入适量食盐。

（3）喂给奶山羊泡黄豆　黄豆营养丰富，里面含有16%～20%的脂肪，36%～42%的蛋白质，并含有丰富的铁、钙和维生素，是增强母羊乳汁分泌功能的最好饲料之一。据养奶山羊人士介绍，奶山羊每天喂100 g泡黄豆，可提高产奶量0.5 kg以上。

（4）增加挤奶次数　挤奶次数增加，可以提高产奶量。如果把每天挤奶1次改为2次，可以增加挤奶量20%～30%；每天2次改为3次，又可以提高1%。因为奶山羊乳腺的分泌与乳房的内压呈负相关，也就是说，乳房越空，泌乳越快。此外，增加挤奶次数，还减轻了乳房的内压及负荷量，有效地防止了乳汁淤结引发的乳房炎。

（5）精心护理　夏季的5～7月份是羊产奶的高峰期，这时正值天气炎热、蚊蝇滋生时期，奶山羊常常因为饲喂不当或吃了被病菌污染的饲料而患胃肠炎，造成产奶量下降。因此，对羊舍要定期消毒和清理粪便，搞好日常的环境卫生。及时修建宽敞、通风、隔热的凉棚，以利于防暑降温。每5～7 d用石灰水、来苏儿对圈舍内外及各种用具消毒1次，每隔3～5 d清理1次粪便，勤换垫草并经常打扫，保持圈舍地面清洁。精心饲喂，严把病从口入这一关，切实注意饲料和饮水的卫生，饲喂的饲料要新鲜，要保管好，防止被污染，防止草料和残渣发霉变质，变质饲料是禁忌。定期检查健康状况，羊有病要及时治疗，保持羊体力旺盛，延长产奶高峰，提高产奶量。

（6）诱导泌乳　羊的乳房疾病和胃肠道疾病，都可影响乳汁的质量和数量。因此，在喂给容易消化、富含营养的饲料的同时，还可用下列方法促进泌乳：

① 方法一。注射垂体后叶素 10 IU，连续注射 2 d。

② 方法二。用催乳片或用中草药黄芪、王不留行、穿山甲、奶浆草各 200 g，煎水灌服，每日 1 剂，连用 3 d。

（7）防治乳房疾病　乳房是母羊分泌乳汁最重要的器官。及时防治乳房炎，对于保证泌乳旺盛至关重要。在泌乳期，应经常用肥皂水和温水洗擦乳房，保持乳头和乳晕的皮肤清洁柔润。如果羔羊吃奶时损伤了乳头，需要暂时停止哺乳 2 ～ 3 d，将乳汁挤出后喂羔羊，同时，患部涂抹消炎的药膏。每天要按时挤奶，并按摩乳房，以消除乳房炎的隐患。经常检查乳房的状况，如果乳汁颜色改变，乳房有结块，应局部热敷，活血化瘀。同时，用手不断按摩乳房，可以边揉边挤出瘀滞的乳汁，直至挤净瘀汁，使肿块消失，把乳房炎控制在萌芽阶段。再就是让羊多饮水，降低乳汁的黏稠度，使乳汁变得稀薄，以便容易挤出。此外，经常给羊喂一些蒲公英、紫花地丁、薄荷等草药，可清热泻火、凉血解毒，防治乳房炎。

九、绒山羊的饲养管理

在羊生产中，绒山羊也一直占有着很重要的地位。我国的羊绒以细度好、净绒率高、绒纤维长而闻名于世，处于世界领先水平。同时，绒产量在国际上也占绝对的领先地位，在羊绒领域具有话语权。俗话说：世界羊绒看中国，中国羊绒看清河（河北省邢台市清河县）。由于近年来羊绒价格持续坚挺，绒山羊养殖的效益显著提高，在我国北纬 35° 以北的东北、西北和华北地区（“三北”地区），由于绒山羊养殖的低投入、高产出，极大地提高了农户养殖绒山羊的积极性。再加上养殖方式的改变，使得产绒量大幅度提高，全国绒山羊饲养业呈现出平稳发展的态势，存栏量逐年增加。

1. 山羊绒的成绒规律

我国的产绒山羊，是在特殊的生态环境条件下形成的，在自繁自衍的状态下，形成了极其独特的遗传资源，在羊绒纤维的品质（细度、绒层厚度、产绒量）、物理特性（强度、伸度及光泽、耐热性等）、色泽等方面均表现优秀。

关于绒山羊的绒纤维生长规律的研究，以辽宁绒山羊为例：

羊绒出现于皮肤表面的时间是在 6 月下旬，以后生长速度逐月加快，9 月份生长最快，此后生长速度便逐渐减慢，至翌年 2 月底停止生长。到了第二年的 4 月底，绒毛便开始脱离皮肤。因此，辽宁绒山羊于 4 月底、5 月初进行梳绒。绒山羊身体不同部位绒毛生长和脱换顺序是不一样的。绒纤维的生长顺序是从后躯向前躯逐渐生长，脱落的顺序是从前躯到后躯依次脱落。

根据绒毛纤维的生长规律，饲养者在绒毛生长的最佳时期抓好产绒山羊的饲养管理，提高营养水平，有助于促进羊绒的生长，从而提高产绒量。

（1）年龄对产绒量的影响　科技工作者实验的结果证明：绒山羊产绒最佳年龄在 2 ～ 5 岁，其中以 2 ～ 3 岁产绒量最高。这就告诉我们：为了使羊群保持较高的产绒量，应该每年都对羊群的年龄结构进行调整，补充后备羊，淘汰老羊。

（2）绒纤维质量变化的规律（以辽宁绒山羊为例）

① 绒纤维细度。羔羊最细（11.31 μm），随着年龄的增长逐渐变粗，到 5 岁时最粗（13.90 μm）。

② 绒纤维密度。从羔羊到 4 岁这个年龄段变化不大，每平方厘米皮肤面积的绒纤维数量为 343 ～ 356 根；5 岁时开始下降，减少到平均每平方厘米皮肤面积 324 根。

③ 梳绒量。3 岁最高，以后开始下降。

④ 绒纤维伸直长度。羔羊期最小，为 3.6 cm，随着年龄增长，伸直长度增加，3 岁时最长，为 7.72 cm，4 岁下降为 7.11 cm，以后继

续下降。

同时，研究还表明：绒长、绒纤维直径与产绒量呈正相关；体重和产绒量呈负相关。这提示我们既要考虑羊绒的产量，又要考虑对体重的选择，不然羊绒产量提高了，而羊的个体却变小了。

绒山羊非常适合放牧管理方式，放牧加适当的补饲，可充分促进绒山羊的生长发育，提高绒山羊的产绒性能。夏、秋季节主要以放牧为主，尤其秋季要集中一切力量抓好秋膘。为了多产绒，要多供应蛋白质饲料，如黑豆、黄豆、豆饼、豆腐渣和豆秸秆等。

2. 梳绒技术

绒山羊被毛有两层纤维，底层紧贴羊体着生的纤维称为山羊绒，它是绒山羊的主要产品，是纺织工业的高级原料；上层的长毛为粗毛，也就是人们常说的羊毛。

（1）梳绒时期　脱绒是绒山羊固有的生物学特性，季节性很强，只有在脱绒季节才能梳绒。我国绒山羊的绒毛一般都是在 2 月底即停止生长，4 月下旬到 5 月上旬，也就是清明前后，绒毛开始脱离皮肤，此时为梳绒的最佳时期。此时羊绒的根部开始松动，开始与皮肤分离（俗称“起浮”）。梳绒时间可以通过检查羊的耳根、眼圈四周绒脱落情况来定，如果耳、眼部的绒开始脱落了，说明梳绒的时机成熟了。梳绒过早则不易梳下来，同时，天气太冷，羊只容易感冒；梳绒过晚则羊绒缠结无法梳绒或者造成羊绒丢失。绒山羊的脱绒规律是年龄大的先脱，年龄小的后脱；母羊先脱，公羊后脱；产羔羊先脱，妊娠羊后脱；体弱的先脱，体壮的后脱；头部先脱，后躯后脱。

（2）梳绒时机掌握　春季天气暖和时，若绒山羊的头、颈、肩、胸、背、腰以及股部的绒开始有顺序地松动，表示即将脱绒，此时应及时梳绒。

（3）梳绒前的准备　梳绒应在宽敞明亮的屋子或避风的场地进行。梳绒前要培训好梳绒人员，检修梳绒工具，整理好梳绒场所，进行清扫、消毒，准备好梳绒记录。

梳绒工具：梳绒前要准备好梳绒的钢丝梳子（图 5-62）。根据钢丝梳子的钢丝间距，可把梳子分为稀梳子、密梳子两种。稀梳子由 5 ～ 8 根钢丝组成，钢丝间距 1.0 ～ 2.0 cm；密梳子由 12 ～ 18 根钢丝组成，钢丝间距 0.5 ～ 1.0 cm。不管是哪种梳子，钢丝直径一般都为 0.3 cm。两种梳齿的顶端均弯成钩状，磨成秃状圆形，并弯向同一面。顶端要整齐，齿的高度要一致，以免抓伤羊的皮肤。钢丝之间由一片中间有孔的钢片连接，钢片上空洞的直径略大于钢丝的直径，钢片可以上下滑动，梳绒时能保持钢丝处于平行状态。

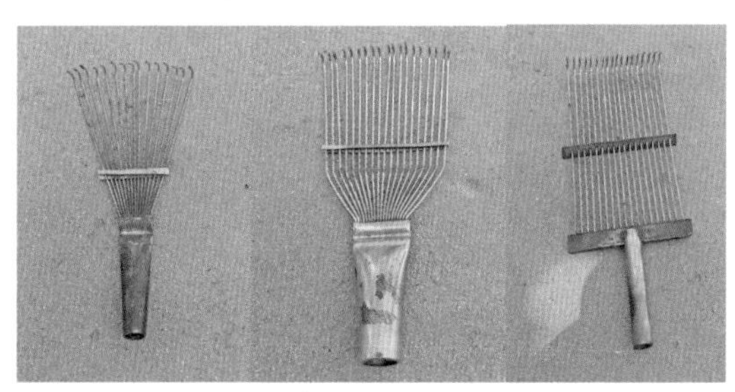

图 5-62　钢丝梳子

（4）梳绒操作　目前，梳绒的方法有三种：第一种是先用剪子将羊毛“打梢”（老百姓俗称“打毛梢”），剪去外层长毛，但注意不要剪掉绒层，之后再进行梳绒；第二种是直接梳绒，也就是先梳绒，之后再剪长毛；第三种是羊绒和羊毛一起剪下，俗称“剪绒”，这种方法获得的是绒和毛混合在一起的羊产品。下面介绍直接梳绒的方法，一般操作过程如下：

将羊横卧，头、四肢固定好，一般是将贴地面的前肢和后肢绑在一起，梳绒者将脚插入其中，目的是防止羊翻身。开始梳绒时用稀梳子，顺毛的方向将羊被毛中的碎草、粪便、泥土等清理掉。然后顺着毛的方向，沿着颈、肩、背、腰、股、腹等部位由上向下、由前向后轻轻梳绒。一只手在梳子上面轻轻下压帮助另一只手梳绒。梳子与羊体表一般呈 30° ～ 40° 的角度，每次梳绒的距离要短。然后用密梳子逆毛方向梳，按照股、腰、背、胸、肩的顺序进行，当梳子上的绒积存到一定数量后，将羊绒从梳子上退下来（一般 1 梳子可积存羊绒

50 ～ 100 g），放入干净的容器或塑料袋中。这样做，羊绒紧缩成片，不易丢失还便于包装。一侧的绒梳干净后再梳另一侧，并做好记录。因羊绒起浮先后不同、起浮程度不同，有的羊只一次很难梳净，一般过一周左右再梳绒一次。每只羊每次梳绒后都要及时填写梳绒记录。

（5）注意事项　梳绒的注意事项归纳起来有以下几点：

① 禁水禁食。梳绒时绒山羊要空腹，梳绒的当天早晨羊要避免进食。梳绒前 12 h 之内不要给水。

② 梳绒时机及天气。在河北省，梳绒时间在清明前后，再往北，如辽宁省、吉林省、黑龙江省要晚一些。这时候出现脱落、掉绒，如果不及时梳绒就会造成绒的丢失，影响产绒量。羊绒的脱落，就像瓜熟蒂落一样。但这是整体情况，具体到不同品种、不同个体，又会有所不同，如年龄、性别、体况等都不同，个体间有差异，脱绒有前有后，时间有长有短。母羊脱绒早，应先由母羊开始梳绒，其次为公羊、羯羊，最后是育成羊。再就是梳绒要选在晴天，梳绒前后避免雨淋，预防感冒。

③ 梳绒前一般可先剪去毛梢。绒山羊的毛相当于一件厚“外套”，绒相当于一件贴身“小棉袄”。一般在梳绒之前先要把毛梢剪掉，也就是把厚“外套”脱掉，就是老百姓常说的“打毛梢”，一般都是用剪子剪去毛的尖端部分，但注意不要剪到羊绒。剪毛时要细心，只是剪去羊毛，不要剪到羊绒，否则就会影响绒的产量，影响经济效益（图 5-63）。

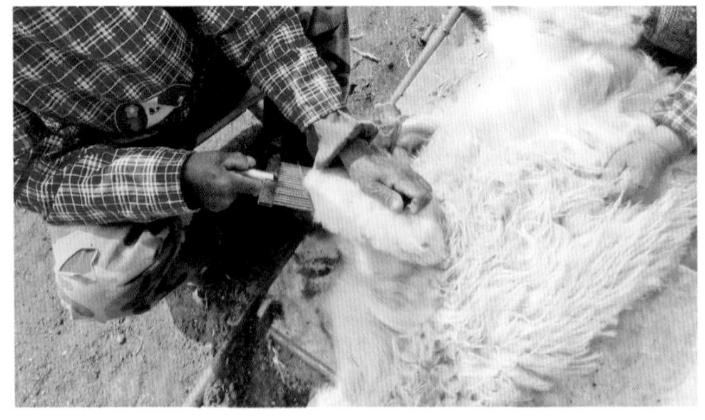

图 5-63　绒山羊的梳绒

④ 梳绒要仔细。梳子要贴近皮肤，用力要均匀，不可用力过猛，动作要轻、慢。对于不易梳绒的羊只不可硬梳，以防伤耙（皮肤脱离肌肉，损伤毛囊），刮伤皮肤，因为毛囊一旦受损，就再也无法长出绒来了，就会影响以后的产绒。羊的后背十字部最易伤耙，梳绒时要备加注意。对于妊娠羊动作要轻，以防流产，最好产羔后再梳绒。有的羊只因趴卧，腿部、腹部的绒毛粘连在一起无法梳绒，只能采取毛、绒一起剪下的方法。对于患有皮肤病的羊要单独梳绒，梳子用后要消毒，以防传染。

⑤ 保定要确实。一般采用侧肢捆绑保定法，头部要高于尾部，以利于羊的呼吸。

⑥ 规范梳绒姿势和梳绒的顺序。控制好角度、力度、速度。梳子离皮肤太高刮不到绒，太低又可能刮伤皮肤，要求：轻搭快拉，梳子与羊的皮肤成30° ～45° 的角度。梳绒应顺着绒的生长方向，总的原则是由前向后、由上而下，头部→颈部→背部→腰部→腹部。头、背、腰部是顺着梳，腹部有些难梳的部位就要倒着梳。对于难于梳绒的部位，如眼部、耳部、母羊的乳房、公羊的睾丸和包皮等，一定要仔细，拉扯坏的地方，要涂抹碘酊（碘酒）消毒，必要时要缝合处理。

⑦ 梳绒工具的检查。要勤检查梳绒的钢丝梳子，防止梳子的钢丝出现高低不平的现象。出现高低不平现象时，处理的方法是：把梳子的挡条（铁片）向前推一下，再在地上用适当的力度磕几下就可以了。

⑧ 防止发生肠扭转。梳绒时给羊翻身不能四脚朝天地翻，因为这样翻身是一个逆转的过程，就像羊“打滚儿”一样，梳绒时的翻转是被动的，操作不当很有可能造成腹腔内消化器官的移位、肠扭转、肠鼓气等。正确的翻身姿势是背朝天翻转，相当于让羊站起来，然后再侧卧放倒，这样翻转的角度就比较小，只有90° ，胃肠未发生逆转，保持在了原来的位置。

⑨ 梳绒后的管理。梳完绒的羊不要驱赶到原来的圈舍，因为此时它的体貌特征发生了改变，别的羊看见了就会认为是“异类”而顶它、欺负它。要把它放到一个单独的圈舍进行饲养，之后再全部放在一起，这时所有的羊在外观上都一样了。梳绒后，饮水时要在水中加

入一些电解多维，可以缓解应激反应。因为梳绒时的捆绑固定、梳绒、翻身等对羊来说是一种较为剧烈的刺激，羊并不懂得这样操作的目的就是脱去“小棉袄”，并不会对它的生命造成威胁，所以羊往往会剧烈反抗，产生应激反应。水中加入一些电解多维可以缓解这种应激反应。梳绒后一般经过 10 d，再进行药浴，预防寄生虫病。因为此时对羊进行药浴较为方便，相当于人脱掉衣服好好泡一个热水澡一样。

第八节　舍饲羊的饲养管理技术

一、种公羊的舍饲饲养管理

种公羊舍饲饲养管理应达到的标准是膘情维持在中等以上，体况良好，精力充沛，性欲旺盛。

具体要求：种公羊的饲料营养要高，并且保证多样化，精料应在 2 种以上，粗料应在 3 种以上；日粮中优质蛋白质、维生素 A、维生素 D、维生素 E 含量要丰富，微量元素要充足，钙、磷比例要合理；每天要保证两次运动，以提高精子的活力和健康体质。种公羊的舍饲饲养管理可分为配种期和非配种期两个阶段。

（一）配种期的舍饲饲养管理

配种期又可分为配种预备期和配种期。

1. 配种预备期

配种预备期是指配种前 1.5 个月至配种开始这段时间。

（1）首先应做好种公羊的体检工作　选择体格健壮、表型好的种公羊备用；要看看蹄子是否平整，若不平整要进行修蹄；若有寄生虫，要用 0.1% 除癞灵体表喷淋，用丙硫苯咪唑体内驱虫，每 5 千克体重 1 片；检查羊是否还有其他疾病；检查种公羊精液品质，每周 2 次，做好记录，对于精液密度小的应加强运动和营养。

（2）种公羊的营养　种公羊在配种预备期，蛋白质、矿物质、维生素等都要加强，因为精子的形成大约需要 40 ～ 50 d。

（3）运动　运动有利于增强体质，提高精子活力和增加射精量。该期每天要保证运动 2 次，上、下午各 1 次，每次 1 h，要达到 2 ～ 3 km 的路程。

2. 配种期

（1）配种期运动　应保证种公羊有足够的运动，以保证种公羊的体力、精力，配种前 2 h 运动 40 ～ 50 min，路程 2 ～ 3 km，每天运动 1 次。配种后自由运动。

（2）配种期日粮

① 精料（玉米、豆粕、骨粉等）。每只每日 1.25 ～ 1.5 kg，精料的具体比例为玉米 70%、豆粕 25%、骨粉 1%、食盐 1%、鸡蛋 2.5%、微量元素 0.2%、多种维生素 0.3%。

② 粗料。种公羊的粗料要营养丰富，含能量、粗蛋白质较多，具体有苜蓿草、杂草、地瓜秧、各种树叶、秸秆等。种公羊每日每只需粗料 1 ～ 1.5 kg，其中苜蓿草应占 30% ～ 40%。

③ 青绿饲料。枯草期每天每只应补充胡萝卜、萝卜 0.3 ～ 0.5 kg，有条件的还可以补青贮饲料 0.5 ～ 0.75 kg。在青草期应以青草为主，每天每只 2 ～ 3 kg。

（3）采精　如果采用人工授精技术，凡是采精的种公羊都要先剪去尿道口周围的污毛，采精人员要固定。在配种前 2 周每两天排精一次。配种开始时可以每天采精 1 ～ 2 次，连续采精 3 ～ 4 d 要休息 1 d。具体频率要根据种公羊和参配母羊情况做好采精计划。

（4）配种期饲养管理注意事项　种公羊的饲养数量要合理，若采用自然交配形式可按 1 ：（30 ～ 50）的比例投放公羊。种公羊使役要合理，根据配种实际情况合理配种，不要造成过度使用或浪费；要做好修蹄工作，保证种公羊蹄子坚实，便于配种。

（5）利用年限　种公羊的利用年限一般为 2 ～ 3 年，超过 3 年后就必须更换，也可以在不同的养殖户之间进行调换，目的是更新血统，避免近亲繁殖造成生活力下降、生产性能减退，发生遗传性疾病。

（二）非配种期的舍饲饲养管理

非配种期要保持种公羊的健康体质，膘情中等，上午和下午各运动一次，每次 2 h。饲喂时每天喂草 3 次，饮水 2 次，喂料 2 次。非配种期的日粮为精料 0.5 ～ 0.7 kg、粗料 1 ～ 1.5 kg、食盐 10 ～ 15 g，矿物质、维生素、微量元素按需要添加。配种后恢复到配种前体况大约需要 30 d，此时仍按配种期日粮要求，以后逐渐过渡到非配种期日粮标准。

具体以波尔山羊举例来说，其舍饲饲养管理一定要注意以下问题：种公羊对提高羊群的生产力和杂交改良本地羊种起着至关重要的作用，特别是在波尔山羊数量少而需求量又很大的情况下，在饲养管理上更要严格要求。种公羊一定要体质结实，保持中上等膘情，性欲旺盛，精液品质好。而精液的数量和品质，取决于饲料的全价性和合理的管理。

种公羊的饲养，要求饲料营养价值高，有足量优质的蛋白质、维生素 A、维生素 D 及无机盐等，且易消化，适口性好。较理想的饲料中，鲜干草类有苜蓿草、三叶草、红薯秧、花生秧等。精料有玉米、麸皮、豆粕等，其他有胡萝卜、南瓜、麦芽、骨粉等。动物蛋白对种公羊很重要，在配种次数较多时，要补饲生鸡蛋、牛奶等营养，配种频率高的时期，每天补饲 2 个鸡蛋。据经验，公羊每天放牧结合运动的时间为 4 ～ 6 h，干粗料为红薯秧、花生秧，任其自由采食，每天按体重的 1% 补饲混合精料。

波尔山羊种公羊在管理上要单圈饲养，公羊要单独组群放牧、运动和补饲。除了配种外，不要和母羊养在一起。种公羊还要定期进行检疫、预防接种和防治体内外寄生虫，并注意观察日常精神状态。

二、繁殖母羊的舍饲饲养管理

繁殖母羊的舍饲饲养管理分为空怀期、妊娠期和哺乳期3个阶段。

（一）空怀期的舍饲饲养管理

空怀期是指从羔羊断奶至下一期配种前2～3月的时间。这个时期的饲养任务是恢复母羊体况，增加体重，补偿哺乳期消耗，为下一次配种做好准备。加强空怀期的饲养管理对于母羊的下一次受胎、产羔有一定的好处。该期饲养管理应注意以下几点：

① 尽可能早地给羔羊断奶、分群。这样可以减轻母羊负担。

② 加强营养，补偿哺乳消耗。此期母羊的日粮为：混合精料0.2～0.3 kg，干草0.3～0.5 kg，秸秆0.5～0.7 kg。对于体质较差、身体瘦弱的母羊要适当增加混合精料的补给，使母羊在配种前达到七八成的膘，但也要把握好膘情，切忌过肥。

③ 配种前的短期优饲。在配种前30～40 d根据母羊体况给予适当的短期优饲，增加优质干草、混合精料，以增强母羊体质，促进母羊集中发情，可以提高双羔率5%～10%。

④ 驱虫与检疫。对全群的羊进行体内、体外驱虫处理，根据实际情况，进行布氏杆菌检疫，在配种前3周注射口蹄疫疫苗。

（二）妊娠期的舍饲饲养管理

母羊的妊娠期又可分为妊娠前期、妊娠中期和妊娠后期。此阶段的饲养管理对于胎儿的生长以及羔羊的初生重、健康状况和羔羊的成活率都相当重要。

1. 妊娠期的饲养

（1）妊娠前期　该期为受胎的前2个月。此期多在秋、冬季，胎儿生长速度较慢。这时母羊只要正常饲喂优质干草、秸秆，适当补饲精料，保持配种时的膘情即可。此期母羊的日粮可以为优质干草0.5～0.7 kg、秸秆0.5～0.7 kg、混合精料0.3～0.5 kg、钙4～5 g、磷 2 ～ 3 g，维生素、微量元素适量，自由啖盐。

（2）妊娠中期　该期为受胎的第 3 个月，营养要求不严格，参考妊娠前期。

（3）妊娠后期　该期为受胎的后 2 个月。此时胎儿生长迅速，增重为初生重的 80% ～ 85%。这时胎儿需要的营养物质大大增加，母羊的日粮也要增加，精料要增加 30% ～ 40%，钙、磷要增加 1 ～ 2 倍以上，维生素 A、维生素 D、维生素 B_{12}、维生素 E 要满足需要。饲喂一定比例的青贮饲料，饲喂萝卜、胡萝卜等青绿饲料对泌乳准备十分有益。此期母羊的日粮要求可以参照：优质干草 0.5 ～ 0.7 kg，秸秆 0.5 ～ 0.7 kg，青贮料 0.25 kg，胡萝卜 0.25 kg，混合精料 0.5 ～ 0.7 kg，钙 8 ～ 12 g，磷 4 ～ 6 g，维生素、微量元素按需要供给。

对于波尔山羊来说，其妊娠期饲养管理应重点注意以下问题：

在妊娠前期，胎儿发育相对比较缓慢，体重仅占羔羊出生时体重的三分之一，所需养分相对较少。除放牧外，可根据具体情况进行适量补饲，尽可能保持母羊良好的生产体况。需要注意的是，配种前进行短期优饲后应该适当减少精饲料，以防止母羊过肥。

在波尔山羊妊娠后期，也就是受胎的后 2 个月，胎儿生长很快，有三分之二的羔羊出生重在这个时期形成。这一阶段如果能合理饲养妊娠母羊，便可保证胎儿的正常发育。因此，中等以上膘情的妊娠母羊应采取“前低、后高、产前控制”的饲养方式，即妊娠前期采取较低营养水平的饲养，妊娠后期采取较高营养水平的饲养，临产前后要适当控制精料量。对妊娠母羊最好补给一定量的青绿饲料和矿物质，可防止流产、死胎和畸形羔羊的出现。

母羊妊娠期的关键就是要防流保胎，应注意尽量将妊娠母羊分圈饲养，禁止拥挤、惊吓和跳跃，禁止饲喂发霉和变质饲料，适当运动，增强体质。同时，要做好防暑、防蚊蝇和防寒保暖工作。母羊妊娠 4 个月时，应注射羊梭菌病多联疫苗，可以预防出生羔羊疾病。

2. 妊娠期的管理

（1）保证充分运动　运动有利于胎儿生长，产羔时母羊不易难产。

每天上、下午各运动 1 次，每次 1.5 h，路程在 2 km 以上。

（2）饲草、饲料一定要优良　切勿饲喂发霉、变质饲料，否则容易造成母羊流产。

（3）做好防流保胎　每天注意羊只状态，饲草、饲料要保持相对稳定，切不可经常突然变化，以免产生应激反应而造成流产。赶羊出入圈舍要平稳，抓羊、堵羊和其他操作要轻，羊圈面积要适宜，每只羊以 2 ～ 2.5 m^2 为宜，防止过于拥挤或由于争斗而造成顶伤、挤伤等机械性伤害，引起流产。

（4）饮水的要求　切忌饮冰碴水、变质水和污染水，最好饮井水、泉水，还可以在水槽中撒些玉米面、豆面以增加羊只的饮欲。

（5）做好防寒工作　秋、冬季节气温逐渐下降，一定要封好羊舍的门、窗和排风洞等防止贼风侵入，以减少热量的消耗。

（三）哺乳期的舍饲饲养管理

哺乳期是指母羊产羔至羔羊断奶这段时间，一般为 3 ～ 4 个月，其中前 2 个月为哺乳前期，后 2 个月为哺乳后期。

1. 哺乳前期的饲养管理

主要是恢复产羔母羊的体质，满足羔羊哺乳需要。具体要求如下：

（1）哺乳　对于羔羊，在其出生后的前 20 d 左右，母乳是其唯一的营养来源。要保证羔羊哺乳定时，在出生后的前几天，一般每 2 个小时吃奶 1 次，以后逐渐减少，可维持在每天 3 ～ 4 次。此时羔羊生长速度快，每天增重在 90 ～ 120 g，要保证母乳充足。

（2）运动　运动有助于促进血液循环，提高母羊泌乳量，增强母羊体质。每天必须保证 1 ～ 2 h 的运动。

（3）营养　这个时期母羊消耗较大，营养必须增加，主要是粗蛋白质、青绿多汁饲料的供应，日粮可以参照妊娠后期的日粮标准，另外增加苜蓿干草 0.25 kg，青贮饲料 0.25 kg。

（4）补饲　对于双羔、多羔的母羊要给予单独补饲，以保证羔羊哺乳。

（5）预防乳房炎　注意哺乳卫生，防止发生乳房炎。

2. 哺乳后期

随着采食量的增加，羔羊已经逐渐具备自己采食植物饲料的能力，同时母羊的泌乳量下降。日粮中精料标准可调整为哺乳前期的70%。这时可以采取母仔混群的饲养模式。波尔山羊舍饲母仔混群饲养（图 5-64）。

图5-64　波尔山羊舍饲母仔混群饲养

以波尔山羊种母羊的饲养管理为例。根据波尔山羊的繁殖特点，一般秋季为发情旺盛时期，所以提倡产春羔。每年的秋季 10 ～ 11 月份安排母羊配种，第二年的春季 3 ～ 4 月份产羔。羔羊的哺乳期为 100 d 左右，6 ～ 7 月份羔羊就开始断奶，所以在 8 ～ 9 月份主要是为母羊增加体重以及营养，以便为下一次的配种做好准备工作。配种前 1 个月左右对母羊进行短期优饲，以提高母羊的发情率、排卵数量、排卵质量、受胎率、多胎率和配种率。

母羊妊娠初期的 1 个月左右，这个时期是胎儿生长发育的关键时期，在日常喂养的前提下，还需要补充精料，以改善母羊的营养状态。母羊妊娠 2 个月左右时，要适量增加精料。母羊妊娠 3 个月后，根据具体的情况适当控制青草的喂量，适当增加饲草和精料。母羊妊娠 4 个月后，要将精料饲喂量增加到妊娠前期的 2 倍左右，而且在饲养过程中要多喂青绿多汁饲料，禁喂霉烂变质和酸度过大的饲料，否则容易导致母羊的流产。母羊在产前 1 个月，要尽量喂给精细、柔软、青绿多汁的饲料，还可以在饲料中增加麸皮喂量，使母羊能够顺利产仔。母羊分娩前 10 d 左右，根据母羊的消化状况和食欲情况适当控制饲料量，但是瘦弱的母羊应该多加精料，以防止母羊产奶不足。

波尔山羊种母羊产羔后的3个月为哺乳期，分娩后便进入哺乳期。在产羔后的 1 ～ 1.5 个月内，羔羊主要以母乳作为最主要的食物来源，特别是羔羊出生后 3 周内，母乳几乎是羔羊唯一的营养物质。为了确保羔羊出生后有充足的母乳，对波尔山羊种母羊应供给全价日粮。哺乳期的前几天母羊会感到身体疲惫、没有力气，抵抗力相对较弱，所以，产房要保温防潮，防止大风侵袭，尽量饲喂优质的干草。产后 1 ～ 3 d 内尽量少给或者不给精饲料，因为精饲料容易引起消化不良、乳房炎等。经过 1 周左右的护理可以恢复正常饲养，但是要注意多饮水，保持饲养环境的卫生，经常清扫、消毒羊舍，适当增加母羊运动量。

三、羔羊的舍饲饲养管理

（一）饲养

羔羊在 1 ～ 1.5 月龄时以母乳喂养为主，此时要保证产羔母羊的营养。若产羔母羊的乳汁不足，可以寄乳、找保姆羊或喂牛奶、奶粉等。喂奶粉时要定时、定量、定温（温度在 37 ～ 42 ℃）、卫生，用温开水冲喂。饲喂要有规律，不可过饱或过饥，保持七八成饱即可。羔羊在出生 10 ～ 15 d 即可少量采食粉状、小柱状饲料，要训练羔羊及早采食。2 月龄羔羊瘤胃机能已发育到一定程度，采食量增加，可适量补充精饲料和优质干草，但是仍需要一定的母乳喂养。

（二）断奶

羔羊一般在 3 ～ 4 月龄断奶。及早断奶对于母羊体质恢复，准备下次配种很有必要。断奶可以采取阶段性断奶和一次性断奶两种方法。

① 阶段性断奶就是从羔羊 80 日龄起采用母仔白天分离、晚上在一起的方式，以后逐渐延长分离时间，直到 120 日龄体重达到 15 kg 以上，羔羊就可以完全与母羊分开了。

② 一次性断奶法就是羔羊到了 120 日龄，体重到 15 kg 以上时，羔羊一次性与母羊分开。

在哺乳期，由于体内促性腺激素的分泌，故母羊不会发情。断奶后，母羊机体和生殖机能逐渐恢复，可以再次发情配种。羔羊早期断奶，可以实现 2 年 3 胎的繁殖模式。

此外，还有羔羊的早期断奶，其方法是在羔羊出生 7 d 后，把母羊和羔羊用一块不透明的隔板隔开，母仔分别在隔板的两边，隔板靠近地面的地方，中间开一个小门，只能容纳羔羊定期出入吃奶。一般一日吃奶 3 次，吃奶时就把小门打开，让羔羊从小门进入母羊舍内，一般 40 d 后即可断奶。在羔羊断奶前，先要在羔羊的混合饲料中加入益生菌等，可促进羔羊提早采食饲料。

只要对羔羊认真做到早喂初乳、早期补料，出生后 7 ～ 10 d 就开始喂青干草和饮水，10 ～ 20 d 喂混合精料，就能提高羔羊的成活率，减少死亡率。

（三）饮水

羔羊饮水非常重要，不要让羔羊缺水或失水，最好能全天自由饮水。水中可放入高锰酸钾（0.1% 浓度）或土霉素粉，每周放 1 ～ 2 次，可以减少羔羊肠道疾病的发生，还可以预防羊口疮的发生。但不可以每天都放，以免损伤羔羊胃肠道内的有益微生物。

（四）运动

适度运动可以增强羔羊的体质，提高抗病能力，增加采食量。羔羊出生1周后，选择温暖无风天气，把羔羊驱赶到向阳地带进行少量运动或日光浴，以减少佝偻病的发生。在羔羊1月龄以上时，每天让羔羊运动2 h，行走2～3 km。随着日龄的增加，运动量相应增加。运动时，注意从小就要训练羔羊听从口令。

（五）驱虫

羔羊容易感染绦虫、蛔虫等寄生虫，2月龄羔羊即可感染，造成羔羊贫血、下痢、消瘦，重度的可能造成死亡。因此，羔羊2月龄时要进行一次体内驱虫，应用的驱虫药物为丙硫咪唑、左旋咪唑等。体表寄生虫可以用除癞灵等药物喷浴。

（六）防病

预防传染病就是要进行疫苗注射。按照防疫规程注射羊三防四联苗、山羊痘疫苗等。羔羊常见病有流感、肺炎、胃肠炎等。养殖人员要注意观察羔羊有无鼻涕、咳嗽、拉稀等现象。

四、育成公、母羊的舍饲饲养管理

从断奶到配种前（4～18月龄）的羊称为育成羊，此阶段羊只生长速度快，增重较大，因此要加强饲养管理。其舍饲饲养管理要点如下：

（一）饲喂

1. 育成前期（4～8月龄）

由于瘤胃还不是很发达，所以每日要给予0.5～1 kg的优质干草，还要补充0.2～0.5 kg的全价混合精料。日粮精料标准为玉米50%、豆饼15%、麸皮15%、苜蓿15%、骨粉2%、食盐1%、微量元素和维生素1%、磷酸氢钙1%。

2. 育成后期（9 ~ 18 月龄）

优质干草、秸秆每日适当增加 0.25 ～ 0.5 kg，精料每日 0.2 ～ 0.4 kg 即可。

（二）防病

育成羊在刚开始与母羊分离的时候，往往会发生应激反应而导致全群性感冒。根据养殖户的经验：育成羊可以注射二氟沙星或安痛定等药物，连续用药 2 d，每天早、晚各 1 次即可，有很好的预防作用。

（三）禁止早配

育成公、母羊在育成期即有性行为，虽然达到了性成熟，但是还没达到体成熟，所以此时不应配种。

（四）运动

运动可以增强育成羊的体质，增进食欲，促进生长发育，对其一生的发育有决定性作用。每天运动 2 h，路程在 3 ～ 4 km。

（五）驱虫

5 月龄体内驱虫一次，以后每 6 个月驱虫一次。体表寄生虫可以根据情况而定。

五、后备公、母羊的舍饲饲养管理

后备羊是指 18 ～ 30 月龄的羊。此时公、母羊均已达到配种年龄，要做好配种的准备工作。但有些品种的羊 18 月龄时还没有完全达到体成熟，对于后备公、母羊的使用仍需注意。

（一）后备公羊的饲养管理

① 饲料营养要丰富。精、粗饲料要多样化，可以适当增加粗饲料

的量，保证钙、磷、多种维生素、微量元素的供应。

② 后备种公羊的使用要适度。不可强度过大，以免造成伤害，影响后期生长，若采用本交的形式，可按 1∶20 比例投放公羊。

③ 加强运动。每天要运动 3 h，路程 5 km 以上。

④ 做好修蹄、驱虫工作。

（二）后备母羊的饲养管理

① 保证正常体况。要求达到八成膘，不宜过肥，以免不孕。

② 防流产。后备母羊第 1 次妊娠，在妊娠的中期、后期容易发生流产，要尽量减少应激反应。若发现流产征兆，可用黄体酮等药物保胎。

③ 防难产。后备母羊产羔时容易发生难产，应注意观察其临产征候，发现难产要及时人工助产。

④ 加强母性培养。后备母羊一般母性较差，饲养人员要注意加强母羊母性培养，加强母仔亲和性。对于母羊弃羔、不哺乳羔羊的，要把母羊和羔羊单独圈在一起，把母羊绑在柱子上，让羔羊吃奶，或者将羔羊的羊水、尿等涂在母羊的嘴巴上，让母羊舔羔羊，以加强母仔的亲和性。对舍饲的后备羊，最好单独组群圈养（图 5-65，图 5-66）。

图 5-65 圈养波尔山羊的后备羊群（一）

图5-66　圈养波尔山羊的后备羊群（二）

六、羯羊的育肥

羯羊的育肥是将不适合作种用的公羊进行阉割，然后进行育肥的一项技术。其目的就是在较短的时间内把这样的羊育肥，以换取最高的经济效益。

（一）选择育肥羊

选择不宜作种用的 5 ～ 6 月龄的公羊，在早秋时候去势，经过 4 ～ 6 个月的育肥至第 2 年的 4 ～ 5 月份以后出售、屠宰，这样可保证增重，获得较高的经济效益。去势的公羊比没去势的公羊可增加体重 10% ～ 20%，每头可多盈利 100 ～ 200 元。

（二）营养和饲料

羯羊的育肥是短期育肥，所需营养要全面，能量水平要高。粗饲料可用玉米秸秆、豆秸、地瓜秧、各种树叶、各种杂草等。精饲料有玉米、豆粕、棉籽粕等。精粗料的比例为（60% ～ 70%）：（40% ～ 30%）。一般日喂量为 2.5 ～ 2.7 kg，每天投喂两次，日喂量的多少与调配以饲槽内基本不剩料为标准。

建议日粮：粗饲料 0.5 ～ 0.7 kg，苜蓿草 0.3 ～ 0.5 kg，混合精料

0.5 ～ 0.6 kg。其中混合精料的推荐配方有：

① 玉米 55%，麸皮 15%，棉籽粕 20%，豆粕 8%，食盐 1%，维生素，微量元素 1%。

② 玉米 40%，酒糟 20%，棉籽粕 20%，豆粕 8%，麸皮 10%，食盐 1%，维生素、微量元素 1%。

（三）免疫、驱虫、剪毛

在确定是育肥羊后，应立即进行预防注射，注射三联四防灭活疫苗。同时进行体内、体外驱虫，对感染疥癣的羊进行药浴或局部涂抹药物灭癣，以免因感染寄生虫而影响增重。在育肥前应剪毛，一方面可以增加收入，另一方面可以改善羊的皮肤代谢，促进羊的育肥。

（四）保温

育肥大部分在秋、冬季进行，要注意防寒保温，应保证圈内温度达到 10 ℃以上，以减少维持需要，有利于育肥羊的增重育肥。

（五）运动、修蹄

每天适当运动，以时间 0.5 ～ 1 h、路程 2 km 为宜，运动量小有利于育肥。根据羊蹄具体情况进行修蹄。

（六）淘汰的种羊育肥

对于不能繁殖的母羊、淘汰的种公羊也可进行育肥。但要使育肥羊处于非生产状态，公羊要停止配种、试情，并进行去势；母羊应停止配种、妊娠或哺乳。这类羊的育肥期要短，一般以 2 ～ 3 个月为宜，能量饲料要略高于羯公羊，否则经济效益差。

七、舍饲管理要点

归纳起来，舍饲要注意以下几个问题：

（1）保证充足的饮水　水质要清洁，不饮脏水、冰碴水。为了刺激饮水的欲望，可以在水面撒些豆面、玉米面等。炎热季节要适当增加饮水的次数，最好做到自由饮水。

（2）合理舍饲，少给勤添，严禁浪费　要把草放在草架上或“吊草把”饲喂。饲喂精饲料时要撒布均匀。饲槽要充足，防止羊只拥挤。要检查饲料的质量，禁止喂发霉、变质的饲料（图 5-67）。

图5–67　羊的圈养舍饲

（3）防止羊只顶伤、挤伤　在配种期、妊娠期要认真观察羊群，经常巡视。对于脾气暴躁、争强好斗的羊要采取隔离措施，防止顶伤，防止母羊被挤伤发生流产等后果。在母羊妊娠期饲喂时要控制好羊群，出入圈舍要慢，敞开圈门，冬季运动时要防冰雪路滑。运动中不可跳跃沟槽。

（4）修蹄　舍饲羊只的蹄生长快、磨损小，容易造成蹄部变形，产生蹼蹄（鹅鸭之类的脚，趾间有蹼）、跛行。对于蹄部有问题的羊，每个月至少要修蹄1次，保证蹄部平整。如果蹄部问题严重，可实行多次修整。

（5）保持圈舍、运动场和周围环境干净　按时清扫圈内粪便、剩草、雨水、积雪等。夏季每3 d就要进行1次，冬季大约1个星期1次。每天要清扫、洗刷料槽、水槽。每周对圈舍以及周围环境消毒 1 次。

（6）严格执行兽医卫生防疫制度　按时做好防疫、检疫、驱虫、治疗。

（7）经常巡视羊群　在配种期间、母羊妊娠期间以及产羔期间要密切注意羊群，发现问题及时解决。

第六章 羊的产品

羊的产品很多，用途很广，价值也很大，对于改善人们的生活，以及对毛纺、皮革、食品、医药、化工等行业都具有重要意义。羊的主要产品有羊肉、羊毛、羊皮、羊绒等。

一、羊肉

羊肉具有蛋白质含量高、必需氨基酸含量高的特点，同时还含有丰富的维生素以及钙、磷、铁等矿质元素，而且脂肪的含量低，并主要沉积在皮下和内脏器官周围，胴体的脂肪层薄。羊肉的胆固醇含量在各种肉中最低，是忌食高胆固醇的人的一种比较理想的肉食。羊肉中含有挥发性脂肪酸，使其具有特殊风味（膻味），为许多人所喜食。

1. 羊肉的营养特点

羊肉是营养价值较高的肉食品，在国外，有些国家把羊肉作为上等的食品，价格比其他肉食品要高。主要原因是羊肉胆固醇的含量低，可防止动脉硬化和心血管病的发生，有利于身体的健康和长寿。同时，羊肉具有适口性好、营养价值高的特点，还具有一定的保健功能，是牧民的主要肉食品，也会在今后成为民众肉食品的主要组成部分。

根据现代人们的生活理念，人们对食品不仅要求经济、适口、富有营养，还要求有利于身体健康和长寿。羊肉与其他肉类相比，营养全面且丰富，肌肉纤维纤细，肉质纯香，富有一种特殊的气味，适合大多数消费者的口味。同时羊肉中铜、铁、锌、钙、磷的含量高于其他肉类，维生素 B_1 和维生素 B_2 的含量与牛肉接近，维生素 B_{12} 的含量最高，烟酸（维生素 B_3）含量高于猪肉和牛肉。所以说羊肉是一种集营养和保健于一体的高档肉食品，烤全羊更是一种高端的传统美食（图 6-1）。

图6–1　烤全羊

2. 羊肉品质的鉴定

羊肉的品质主要受品种、年龄、性别、营养水平、屠宰季节等因素的影响，主要根据以下标准进行羊肉品质鉴定。

（1）胴体的外形　理想的胴体应该是肌肉丰满、柔嫩紧凑，如果把胴体挂在铁钩子上，两后腿之间应该呈 U 形，而不是 V 形。

（2）胴体的肥度　胴体的瘦肉比例要高，骨和脂肪的比例要低。比较理想的胴体应该是在胴体的表面均匀地覆盖着一层很薄的脂肪，肌肉内含有适量的脂肪，形成大理石样花纹，具有柔嫩味美的特点。胴体的表面脂肪过多，会降低经济价值；相反，脂肪过少的胴体在储藏、运输和烹调过程中往往变得干燥，影响肉的嫩度。

（3）胴体的颜色　胴体的颜色要求鲜艳，以浅红色至鲜红色为好。脂肪的颜色应以白色为佳，黄色脂肪较差。因为黄色脂肪中，不饱和脂肪酸含量高，使得脂肪变软，容易氧化酸败，不能长期保存。

（4）胴体的分级标准　胴体按以下标准分级：

一级：胴体重 25 ～ 30 kg，肉质好，脂肪含量适中，第 6 对肋骨上部棘突上缘的背部脂肪厚度为 0.8 ～ 1.2 cm。

二级：胴体重 21 ～ 23 kg，背部脂肪厚度 0.5 ～ 1.0 cm。

三级：胴体重 17 ～ 19 kg，背部脂肪厚度 0.3 ～ 0.8 cm。

凡是不符合要求的均列为等外胴体。

3. 羊肉的储存

羊肉及其制品的储存方法很多，有干燥法、盐藏法、低温保藏法、熏烟法、罐藏法、放射线处理法、药品储藏法等。在此不做过多介绍。

二、羊绒

羊绒是绒山羊的最主要产品，养殖绒山羊的目的之一是获取羊绒。山羊绒在国际市场上又叫“开士米”。绒山羊的羊绒同马海毛（安哥拉山羊毛）、兔毛、骆驼毛等都属于天然纤维中的特种毛纤维，是毛纺工业的高级原料，羊绒具有“纤维中的宝石”之称。

我国的山羊绒在国际市场上早就享有盛誉，绒的隔热能力是绵羊毛的 3 倍。绒纤维细，光泽明亮如丝样。绒织品具有轻、暖、手感柔软滑爽等特点，属于高档商品，是当今人们追求的理想产品。山羊绒是我国传统的出口物资，售价是细羊毛的 7 ～ 8 倍，原绒和绒织品远销欧美等国家。关于羊绒概述、成绒规律及梳绒技术等，前边已经做过介绍，在此不再过多赘述。

三、羊毛

1. 羊毛的结构

（1）形态学结构及附属组织

① 形态学结构。羊毛可分成毛干、毛根和毛球三部分。

毛干：毛干是羊毛露出皮肤表面的部分，这一部分通常称为毛纤维。

毛根：羊毛在皮肤内的部分叫毛根。其一端与毛干相连，另一端与毛球相连。

毛球：毛球位于毛根的下部，为羊毛的最下端，其外形膨大呈球状，故称为毛球。

② 附属组织。羊毛的附属组织包括毛乳头、毛鞘、毛囊、脂腺、汗腺及竖毛肌。

毛乳头：毛乳头是供给羊毛营养的器官，位于毛球的中央，由结缔组织组成。其中有密集的血管和神经末梢，由血液运送营养物质到毛球，保证毛球中细胞的营养，使得羊毛生长。

毛鞘：毛鞘是由数层表皮细胞形成的管状物，包在毛根的外面，可分为内毛鞘和外毛鞘两部分。

毛囊：毛囊是毛鞘周围的结缔组织层，形成毛鞘的外膜。

脂腺：脂腺位于皮肤中毛鞘的两侧，分泌管开口于毛鞘中，分泌油脂，具有滋润皮肤、保护毛纤维的作用。油脂在皮肤表面与汗液相混合，称为“油汗”。

汗腺：汗腺位于皮肤深层，分泌管直接在皮肤表面开口，有的靠近毛孔开口，有调节体温、排出代谢产物的作用。

竖毛肌：竖毛肌是位于皮肤内层的一种很细的肌纤维束。其一端附着在脂腺下部的毛鞘上，另一端和表皮相连接。竖毛肌的收缩和舒张可以调节脂腺和汗腺的分泌，调节血液和淋巴的循环。

（2）羊毛组织学结构　用显微镜观察，羊毛纤维按组织学结构可分为有髓毛和无髓毛两类。有髓毛也叫粗毛纤维，无髓毛又叫细毛纤维。有髓毛由鳞片层、皮质层和髓质层组成；无髓毛由鳞片层和皮质层组成，无髓质层，因而叫无髓毛。

① 鳞片层。鳞片层位于毛纤维的表面，由角质化的细胞构成，如同鱼鳞一样覆盖在羊毛表面，保护毛纤维免受物理、化学和机械作用的破坏，同时使羊毛具有坚实性和毡结性。

② 皮质层。皮质层位于鳞片层之下，是毛纤维的主体部分，决定

着毛纤维的主要品质，如羊毛的强度、弹性、伸度等。同时，皮质层还决定着羊毛的天然颜色。染色时，染色剂被皮质层所吸收。

③ 髓质层。细毛羊和粗毛羊的绒毛没有髓质层，粗毛及两型毛的毛纤维中心部分有髓质层。髓质层所占的比例越大，则毛纤维的强度、弹性、伸度越差，纺织价值越低。但髓质层能降低毛纤维的导热性能，冬季可减少热量散发，夏季可防止受热。这是因髓质层中间充满空气，空气是热的不良导体，所以可降低毛纤维的导热性。粗毛纤维是有髓毛，所以保暖性好。野生绵羊和原始品种的羊粗毛都有发达的髓，这是对大自然的一种适应。

2. 羊毛纤维类型和羊毛分类

（1）羊毛纤维的类型　一般将毛纤维分为四种类型，也就是刺毛、无髓毛、有髓毛和两型毛。

① 刺毛。刺毛分布在羊的颜面部和四肢的下端。毛纤维粗短，光泽较亮，多呈直立状，在皮肤上倾斜着生长，一根覆盖一根，故刺毛又称为覆盖毛。剪毛时刺毛一般都不剪，因其无法被利用。

② 无髓毛。无髓毛又称为细毛或绒毛。粗毛羊的绒毛分布在毛被的底层；细毛羊的毛被完全由细毛组成。

③ 有髓毛。有髓毛也叫粗毛或发毛，可分为正常有髓毛、干毛和死毛三种。后两者是前者的变态。有髓毛一般都比较粗长且弯曲少，是毛被的外层毛；干毛与有髓毛结构一样，主要在毛纤维的上端，但粗硬而脆，缺乏光泽，毛纤维干枯。这是由于毛纤维的上半部受雨水侵袭、风吹日晒，失去油汗所造成的。干毛越多、越长则品质越差。死毛毛色灰白，无光泽，粗硬易断，完全没有弹性、强度、光泽和染色能力，属于毛纺工业上的杂质。

④ 两型毛。两型毛又称为中间型毛，其细度、长度及纺织价值介于无髓毛和有髓毛之间。

（2）羊毛分类　羊毛按照所含纤维的类型可分为同质毛（细毛和半细毛）和异质毛（粗毛）。

3. 羊毛纤维的理化特性

（1）羊毛的物理性质　羊毛的物理性质是羊毛品质的基础，它决定着羊毛的价值。羊毛的物理特性包括颜色、光泽、细度、长度、弯曲度、强度、伸度、吸湿性及回潮率、黏合性等。

① 颜色。颜色是指洗净后羊毛的自然色泽。羊毛的颜色主要有白色、灰色、黑色及杂色等。其中以白色最好，因其可染成任何颜色。

② 光泽。羊毛纤维的光泽与毛纤维类型有关，一般有髓毛光泽亮，无髓毛较暗淡。根据羊毛对光线的反射强弱，可将羊毛光泽分为全光毛（如安哥拉山羊毛、中卫山羊毛等）、半光毛（如罗姆尼羊毛、林肯羊毛等）、银光毛（如美利奴羊毛）和无光毛（粗毛羊的毛、低代杂交羊羊毛等）。

③ 细度。细度是指羊毛纤维的粗细程度，即单根羊毛纤维截面的直径或宽度，一般用微米（μm）表示。羊毛细度在工业上用“支数”来表示，即以 1 kg 净梳毛能纺成 1 km 长度的毛纱数，就叫多少支数。羊毛越细，单位重量里含羊毛的根数就越多，能纺成的毛纱也就越长。羊毛细度是确定羊毛品质和使用价值最重要的指标之一。羊毛越细、越均匀，纺织的毛纱就越长，品质也越好。羊毛细度因羊的品种、性别、年龄、体位、饲养管理水平等不同而有差异。

④ 长度。羊毛长度有自然长度和伸直长度两种表示方法。自然长度又叫毛丛长度，指毛丛在自然弯曲状态下，从皮肤表面至毛丛顶端的直线距离，此长度一般在长足 12 个月时量取；伸直长度又叫真实长度，是指将单根羊毛纤维拉伸至弯曲刚消失时毛纤维两端的直线长度，其准确度要求达到 1 mm。伸直长度主要用于毛纺工业和科学研究，其越长则纺织品的品质越好。

⑤ 弯曲度。在自然状态下，羊毛纤维沿长度方向有自然的周期性弯曲，单位毛长度内弯曲数目称为弯曲度。弯曲的形态有多种，其类型与毛纺工艺有着密切关系，弯曲过浅或过深都不理想。

⑥ 强度。强度指羊毛纤维的抗断力。羊毛强度与纺织品的结实性有关。羊毛强度有绝对强度和相对强度两种表示方法。绝对强度指拉断单根纤维或一束纤维所用的力，以克（g）或千克（kg）表示；相对强度指拉断羊毛纤维时，单位横切面上所用的力，用 kg/cm^2 表示。细毛和半细毛的强度大，其纺织品较结实。在营养不良、疾病、妊

娠、哺乳以及储存方法不当、洗涤温度过高时，羊毛强度就会降低。

⑦ 伸度。伸度指将羊毛弯曲完全拉直后再继续拉伸到断裂时所增加的长度占毛纤维长度的百分比。伸度是决定羊毛纤维机械性能及纺织品结实性的重要指标。

⑧ 吸湿性及回潮率。羊毛在自然状态下具有吸收和保持水分的能力，这被称为吸湿性。毛吸收和保持水分的多少用回潮率表示，其公式为：

$$回潮率(\%)=\frac{原毛重量(g)-绝对干燥羊毛重量(g)}{绝对干燥羊毛重量(g)}\times 100\%$$

羊毛的吸水能力很强，一般情况下，羊毛含水量可达 15% ～ 18%，当空气湿度大时，平均含水量可达本身重量的 40% 以上。为了明确单位重量羊毛的价格，国际上规定了标准的回潮率，即在温度 20 ℃和相对湿度 65% 的条件下测定的回潮率。

⑨ 黏合性。黏合性是指羊毛在湿热及压力下，可以相互毡结在一起的特性，这是其他纺织纤维所不具备的优良工艺性质。纺织工业上利用这种特性可织毡和呢绒。

（2）羊毛的化学性质　羊毛纤维是皮肤的衍生物，是一种复杂的蛋白质化合物，属于角蛋白。

① 碱对羊毛的作用。羊毛抗碱能力较弱，当 pH ＞ 8 时，开始有明显的破坏作用。用 5% 氢氧化钠溶液煮沸几分钟，可使羊毛纤维全部溶解，所以羊毛及羊毛织品不宜用强碱洗涤，最好在低温水中（温度低于 52 ℃），用中性肥皂或低浓度碱液洗涤，之后要用清水多次漂洗，以免形成碱斑，降低毛织品的质量。

② 酸对羊毛的作用。羊毛的抗酸能力较强。一般弱酸及低浓度的酸对羊毛没有明显的破坏作用。试验证明，pH ＜ 4 时，开始有较明显的破坏作用。也正因为这一性质，羊毛染色常用酸性染料。

③ 温度对羊毛的作用。在 100 ～ 105 ℃干燥环境中，羊毛完全失去水分，毛纤维变得粗糙发硬，弹性降低，如果将这样的羊毛重新放回到常态下，仍能吸收水分，恢复到原有的柔软性和强度。但长时间

的高温对羊毛具有不可逆转的损害。所以，羊毛不要长时间在阳光下曝晒，烘干羊毛温度不要超过 105 ℃。

④ 水对羊毛的作用。羊毛不溶于冷水，但长时间浸泡在水中，会使纤维膨胀，造成强度下降。但羊毛会在热水中分解，水温超过 110 ℃时羊毛就会被破坏。

4. 羊毛缺陷的产生和预防

（1）弱节毛　弱节毛也叫饥饿毛，主要是因为某一段时间内，羊营养不良或疾病、妊娠等导致毛纤维某一部分明显变细形成弱节。防治的方法是加强羊只的饲养管理，防止疫病发生。

（2）圈黄毛　凡是被粪尿污染的毛都称为“圈黄毛”，主要是由于羊圈舍潮湿，好久不换垫草等造成的。

（3）疥癣毛　由患有疥癣病的羊身上剪下的羊毛称为疥癣毛。预防的方法是防止疥癣病的发生，发现病羊及时隔离，及时治疗。预防疥癣病的方法主要是药浴。

（4）毡片毛　毡片毛是羊毛紧紧黏合在一起，形状似毡片一样。造成这种毛的主要原因是：外界气候的影响，如雨淋等，使得羊毛黏结；疾病造成羊毛粘在一起；羊毛的弯曲发生交缠；羊身体某些部位与外界挤压、摩擦，或尿浸等。

（5）染色毛　养殖户为了识别羊群或羊只，常用一些有色的物质涂抹在羊身体上以利于识别，从而造成染色毛。预防的方法是选择羊毛利用价值比较低的部位进行涂抹。

（6）重剪毛　重剪毛也叫二刀毛，主要是由于剪毛时剪毛人员技术不过关造成的。避免重剪毛的方法是严格按照技术规程操作。

（7）草刺毛　带有很多植物性杂质的毛叫草刺毛。造成草刺毛的原因是，在放牧、补饲等饲养管理过程中杂质混入被毛中，特别是在秋季，有刺牧草种子成熟时黏附在羊的被毛上。防止的方法是放牧时不要到含有刺杂草的牧场上。

5. 羊毛鉴定分级

（1）羊毛分类　羊毛分类是按照羊毛的物理特性和主要特征来进

行的。一般有以下几种分类方法：

① 按照羊毛的集散地分类。可分为西宁毛、新疆毛、华北毛等。

② 按照羊的品种分类。可分为细羊毛、半细羊毛、改良羊毛和土种羊毛。

③ 按照剪毛季节分类。可分为春毛、秋毛和伏毛（酷暑季节剪的毛，毛较短）。

④ 按照取毛的方法分类。可分为剪毛、抓毛、割毛、化学脱毛（环磷酰胺）。

⑤ 按照毛纺工业用途分类。可分为精纺用毛、粗纺用毛、毛线用毛、地毯用毛、毛毯用毛、其他工业用毛。

（2）羊毛的分等　羊毛分等是在羊毛分类的基础上进行的。根据羊毛标准按套毛品质划分等级。我国的羊毛是根据羊毛标准 GB 1523—2013《绵羊毛》中的规定分等的，包括细羊毛的分等规定、半细羊毛的分等规定、改良羊毛的分等规定。

（3）羊毛的分级　根据羊毛工业分级标准，对套毛不同部位的羊毛品质进行细致的分选，把相同品质的羊毛进行归类，就是羊毛的分级。我国羊毛是根据 FJ417—81《国产细羊毛级及改良毛工业分级》的标准进行分级的，可将细毛和改良毛分为支数毛（70 支、66 支、64 支、60 支）和级数毛（一级、二级、三级、四级甲、四级乙、五级）。

四、羊奶

羊奶也是人类重要的动物性食品来源，是鲜奶和奶制品加工的第二个主要来源。羊奶与牛奶在化学成分上无显著差异，但在一些消化生理方面要优于牛奶。

1. 羊奶的营养价值

羊奶的干物质含量比牛奶高，脂肪球直径更小，含蛋白质更高，矿物质含量也高，但羊奶的酸度较低。同时，羊奶的安全性高，因山羊不易感染结核病。

2. 羊奶的物理特性

新鲜羊奶是白色、不透明、均匀一致的液体。但羊奶含有一种特殊的气味——膻味，一般在加热或饮用时可以感觉出来，膻味的存在成为很多消费者不愿意饮用羊奶的重要原因。膻味的存在与羊奶中的游离脂肪酸有关，主要是短链游离脂肪酸，如己酸、辛酸、癸酸。由于羊奶中上述三种脂肪酸含量较高，一般为 6% ～ 8%，因此羊奶比牛奶的膻味大，有些人不喜欢。去除膻味的方法有：

（1）鞣酸脱膻　采用鞣酸脱膻的方法处理羊奶，不仅可脱去膻味，而且可使脱膻后的羊奶更加清香可口。具体的方法是：在煮羊奶时加入少量茉莉花茶，煮开后将茶叶滤除，即可达到脱膻的目的。用此方法处理羊奶，虽然羊奶的色泽略显发黄，但奶质不受影响。

（2）杏仁酸脱膻　采用此法处理的羊奶，不仅气温芳香、顺气开胃，而且能大补气血，是病弱者和老年人的理想滋补品。具体方法是：煮羊奶的同时放入少许杏仁、橘皮、红枣，煮开后将上述三物滤除，即可达到脱膻的目的。

3. 羊奶的储存

一般采用冷却保存的方法。刚挤出的羊奶要冷却降温后才能延长保存时间。常用的方法有水池冷却法、热交换器冷却法、制冷式冷罐冷却法等。

五、羊皮

1. 羊皮的分类

羊屠宰后剥下的鲜皮，在未经鞣制之前称为生皮。生皮带毛鞣制而成的产品叫毛（绒）皮，用于制裘，鞣制后可做皮褥子、皮衣、皮垫等。鞣制时去毛仅用皮板的生皮叫板皮。板皮经脱毛鞣制而成的产品叫作革，其柔软细致，轻薄而富于弹性，染色性和抱形性好，其制品可用于军用、工业、农业、民用等领域。羊皮按照取皮的年龄和用途的不同，可分为裘皮、羔皮两种。

（1）裘皮　裘皮指将出生1月龄以上的羊只宰杀所剥取的毛皮。裘皮具有毛卷长、皮板厚实、花穗美观、底绒多、保暖性好的特点。主要用于制作毛面朝里穿的皮袄、大衣等御寒衣物。裘皮在我国又分为二毛皮、大毛皮和老羊皮。利用出生后30 d左右羔羊所剥取的毛皮是二毛皮；利用6月龄以上未经剪过毛的羊只所剥取的毛皮是大毛皮；老羊皮则是利用1岁以上剪过毛的羊只所剥取的毛皮。一般屠宰年龄越小，裘皮越轻便，毛卷弯曲越明显，也更加美观；屠宰年龄越大，毛股越长，皮张越厚，保暖性能越好，但穿着比较笨重。

（2）羔皮　凡是从生后1～3 d或流产的羔羊身上所剥取的毛皮统称为羔皮。羔皮毛细光亮，有明显的波浪形花纹，毛有弯曲，皮板薄，适合做妇女、儿童的皮外衣、皮帽、镶边、围巾等，具有轻便美观的特点。由山羊的羊羔身上所剥取的皮又称为猾子皮。猾子皮具有皮板结实、毛紧密、有光泽、花纹明显、有波浪形弯曲等特点，适合做毛朝外的女式长短大衣、帽子、衣领和衣服的镶边，很受国内外消费者的欢迎。

2. 影响裘、羔皮品质的因素

（1）品种遗传性　品种不同，羊皮的毛卷、毛色等都不一样。比如湖羊羔皮板皮薄而柔软，毛细短无绒，毛根发硬，富有弹力，毛色洁白，花纹类型为波浪形或片花形。

（2）自然生态环境　每一个品种的形成都是与其长期赖以生存的环境有关的。如湖羊羔皮花纹图案的形成，就是与太湖流域夏季湿热、冬季湿冷及全年舍饲的自然条件分不开的。

（3）剥皮季节　随着季节的变化，裘皮、羔皮的被毛密度、毛卷的弯曲程度等品质也会发生变化。秋末冬初羊体肥壮，剥取的裘皮、羔皮质地紧密结实，弹性好，不易脱毛，毛多，保温性好；进入严冬后，羊只消瘦，皮板变薄，弹性稍差；春夏季节羊体开始复原，但皮质较差，易脱毛，毛干枯缺油；夏皮毛稀皮薄、质地粗糙。所以，秋季和初冬季节的裘、羔皮最好，冬末春初的皮次之，最差的是夏季剥取的皮。

（4）屠宰年龄　羊只屠宰的日龄（月龄）越小，则花案及毛卷就越美观清晰，皮张越轻便。但也有一个问题，就是屠宰过早则影响皮张的面积和被毛的长度；反之，屠宰过晚，皮张面积是大了，但质地疏松粗糙，花纹和毛卷不够清晰，就不适宜鞣制高档产品了。

（5）裘、羔皮的储存、晾晒及保管　裘、羔皮富含脂肪和蛋白质，尤其是生皮，如果晾晒方法不当，则容易受潮霉烂，引起虫蛀和鼠咬，或者受热造成脂肪分解、皮板干枯等。因此，要妥善保存。

3. 宰杀剥皮

生皮的质量除受品种、年龄、性别、宰杀季节、饲养管理水平等的影响外，还与宰杀技术以及剥皮方法有很大关系。剥取羔羊皮的顺序应先自颈下中线顺着胸、腹部开始，待腹部、体侧、背部的皮肤完全和胴体分离后，再剥取后肢的皮肤。而后将羔羊倒挂于钩子上，用刀剥离尾部和头部的皮肤。耳朵自耳根随羔皮一块割下来后，将耳中的软骨及皮肤撕下，在羔皮上只留耳朵的毛皮。

（1）裘、羔皮的剥取及注意事项　对于裘、羔皮的剥取，如果方法不当会严重影响皮的质量和价值。正确的取皮主要注意以下三点：

① 宰杀最好用直切法，即用刀在颈下中线处纵向切开 5 ～ 7 cm 的切口，再用尖刀深入切口内挑断气管和血管，然后固定羊只，使血液自开口处顺着嘴巴直接流入集血盆内，防止羊血污染毛皮。

② 剥取的羔皮要求形状完整，全头、全耳、全腿，甚至公羔的阴囊皮也尽可能留在羊皮上。因此，剥皮时应尽量避免人为伤残，如割破、撕裂、刀伤等。

③ 在剥皮过程中要随时用刀刮去残留在皮上的肉屑、油脂，以保证羔羊皮洁净和不腐败。

（2）成年羊皮的剥取　成年羊剥皮时，用尖刀在腹中线先挑开皮层，而后继续沿着胸部中线至下颚的唇边，然后回手沿着中线向后调至肛门处，再从两前肢和两后肢内侧切开两横线，直达蹄间，垂直于胸腹部的纵线，接着用刀沿胸腹部挑开皮层，向里剥开 5 ～ 10 cm，最后用拳头捶击的方法，一手拉开羊腹部挑开的皮边，一手用拳头捶肉，一边拉一边捶，将整个羊皮剥下，不可缺少任何部分。

4. 羊皮的整形

将剥下的生皮，用钝刀刮除皮板上的肉屑、脂肪、凝血以及杂质，当心不要刮破皮板，要保持毛皮的完整性。然后再去掉口唇、耳朵、蹄瓣、尾骨以及有碍皮形整齐的皮边角料等。最后按照皮张的自然形状和伸缩性质，把皮张各部位都平坦地展开，使得皮形平整、方正。

5. 羊皮防腐处理

生羊皮主要由胶原纤维所组成，含有蛋白质、脂肪和水分，特别有利于细菌的繁殖，所以很容易腐败。因此，生羊皮要及时进行防腐处理。目前防腐主要有晾干法和盐腌法两种。

（1）晾干法　晾干法简便易行，成本低，便于储藏和运输，所以民间最常用。晾干法的实质是除去皮中的大量水分，将鲜皮晾到含水量 12% ～ 16% 左右，创造一个不利于细菌生长繁殖的环境条件，从而达到防腐的目的。

具体的做法是：先将生皮的毛抖顺，皮板向下，毛面朝上，按照自然的形状伸平四肢，平铺在木板或贴附于墙上，注意不要过分拉撑，直到皮板定形后揭下，再将皮板朝上，置于阴凉通风处晾干。在晾干过程中，要防止日光曝晒，防止人畜践踏。一方面由于曝晒温度过高，生皮表面水分散失，以至于干燥不均匀，给细菌创造了良好的条件；另一方面由于强烈的日光曝晒，使生皮内层蛋白质发生胶化，在浸水、浸灰过程中易造成分层现象。同时，曝晒会使皮纤维收缩或断裂，损伤皮质，有时甚至会产生“日灼皮”和“油烧”现象。干燥方法虽然简单，但也有不少缺点，如皮张僵硬易断，不容易复水，容易发生“烫伤”等，故在处理过程中应特别注意。晾干后的生皮，可立即打包存放。生羊皮经干燥后，面积约减少 15%，厚度减少 30% ～ 40%，水分含量为 15% 左右。

（2）盐腌法　盐腌法能快速抑制细菌繁殖，保护羊皮的固有质量，不掉毛，不腐败，能使皮张长期保存，是目前最为普遍的防腐方法。

具体的做法有两种：

① 干腌法。干腌法就是把盐面均匀地撒在鲜皮的内面上，用盐量约为鲜皮重的35%～50%，使盐充分吸收水分，并逐步渗入皮内。撒过盐的鲜皮，皮板面相对，堆成小垛，腌制2～3 d后拉展晾干。当铺开羊皮时，必须把所有的褶皱和弯曲部分拉平，食盐应均匀地撒在皮上，厚的地方多撒。

② 水腌法。水腌法就是先在容器中配制25%食盐溶液，盐液的温度大约在15 ℃。将鲜皮放入，浸泡16～26 h，后将羊皮取出搭在绳子或木杆上，经过一昼夜，让其自由滴液。滴净水分后，根据皮重再在皮板上撒上20%～25%的干盐面，晾干即可。

六、羊内脏

1. 加工食用

（1）羊肝　羊肝经卤煮可加工成卤羊肝，或与大米制成羊肝粥，或切成丝（条）状经炒制成羊肝，还可以煮熟后切片，制成凉食，营养极为丰富。

（2）羊胃和羊肾　羊胃和羊肾都是火锅的上等原料，或烹制成爆炒腰花，或经加工制成卤制品，不仅色香味美，还具有滋阴壮阳功效。

（3）羊肠　羊肠可加工成肠衣或羊下货等直接食用，味道鲜美，如用羊肠、羊肺、羊肚（胃）等羊下货做成的美味——锅仔羊杂，就十分受消费者的欢迎。

（4）羊心脏　卤制成制品直接食用，也可与肝一起烹制菜肴，实为待客之上品。

2. 提取药物成分

（1）羊肠　羊肠制成的羊肠衣质地坚韧，是用于加工香肠、弦网、肠线等的优质原料。用羊肠线缝合时，缝合伤口的排异现象小，过一段时间会自行溶解。我国每年出口的羊肠衣约3000～5000桶（每桶

1500 根），以品质稳定、肠壁坚韧的优点而深受用户欢迎。

（2）羊胆　由于羊胆汁含有近似于熊胆的药物成分，具有抗菌、镇静、镇痛、利胆、消炎、解热等功效，可加工成胆膏、胆盐供作医药原料，还可加工成人工牛黄等药物。

（3）羊肝　羊肝不仅可以加工成产品食用，还可以加工成肝宁片、肝流浸膏、肝胃粉，提取肝铁蛋白（力勃隆）等药物。

七、羊粪尿

羊粪是一种速效、微碱性肥料，有机质含量多，肥效快。经过堆肥后施用于农田，不但能提高地温、改善土壤结构，而且能防止土壤板结，增加土地的可持续利用时间，提高作物产量。羊粪适于在各类型土壤中施用。据测算，1 只羊 1 年排粪约 300 ～ 750 kg，排尿约 180 kg。1 只成年羊 1 年排泄的粪尿中所含的氮、磷、钾，可折成 33 kg 磷酸铁、15.6 kg 过磷酸钠和 10.2 kg 硫酸钾。羊粪属于有机肥料，应用羊粪栽植出的作物属于绿色环保产品。收集羊粪的方法主要有修圈保肥、合理垫圈、夜晚卧地蹲圈。在我国，羊的粪尿几乎全部施于农田、菜园和果树。

第七章 羊病的预防、诊疗、检验及用药方法

第一节　羊病预防的总体措施

羊在生活过程中所发生的疾病是多种多样的，根据其性质，一般可分为传染病、寄生虫病、内科病、外科病和产科病以及中毒病等。

传染病是由病原微生物（如细菌、病毒、支原体等）侵入羊体而引起的。病原微生物在羊体内生长繁殖，释放出大量的毒素或致病因子，损害羊的机体，使羊发病，如不及时防治，有的常引起大批死亡，或生产力严重下降。羊发生传染病后，病原微生物从其体内排出，通过直接或间接接触传染给其他的羊，造成疫病的流行。有些急性烈性传染病，可以使羊大批死亡，造成严重经济损失。

寄生虫病是由于寄生虫（如蠕虫、昆虫、原虫等）寄生于羊体而引起的。当寄生虫寄生于羊体时，通过虫体对羊的器官、组织造成机械性损伤，夺取营养或产生毒素，使羊消瘦、贫血、营养不良、生产机能下降，严重者可导致死亡。寄生虫病与传染病有相似之处，即具有侵袭性，使得多数羊发病。某些寄生虫病所造成的经济损失并不亚

于传染病，也对养羊业构成严重威胁。

普通病是指除了传染病和寄生虫病以外的疾病。包括内科病、外科病、产科病和代谢及中毒性疾病。普通病不具有传染性或侵袭性，多为零星发生，但羊误食某些有毒牧草或毒物，也会大批死亡，造成严重的经济损失。

羊病防治必须坚持“预防为主”的方针，认真贯彻国务院颁布的《家畜家禽防疫条例》，采取加强饲养管理、搞好环境卫生、开展防疫检疫、定期驱虫、预防中毒等综合性防治措施，将饲养管理工作和防疫工作紧密结合起来，才能取得防病灭病的良好效果。

一、加强饲养管理，提高羊体抗病能力

首先，加强饲养管理，坚持自繁自养的原则。俗话说“体弱百病生”，所以养羊户应选健康的良种公羊和母羊，以提高羊的品种和生产性能，增强对疾病的抵抗力。引进种羊时对引入的羊一定要做好仔细检疫、预防接种和隔离饲养观察，确保羊群健康安全，防止因引入新羊带来病原体。饲料的品质要优良、无毒无害、无霉变和无污染，饲草饲料合理搭配，更换饲草饲料要逐渐过渡，不可突然更换。

其次，合理组织放牧。最好是编群组织放牧，合理利用草场，减少牧草的浪费和羊感染传染病和寄生虫病的机会，应推行划区轮牧制度。

最后，重点实行补饲。在冬季牧草枯萎、营养价值下降时或放牧采食不足时，必须进行补饲，特别是羔羊、妊娠母羊、哺乳期母羊。种公羊在配种期间，也必须加强补饲。

二、搞好环境卫生

养羊的环境卫生好坏，与疫病的发生有密切关系。羊舍、羊运动场、羊圈及用具应保持清洁、干燥，每天清扫粪便和污物，降低污

物发酵和腐败产生的有害气体（如氨气、二氧化碳等）的含量。饮水槽和饮水器具要经常清洗，定期用0.1%高锰酸钾溶液进行消毒。圈舍要常用10%～20%生石灰水和20%漂白粉溶液喷洒地面、墙壁、顶棚。病羊的尸体要深埋或焚烧，被病羊污染的环境、用具要用4%氢氧化钠或10%克辽林溶液等进行消毒处理。羊的饲草应保持清洁、干净，不能用发霉的饲草、腐烂的饲料喂羊。饮水要清洁，不能让羊饮用污水和冰冻水。粪便要堆积发酵，30 d后可以作为肥料使用（图7-1）。

图7–1　羊粪的堆积发酵

老鼠、蚊、蝇等是病原体的宿主和携带者，能传播多种疾病。应当清除羊舍周围的杂物、垃圾及乱草垛等，填平死水坑，防止蚊蝇孳生，并认真开展杀虫灭鼠工作。

三、严格检疫制度

检疫是应用各种诊断方法（临床的、实验室的），对羊及其产品进行疫病（主要是传染病和寄生虫病）检查，并采取相应的措施，以防疫病的发生和传播。养羊户引进羊时，只能从非疫区购入；运抵目的地后，还要经过兽医验证、检疫并观察15 d以上，确认健康后，再经过驱虫、消毒，补种疫苗后，方可混群饲养。羊场采用的饲料，也要从安全地区购入，以防疫病传入。

四、有计划地进行免疫接种

免疫接种能使羊体产生特异性抵抗力，使其对某种传染病具有抗性。有组织有计划地进行免疫接种，是预防和控制羊传染病发生的重要措施之一。目前我国用于预防羊传染病的疫苗主要有以下几种：

（1）炭疽病Ⅱ号芽孢苗　预防羊炭疽病。皮下注射 1 mL，注射 14 d 产生免疫力。免疫期 1 年。

（2）布氏杆菌羊型 5 号苗　预防羊布氏杆菌病。羊群室内气雾免疫，按照室内空间计算，用量为 50 亿菌 /m^3，喷雾后停留 30 min；也可经过疫苗稀释成 50 亿菌 /mL，每只羊注射 10 亿菌。免疫期 1 年。

（3）布氏杆菌猪型 2 号弱毒苗　预防羊布氏杆菌病。羊的臀部肌内注射 0.5 mL（含菌 50 亿）；阳性羊及 3 月龄以下的羔羊均不能注射。饮水免疫时，用量按每头服 200 亿菌体计算，两天内分 2 次饮服。免疫期为 1 年。

（4）破伤风明矾类毒素　预防破伤风。颈部皮下注射 0.5 mL。平时都是每年 1 次；遇到有羊受伤时，再用相同的剂量注射 1 次。若羊受伤严重，应同时在另一侧颈部皮下注射破伤风抗毒素，即可防止发生破伤风。该类毒素注射后 1 个月产生免疫力。免疫期 1 年。第 2 年再注射 1 次，免疫力可持续 4 年。

（5）破伤风抗毒素　供羊紧急预防破伤风之用。皮下或静脉注射，治疗时可重复注射 1 至数次。预防剂量为 1 万～ 2 万 IU，治疗量为 2 万～ 5 万 IU。免疫期 2 ～ 3 周。

（6）羊快疫、羊猝疽、羊肠毒血症三联苗　预防羊快疫、羊猝疽、羊肠毒血症。成年羊和羔羊一律皮下或肌内注射 5 mL，注射后 14 d 产生免疫力。免疫期 1 年。

（7）羔羊痢疾疫苗　预防羔羊痢疾。妊娠母羊分娩前 20 ～ 30 d 第 1 次皮下注射 2 mL；第 2 次于分娩后 10 ～ 20 d 皮下注射 3 mL。第 2 次注射后 10 d 产生免疫力。免疫期母羊为 5 个月，经过乳汁可使羔羊获得母源抗体。

（8）羊黑疫、羊快疫混合苗　预防羊黑疫、羊快疫。氢氧化铝苗，羊不论大小，均皮下或肌内注射 3 mL，注射后 14 d 产生免疫力。免疫期 1 年。

（9）羔羊大肠杆菌病苗　预防羔羊大肠杆菌病。3 月龄至 1 岁的羊皮下注射 2 mL；3 月龄以下的羔羊，皮下注射 0.5 ～ 1 mL。注射后 14 d 产生免疫力。免疫期 6 个月。

（10）羊五联苗　预防羊快疫、羔羊痢疾、羊猝疽、羊肠毒血症和羊黑疫。羊不论大小均皮下或肌内注射 5 mL，注射后 14 d 产生免疫力。免疫期 6 个月。

（11）肉毒梭菌（C 型）苗　预防羊肉毒梭菌中毒症。皮下注射 5 mL。免疫期 1 年。

（12）山羊传染性胸膜肺炎氢氧化铝苗　预防由丝状支原体山羊亚种引起的山羊传染性胸膜肺炎。皮下注射，6 月龄以下的山羊 3 mL，6 月龄以上的山羊 5 mL，注射 14 d 后产生免疫力。免疫期 1 年。

（13）羊肺炎支原体氢氧化铝灭活苗　预防肺炎支原体引起的传染性胸膜肺炎。颈侧皮下注射，成年羊 3 mL，6 月龄以下的羊 2 mL。免疫期 1 年半以上。

（14）羊痘鸡胚化弱毒疫苗　预防羊痘病。冻干苗按照瓶签上标注的疫苗量，用生理盐水稀释 25 倍，振荡均匀；不论羊只大小，一律皮下注射 0.5 mL，注射后 6 d 产生免疫力。免疫期 1 年。

（15）狂犬病疫苗　预防狂犬病。皮下注射 10 ～ 25 mL。羊被病畜咬伤时，也可立即用本苗注射 1 ～ 2 次，两次间隔 3 ～ 5 个月，以作紧急预防。

（16）羊链球菌氢氧化铝苗　预防羊链球菌病。羊只不论大小，一律皮下注射 3 mL；3 月龄以下的羔羊第 1 次注射后 14 ～ 21 d，再重复注射 1 次，剂量相同。注射后 14 ～ 21 d 产生免疫力。免疫期 6 个月。

免疫接种必须按合理的免疫程序进行。各地区、各羊场可能发生的传染病不止一种，而可以预防这些传染病的疫苗的性质又不尽相同，免疫期长短不一。因此，羊场往往需要多种疫苗来预防不同的病，也需要根据各种疫苗的免疫特性来合理安排免疫接种的次数和间隔时间，这就是所说的免疫程序。目前国际上还没有一个统一的羊免疫程序，只能在实践中总结经验，制定出符合本地区、本羊场的免疫程序。如果羊场从未发生过这种传染病，就不必注射该疫苗。

五、做好消毒工作

消毒是贯彻“预防为主”方针的一项重要措施。其目的是消灭由传染源散播到外界环境的病原微生物，切断传播途径，阻止疫病的继续蔓延。羊场应建立切实可行的消毒制度，定期对羊舍、用具、地面土壤、粪便、污水、皮毛等进行消毒。

1. 羊舍消毒

羊舍消毒一般分两个步骤进行，第 1 步进行机械清扫，第 2 步进行消毒液消毒。消毒液的用量，以羊舍内每平方米面积用 1 L 药液计算。常用的消毒药有 10% ～ 20% 生石灰水和 10% 漂白粉溶液等。消毒的方法是将消毒液配合好，盛于喷雾器内，对地面、墙壁、天棚、门窗进行喷洒（图 7-2），最后再打开门窗通风，用清水刷洗饲槽、用具，将消毒药的药味除去。一般情况下，每年进行 2 次消毒，安排在春、秋两季。产房的消毒，在产羔前应进行 1 次，产羔高峰时应进行多次，产羔结束后再进行 1 次。在羊场大门口、羊舍、隔离舍的出入口处应放置浸有消毒液的麻袋片或草垫；消毒液可用 2% ～ 4% 氢氧化钠（对于病毒性疾病）或 10% 克辽林溶液。

2. 地面土壤消毒

土壤表面消毒可用含 2.5% 有效氯的漂白粉溶液、4% 福尔马林或 10% 氢氧化钠溶液。

3. 粪便消毒

羊的粪便消毒方法有多种，最实用的方法是生物热消毒法，即在羊场 100 ～ 200 m 以外的地方设一个堆粪场，将羊粪堆积起来，上面覆盖 10 cm 厚的沙土，堆积发酵 30 d 左右，即可作为肥料。

图7-2　羊舍喷雾器消毒

4. 污水消毒

最常用的方法是将污水引入污水处理池，加入化学药品（如漂白粉或生石灰）进行消毒。消毒药的用量视污水量而定，一般 1 L 污水用 2 ～ 5 g 漂白粉。

5. 皮毛消毒

患口蹄疫、布氏杆菌病、羊痘病、坏死杆菌病、炭疽病等的羊皮毛均应消毒。目前皮毛消毒用得较多的是环氧乙烷气体消毒法。消毒必须在密闭的消毒室内进行。此法对于细菌、病毒、霉菌等都有良好的消毒效果，对于皮毛中的炭疽芽孢也有很好的杀灭效果。

六、实施药物预防

羊场可能发生的疾病种类很多，其中有些病目前已经研制出疫苗，但还有不少的病目前还没有疫苗，因此，用药物预防也是一项重要措施。常用的药物有磺胺类药物、抗生素和硝基呋喃类药。除了青霉素、链霉素外，大多是混于饮水或拌入饲料中口服。但长期使用化学药物预防，容易产生抗药性，影响药物的防治效果。因此，要经常进行药敏试验，选择最有效的药物用于防治。

七、定期组织驱虫

为了预防羊的寄生虫病，应在发病季节到来之前，用药物给羊群进行预防性驱虫。驱虫的时机要根据寄生虫常发的季节而定。

预防性驱虫所用的药物有多种，应看疫病的流行情况而定。丙硫咪唑和丙硫苯咪唑具有高效、低毒、广谱的优点，对于羊常见的胃肠道线虫、肺线虫、肝片吸虫和绦虫均有效，可同时驱除混合感染的多种寄生虫，是较理想的驱虫药物。

使用驱虫药物时，要求剂量准确，并且要先做小群驱虫试验，取得经验后再全群驱虫。驱虫过程中发现病羊，应进行对症治疗，并及时解救中毒的羊。

药浴是防治羊体外寄生虫病，特别是螨病、蜱病、虱子、跳蚤等的有效措施，多在剪毛后 10 d 进行。药浴液可用 1% 敌百虫溶液或速灭菊酯 80 ～ 200 mg/kg、溴氰菊酯 50 ～ 80 mg/kg，也可以用石硫合剂。药浴可以在药浴池内进行，也可以进行淋浴，或者人工抓羊在大盆（缸）中逐只进行盆（缸）浴。

八、预防毒物中毒

某种物质进入机体，在组织与器官内发生化学或物理作用，引起机体功能性或器质性病理变化，甚至造成死亡，此物质称为毒物。由毒物引起的疾病称为中毒。

1. 预防中毒的措施

① 不喂有毒植物的根、茎、叶、果实、种子。

② 不喂霉败的饲料：饲料要储存在干燥、通风的地方；饲喂前要仔细检查，如果发霉变质，应废弃不用。

③ 注意饲料的调制和搭配及储存。如棉籽饼经过高温处理后可以减轻毒性，减毒后再按一定的比例同其他饲料混合搭配饲喂，就不会发生中毒。有些饲料，如马铃薯储存不当，如发芽及变青，其中的有

毒物质会大量增加，对羊有害，因此马铃薯要储存在避光的地方，防止变青发芽。

④ 妥善保管农药和化肥。一定要把农药和化肥存放在仓库内，被污染的用具或容器应消毒处理后再使用。

2. 羊发生中毒后的急救

羊一旦发生中毒，先要查明原因，然后才能紧急救治。一般的原则如下：

（1）除去毒物　有毒物质如果经口摄入，初期可用胃管洗胃，用温水反复冲洗，以排出胃内容物。在洗胃水中加入一定数量的活性炭，可以提高洗胃效果。如果中毒发生的时间比较长，大部分毒物已经进入肠道，应灌服泻剂，一般用盐类泻剂，如硫酸钠、硫酸镁，内服 50 ～ 100 g。在泻剂中加入活性炭，也有利于吸附毒物，效果更好。也可以用清水或肥皂水反复深部灌肠。对于已经吸收入血液的毒物，可以从静脉放血，放血后随即静脉输入相应剂量的 5% 葡萄糖生理盐水或复方氯化钠注射液，有较好的效果。大多数毒物可经肾脏排泄，所以利尿对于排毒有一定的效果，可用利尿剂 0.5 ～ 2.0 g，或醋酸钾 2 ～ 5 g，加适量水内服。

（2）应用解毒药　在毒物性质未确定之前，可以使用通用解毒剂。通用解毒剂配方是活性炭或木炭末 2 份，氧化镁 1 份，鞣酸 1 份，混合均匀，内服 20 ～ 30 g。该配方兼有吸附、氧化、沉淀 3 种作用，对于一般毒物都有解毒作用。如果毒物性质已经确定，则可有针对性地使用中和解毒药（如酸类中毒服碳酸氢钠、石灰水等；碱类中毒内服醋等）、沉淀解毒药（如 2% ～ 4% 鞣酸或浓茶，用于生物碱或重金属中毒）、氧化解毒药（如静脉注射 1% 美蓝，每千克体重 1 mL，用于含生物碱类的毒草中毒）或特效解毒药（如解磷定只是对有机磷中毒有解毒作用，而对其他毒物无效）。

（3）对症治疗　心脏衰弱时，可用强心剂；呼吸衰竭时，使用呼吸中枢兴奋剂；病羊不安时，使用镇静剂；为了增强肝脏解毒功能，可大量输液。

九、发生传染病时采取的紧急措施

羊群一旦发生传染病，应立即采取一系列措施，就地扑灭，以防止疫情扩大。兽医人员要立即上报疫情；同时立即将病羊与健康羊隔离，不让它们有任何接触，以防健康羊受到传染；对于发病前与病羊有过接触的羊（可疑感染者），虽然在外表看不出有病，但有被传染的嫌疑，不能再同其他健康羊在一起饲养，必须单独圈养，经过 20 d 以上的观察未发病，才能与健康羊混群；如有病状出现的羊，则按照病羊处理。对于已经隔离的羊，要及时进行药物治疗；隔离场所禁止人、畜出入和接近，工作人员出入应遵守消毒制度；隔离区内的用具、饲料、粪便等，未经过彻底消毒，不得运出；没有治疗价值的病羊，要进行扑杀，尸体要严格处理，视具体情况，或焚烧，或深埋，不得随意丢弃。对于健康羊和疑似感染羊，要进行疫苗紧急接种或用药物进行预防性治疗。当发生口蹄疫、羊痘病等急性、烈性传染病时，应立即报告上一级有关部门，划定疫区，采取严格的隔离封锁措施，并组织力量尽快扑灭（图 7-3）。

图7–3　发生疫情后羊舍的全面消毒

第二节　羊病的诊断及给药方法

羊对于疾病的抵抗力比较强，病羊初期症状表现不明显，不易及时发现，一旦发病，往往病情已经比较严重了。因此，饲养人员要经常细心观察羊群，以便及时发现病羊，及早治疗，以免耽误病情，避免造成重大损失。

一、临床诊断技术

临床诊断法是诊断羊病最常用的方法。通过问诊、视诊、触诊、叩诊和嗅诊综合起来加以分析，往往可以对疾病做出正确的诊断，或为进一步确诊提供依据。

1. 问诊

问诊是通过询问饲养人员，了解羊发病的有关情况。询问的内容一般包括：发病时间，发病头数，异常表现，以往的病史，治疗情况，免疫接种情况，饲养管理情况，羊的年龄、性别等。但在听取其回答后，还应考虑所谈的情况与当事人的利害关系（责任），分析其可靠性。

2. 视诊

视诊是观察病羊的表现。视诊时，最好先从距离病羊几步远的地方，观察羊的肥瘦、姿势、步态等情况，然后靠近病羊详细观察，看被毛、皮肤、黏膜、结膜、排粪、排尿等情况。

（1）肥瘦　一般急性病，如急性鼓胀、急性炭疽等，病羊仍然会肥壮；相反，一般慢性病，如寄生虫病等，病羊多瘦弱。

（2）姿势　观察病羊的一举一动是否与平时相同，如果不同，就可能是有病的表现。有些病表现出特殊姿势，如破伤风表现四肢僵硬，行走不便、不灵活。

（3）步态　一般健康羊步行活泼而稳定。当羊患病时，常表现行动不稳，不喜欢行走。当羊的四肢肌肉、关节或蹄部发生疾病时，则表现为跛行。

（4）被毛和皮肤　健康羊的被毛平整、不易脱落，富有光泽。在病理状态下，被毛粗乱蓬松，失去光泽，而且容易脱落。患有螨病的羊，患部被毛可能成片脱落，同时，皮肤变厚变硬，出现蹭痒和擦伤。在检查皮肤时，除了注意皮肤的颜色外，还要注意有无水肿、炎性肿胀、外伤以及皮肤是否温热等。

（5）黏膜　一般健康羊的眼结膜、鼻腔、口腔、阴道和肛门黏膜呈光滑粉红色。如口腔黏膜发红，多半是由于体温升高，身体上有发炎的地方；黏膜发红并带有红点儿、血丝或呈现紫色，是由于严重的中毒或传染病引起的；黏膜呈苍白色，多为患贫血症；黏膜呈黄色，多为患黄疸病；黏膜呈蓝色，多为肺脏、心脏患病。

（6）吃食、饮水、口腔、排粪、排尿　羊吃食和饮水突然增多或减少，以及喜欢舔食泥土、吃草根等，也是有病的表现，可能是慢性营养不良。反刍减少、无力或停止，表示羊的前胃有病。口腔有病时，如喉头炎、口腔溃疡、舌头有烂伤等，打开口腔就可看出来。羊的排粪也要检查，主要检查粪便的形状、硬度、色泽以及附着物等。正常时，羊粪呈小球形，没有难闻的臭味儿。病理状态下，粪便有特殊臭味，见于各型肠炎；粪便过于干燥，多为缺水和肠迟缓；粪便过于稀薄，多为肠功能亢进；前部肠管出血，粪便呈褐色，后部肠管出血，粪便呈鲜红色；粪内含有大量的黏液，表示肠黏膜有卡他（音译："向下流"）性炎症；粪便混有完整的谷粒和很粗的纤维，表示消化不良；混有纤维素膜时，表示为纤维素肠炎；混有寄生虫及其节片时，表示体内有寄生虫。排尿方面，正常羊每天排尿 3 ～ 4 次。排尿次数和尿量过多或过少，以及排尿痛苦、失禁，都是有病的症状。

（7）呼吸　羊正常的呼吸为 12 ～ 20 次 /min。呼吸次数增加，见于热性病、呼吸系统疾病、心脏衰弱以及贫血、腹压增高等；呼吸次数减少，主要见于某些中毒病、代谢障碍、昏迷。另外，还要检查呼吸类型、呼吸节律以及呼吸是否困难。

3. 嗅诊

诊断羊病时，嗅闻分泌物、排泄物、呼出的气体以及口腔气味也很重要。如肺坏疽时，鼻液带有腐败性恶臭；胃肠炎时，粪便腥臭或恶臭；消化不良时，可以从呼出的气体中闻到酸臭味。

4. 触诊

触诊是用手指或手指尖感触被检查的部位，并稍加用力，以便确定被检查部位的器官、组织是否正常。触诊常用如下几种方法：

（1）皮肤检查　主要检查皮肤的弹性、温度，有无肿胀和伤口等。羊的营养不好，或得过皮肤病，皮肤就没有弹性。发烧时，皮肤的温度会升高。

（2）体温检查　一般用手摸耳朵或把手由嘴角插进去握住舌头，可以知道病羊是否发烧。但最准确的方法是用体温计测量体温。在给病羊测体温时，先把体温计的水银柱甩下去，涂上油或水以后，再慢慢插入肛门，体温计的 1/3 留在肛门的外面，插入后滞留的时间一般为 2 ～ 5 min。羊的体温，羔羊比成年羊高一些，热天比冷天高一些，运动后比运动前高一些，这都是正常的生理现象。羊的正常体温是 38 ～ 40 ℃。如果高于正常体温，则为发热，常见于传染病。

（3）脉搏检查　检查时注意每分钟跳动的次数和强弱等。检查羊脉搏的部位是后肢股内侧动脉。健康羊脉搏跳动频次为 70 ～ 80 次 /min。羊有病时，脉搏的跳动频次和强弱都和正常值不同。

（4）体表淋巴结检查　注意检查颌下、肩上、膝上、乳房上淋巴结。当羊发生结核病、羊链球菌病时，体表淋巴结往往肿大，其形状、硬度、温度、敏感性以及活动性等也会发生变化。

（5）人工诱咳　检查者站在羊的左侧，用右手捏压气管的前 3 个软骨环，羊有病时，就容易引起咳嗽。羊发生肺炎、胸膜炎、结核病时，咳嗽低弱；发生喉炎以及支气管炎时，则咳嗽强而有力。

5. 听诊

听诊是用听觉来判断羊体内正常的和有病的声音。最常用的听诊部位是胸部（心、肺）和腹部（胃、肠）。听诊方式有直接听诊和间接听诊。直接听诊就是将一块布铺在被检查的部位，然后把耳朵紧贴在布上面，直接听羊体内的声音；间接听诊就是用听诊器听诊。不论哪一种方式，都应该把病羊牵到安静的地方，以免受到外界杂音的干扰。

（1）心脏听诊　心脏跳动的声音，正常时可听到“嘣—咚—”两个交替发出的声音。“嘣”音是心脏收缩所产生的声音，其特点是低、钝、长、间隔的时间短，叫作第一心音。“咚”音是心脏舒张时所发出的声音，其特点是高、锐、短、间隔的时间长，叫作第二心音。第一、第二心音均减弱时，见于心脏机能障碍的后期或患有渗出性胸膜炎、心包炎；第一、第二心音都增强时，见于热性病的初期；第一心音增强、第二心音减弱，主要见于心脏衰弱的后期；在正常心音之外还有其他杂音，多数是瓣膜疾病、创伤性心包炎、胸膜炎。

（2）肺脏听诊　肺脏听诊是听取肺脏在吸入和呼出空气时，由于肺脏振动而产生的声音。

① 肺泡呼吸音。健康羊吸气时，从肺部可听到“夫”的声音；呼气时，可以听到“呼”的声音，这称为肺泡呼吸音。肺泡呼吸音过强，多为支气管炎、黏膜肿胀等；过弱时，多为肺泡肿胀、肺泡气肿、渗出性胸膜炎等。

② 支气管呼吸音。空气通过喉头狭窄部所发出的声音，类似于“赫、赫”的声音。如果在肺部听到这种声音，多为肺炎的肝变期，见于羊的传染性胸膜肺炎。

③ 啰音。支气管发炎时，管内有分泌物，被呼吸的气体冲击而发出的声音。啰音可分为干啰音和湿啰音两种。干啰音有咝咝声、笛声、口哨声以及猫鸣声等，多见于慢性支气管炎、慢性肺气肿、肺结核等；湿啰音有含嗽音、沸腾音、水泡破裂音，多见于肺水肿、肺充血、肺出血、慢性肺炎等。

④ 捻发音。这种声音像用手指捻毛发所发出的声音，多见于慢性肺炎、肺水肿等。

⑤ 摩擦音。摩擦音有两种，一种是胸膜摩擦音，这种声音类似于

一只手贴在耳朵上，用另一只手的手指轻轻摩擦贴耳朵的手的手背所发出的声音，多为纤维素性胸膜炎、胸膜结核等；另一种是心包摩擦音，当发生纤维素性心包炎时，心包失去润滑性，因而伴随着心脏的跳动，心包与心脏相互摩擦发出杂音。

（3）腹部听诊　腹部听诊主要听取胃肠运动的声音。健康的羊只，在左肷窝可听到瘤胃蠕动音，呈现逐渐增强又逐渐减弱的“沙沙”声，每分钟可听到3～6次。羊前胃弛缓、患热性病时，瘤胃蠕动音减弱或消失。羊的肠音，类似于流水音或漱口音，正常时较弱。在羊患肠炎初期，肠音亢进；便秘时，肠音减弱或消失。

6. 叩诊

叩诊是用手指或叩诊锤来叩打羊的体表部位或放于体表的垫着物（如手指或垫板），借助所发出的声音来判断羊身体的活动状态。

羊叩诊的方法是左手食指或中指平放在要检查的部位，右手中指由第二指关节呈直角弯曲，向左手食指或中指的第二指关节上敲打。

叩诊的声音有清音、浊音、半浊音、鼓音。清音是叩打在健康羊的胸廓所发出的持续、高而清的音。浊音，为健康状态下，叩打羊的臀部以及肩部肌肉时所发出的声音。在病理状态下，当羊的胸腔积聚大量的渗出液时，叩打胸壁时出现水平浊音界。半浊音是叩打含有少量气体的组织，如肺的边缘所发出的声音，羊患支气管肺炎时，叩诊就呈半浊音。鼓音，如扣打左侧瘤胃处，发出鼓响音，若瘤胃鼓气，则鼓响音增强。

二、羊的给药方法

羊的给药方法有多种，应根据病情、药性、羊的体重大小等，选择适当的给药方法。

1. 口服法

（1）自行采食　多用于大群羊的预防性治疗或驱虫。将药物按照一定的比例拌入饲料或饮水中，任羊自由采食或饮用。大群用药前，最好先做小批的毒性及药效试验。

（2）长颈瓶给药　当给羊灌服稀药液时，可以将药液倒入细长口径的胶皮瓶、塑料瓶、饮料瓶中，抬高羊的嘴巴，给药者右手拿药瓶，左手把食指、中指自羊的口角伸入羊的口中，轻轻压迫舌头，羊口即张开。然后，右手将药液瓶口从左口角伸入羊口中，并将左手抽出，待瓶口伸到舌头中段，即抬高瓶底，将药液灌入。

（3）药板给药法　药板给药专用于舔服剂。药板的材质是竹子或木头，长约 30 cm、宽约 3 cm、厚约 3 cm，表面须光滑，没有棱角。给药者站在羊的右侧，左手将开口器放入羊的口中，右手持药板，用药板前部抹取药物，从右口角伸入口内到达舌根部，将药板翻转，轻轻按压，并向后抽出，把药抹在羊的舌根部，待羊咽下后，再抹第 2 次，如此反复，直到把药给完。

2. 灌肠法

灌肠法就是将药物配成液体，直接灌入直肠内。也可以用小橡皮管灌肠。先将直肠内的粪便清除，然后在橡皮管的前端涂上凡士林，插入直肠，把橡皮管的盛药部分抬高超过羊的背部。灌肠完毕后，拔出橡皮管，用手压住肛门或拍打尾根部，以防药物排出。灌肠药液的温度应与体温一致。

3. 胃管法

羊插胃管的方法有两种：一是经鼻腔插入；二是经口腔插入。

（1）经鼻腔插入　先将胃管插入鼻孔，沿着下鼻道慢慢送入，到达咽部时，有阻挡感觉，待羊进行吞咽动作时趁机送入食道；如不吞咽，可轻轻来回抽动胃管，诱发吞咽。胃管通过咽部后，如进入食道，继续深送感到稍有阻力，这时要向胃管内用力吹气，或用橡皮球打气，如果见到左侧颈沟有起伏，表示胃管已经进入食道。如果胃管误入气管，多数羊会表现不安，咳嗽，继续深送毫无阻力，向胃管内吹气，左侧颈沟看不见波动，用手在左侧颈沟胸腔入口摸不到胃管，同时，胃管末端有与呼吸相一致的气流出现。如胃管已经进入食道，继续深送，即可到达胃内，此时从胃管内排出酸臭的气体，将胃管放低时则流出胃内容物。

（2）经口腔插入　先装好木质开口器，用绳子固定在羊的头部，将胃管通过木质开口器的中间孔，沿着上颚直插入咽部，借助吞咽动作胃管可顺利进入食道，继续深送，胃管即可到达胃内。

4. 注射法

注射法就是将灭过菌的液体药物，用注射器注入羊的体内。注射前，要将注射器、针头用清水洗净，煮沸 30 min。现在多用一次性注射器。注射器吸入药液后要直立，推进注射器活塞，排出管内的气泡，再用酒精棉花包住针头，准备注射。

（1）皮下注射　皮下注射是把药液注射到皮肤和肌肉之间。羊的皮下注射部位是在颈部或股内侧皮肤松软处。注射时，先将注射部位的羊毛剪净，涂上碘酒，用左手捏起注射部位的皮肤，右手持注射器用针头斜向刺入皮肤，如果针头能左右自由活动，说明注射的部位正确，确实是皮下部位，即可注入药液。注射完之后，拔出针头，在注射点上涂抹碘酒。凡是易于溶解的药物、无刺激性的药物及疫苗等，均可进行皮下注射。

（2）肌内注射　肌内注射是将灭菌的药液注入肌肉比较多的部位。羊的肌内注射部位是颈部。注射方法基本上与皮下注射相同，不同之处是，注射时以左手拇指、食指呈“八”字形压住要注射部位的肌肉，右手持注射器针头，向肌肉组织内垂直刺入，即可注药。一般刺激性小、吸收缓慢的药液，如青霉素等，均可采用肌内注射。

（3）静脉注射　静脉注射是将经过灭菌的药液直接注射到静脉内，使得药液随着血液很快分布到全身，迅速发挥药效。羊的静脉注射部位是颈静脉。注入的方法是先用左手按压颈静脉的近心端，使其怒张，右手持注射器，将针头向上刺入静脉内，如果有血液回流，就表示已经插入静脉内，然后用右手推动活塞，将药液注入。药液注射完毕后，左手按住刺入孔，右手拔针，在注射处涂擦碘酒即可。如果药液的量大，也可以使用静脉输液器。凡是输液（如生理盐水、葡萄糖溶液等），以及药物刺激性大，不适宜皮下和肌内注射的药物（如

“914”、氯化钙等），多采用静脉注射。

（4）气管注射　气管注射是将药液直接注入气管内。注射时，多采用侧卧保定，且头部高、臀部低，将针头穿过气管软骨环之间，垂直刺入，摇动针头，若感到针头已经进入气管，接上注射器，抽动活塞，见有气泡，即可将药液缓缓注入。如欲使药液流入两侧肺中，则应注射两次，第2次注射时，需要将羊翻转，卧于另一侧。该方法适用于治疗气管、支气管和肺部疾病，也常用于肺部驱虫（如羊肺线虫病）。

（5）羊瘤胃穿刺术　当羊发生瘤胃鼓气时，可采用此方法。穿刺的部位是在左肷部窝中央鼓气最高的部位。其方法是局部剪毛，用碘酒涂擦消毒，将皮肤稍稍向上移，然后将套管针或普通针头垂直地或朝右侧肘头方向刺入皮肤以及瘤胃壁，气体即从针头排出。然后，用左手的手指压紧皮肤，右手迅速拔出套管针或普通针头，穿刺孔用碘酒涂擦消毒。必要时可从套管针孔注入防腐剂。

第八章 羊的传染病诊断与防治

第一节　羊传染病防治的综合措施

一、防疫工作的基本原则和内容

1. 防疫工作的基本原则

（1）建立和健全防疫机构　建立和健全防疫机构，尤其要建立和健全基层兽医防疫机构。各级政府部门密切合作，从全局出发，大力合作，统一部署，全面安排。

（2）贯彻“预防为主”的方针　养羊场制定出“预防为主、养防结合、防重于治”的整体方针。搞好饲养管理、卫生防疫、预防接种、检疫、隔离、消毒等综合性防疫措施，以达到提高羊健康水平和抗病能力，控制和杜绝传染病的传播和蔓延，降低发病率和死亡率的目的。

2. 防疫工作的基本内容

羊传染病的流行必须具备三个环节，即传染源、传播途径、易感动物，只要控制好任何一个环节，传染病就不会流行起来。具体包括以下两个方面的内容：

（1）平时的预防措施　加强饲养管理，搞好卫生消毒工作，增强羊的抵抗力，贯彻自繁自养的原则，减少疫病的传播；制定和执行定期的预防接种计划；定期杀虫、灭鼠，进行粪便无害化处理。

（2）发生疫情时的扑灭措施　及时发现、诊断和上报疫情，并通知邻近单位做好预防工作；迅速隔离病羊，污染的地方紧急消毒。如果发生危害比较大的疫病，如口蹄疫、炭疽病等，应采取封锁等综合性措施；用疫苗实行紧急接种，对病羊进行及时合理的治疗；死亡的羊和淘汰的羊要合理处理。

二、疫情报告和诊断

当饲养人员怀疑羊发生了传染病时，应立即向上级报告，特别是口蹄疫、炭疽病、羊痘病等，以便上一级有关部门及时做出处理，采取正确的措施，做出正确的诊断。

三、隔离和封锁

隔离病羊和可疑感染羊是防治传染病流行的重要措施。可以控制传染源，防止健康羊受到传染，将疫情控制在最小范围内。当爆发某些危害大的传染病时，除了严格隔离之外，还要采取划区封锁的措施，防止疫病向安全区扩散。根据我国兽医防疫条例的规定，当确诊为羊只感染口蹄疫、炭疽病、气肿疽、羊痘病等传染病时，要进行划区封锁。

执行封锁时应掌握“早、快、严、小”的原则，就是执行封锁在流行的早期，行动要快，封锁要严，范围要小。在封锁区的边缘设立标志，进行检疫，对于过往的人员、车辆、非易感动物进行消毒，控制羊只的购入和外销。封锁区内的羊妥善处理，病羊急宰、扑杀，尸体深埋，疫区内停止羊只交易，易感羊只紧急接种。

四、对病羊进行治疗

对病羊进行治疗包括针对病原体的治疗和针对羊机体的治疗。针对病原体的治疗，如用高免血清、抗生素、磺胺类药物等；针对羊机体的治疗，如加强护理，对症治疗。

五、消毒

按照消毒的目的不同，消毒可分为预防性消毒、随时消毒、终末消毒；按照消毒的方式不同，消毒可分为机械清扫、物理消毒（阳光、高温）、化学消毒（化学药物）和生物消毒。

总之，要把养羊业搞好，首先要搞好饲养管理，增强个体的抗病能力，严格遵守饲养原则，不喂发霉变质饲料，不饮污水和冰冻水，使羊群膘肥体壮。其次要搞好环境卫生，圈舍做好消毒工作。经常清扫圈舍，对粪便、尿液等污物要集中堆积发酵 30 d 左右。同时定期用消毒药（如百毒杀等高效低毒药物）对圈舍场地进行消毒，防止疾病的传播。最后要有计划地搞好免疫接种工作。对于已经发生疫病的地区，为确保羊群安全，应紧急预防接种疫苗。羊群发生传染病后，应立即进行隔离、封锁，逐级上报畜牧兽医主管部门，由市、县级兽医部门确诊，按《中华人民共和国动物防疫法》做无害化处理。

第二节　羊常见的传染病

一、口蹄疫

口蹄疫是偶蹄兽的一种急性、热性、高度接触性传染病（我国以前称之为“5 号病”）。本病俗称“烂舌病”“口疮”“蹄癀”“脱靴症”，山羊、绵羊都易感，人也可感染。其典型特征是在羊在口腔黏膜、蹄部及乳房上发生水疱和烂斑。目前世界上很多国家都有本病的发生和流行，给养羊业带来很大的损失，本病被列为世界法定传染病之一。

1. 口蹄疫的发生和传播

口蹄疫的病原体为口蹄疫病毒（属于RNA型病毒），存在于羊体内。病毒对外界环境的抵抗力很强，不怕干燥，在自然条件下，含病毒的组织和污染的饲料、饲草、皮毛及土壤等可保持传染性达数周至数月之久。

病毒大量存在于水疱皮和水疱液中。病羊、潜伏期带毒羊是主要传染源，痊愈的羊可带毒4～12个月。在发热期，病羊的奶、尿、唾液、眼泪、粪便中都含有病毒，且以发病的前几天传染性最强。康复羊可较长时间带毒。如果病羊症状轻，很容易被忽视，可以成为羊群中长期带毒的传染源。

本病的传播途径较多，可经消化道、呼吸道以及受损伤的黏膜、皮肤传染，也可以经精液传播。人的创伤处如果接触到病羊的唾液、水疱液可能被感染。此外，病毒还可通过草料、衣物、交通工具、饲养管理用具、空气（风）等无生命的媒介物传播，常可顺风传播50～100 km。也可以犬、猫、禽、鸟、鼠等动物和人为传播媒介，将其带到几千米乃至几百千米之外而引起新流行。

2. 诊断要点

【流行特点】 口蹄疫能侵害多种动物，但主要为偶蹄兽。本病的发病季节因地而异，牧区的流行一般是秋末开始，冬季加剧，春季减轻，夏季平息。但在农区这种季节性表现不是很明显。本病传播猛烈，流行广泛，一旦发生，常呈流行性，甚至呈暴发态势，如果防疫措施有力，亦可呈地方流行性。

【临床症状】 潜伏期1周左右，平均为3 d。山羊的病变比绵羊多。症状表现为病初体温升高至40～41 ℃，精神委顿，食欲减退，闭口流涎，跛行。绵羊多在口腔黏膜上发生水疱，山羊常有弥漫性口膜炎。1～2 d后唇内面、齿龈、舌面和颊黏膜发生水疱，不久水疱破溃，形成边缘不整齐的红色烂斑。与此同时或稍后，趾间及蹄冠皮肤表现热、肿、痛，继而发生水疱、烂斑，水疱多在硬腭和舌面，蹄部水疱较小，奶山羊有时乳头上也有病变。羔羊常发生出血性肠炎，也可能发生心肌炎而死亡。病羊跛行，水疱破溃，体温下降，全身症状好转。如果蹄部继发细菌感染，局部化脓坏死，会使病程延长，甚至蹄匣脱落。乳头皮肤有时也可出现水疱、烂斑（图 8-1，图 8-2）。

图8-1　羊口蹄疫症状（一）
羔羊嘴部的烂斑

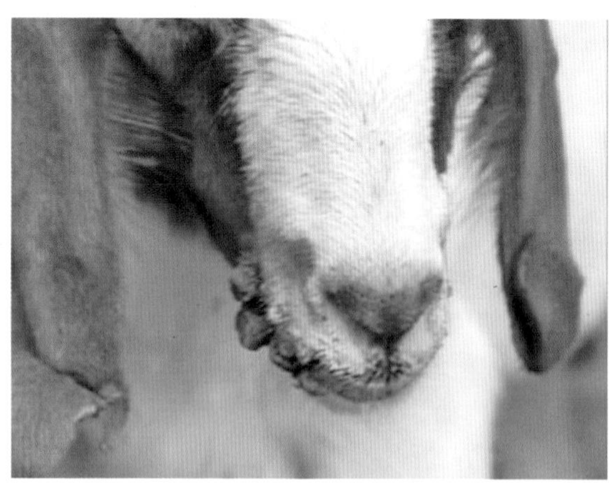

图8-2　羊口蹄疫症状（二）
严重病例，痂皮融合、皲裂，痂皮下肉芽组织增生，唇部肿胀

【病理剖检】 山羊的病变比绵羊多。主要病变是在口腔黏膜、乳房、蹄部等皮肤薄的部位，严重的可在咽喉、气管、食管和前胃黏膜上见到圆形的水疱和烂斑。蹄部覆盖黑棕色痂块（图 8-3）。对于幼畜，主要是心肌炎变化。具有诊断意义的特征是心肌切面上有不规则的灰红色或黄色至灰白色斑纹，或不规则斑点（“虎斑心”）。

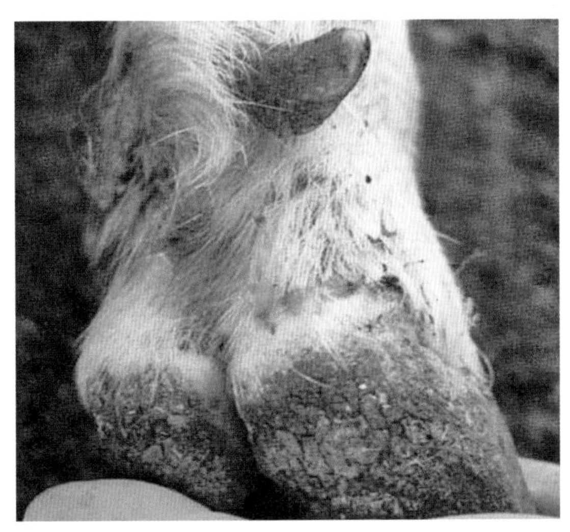

图8-3 羊口蹄疫症状（三）
蹄部的烂斑和结痂

【实验室诊断】 口蹄疫病毒具有多型性，故口蹄疫实验室诊断不仅要确定病性，而且要鉴定病毒类型。应无菌操作，采取病畜的水疱皮和水疱液或者发热时的血液，或者恢复期的血清，专人送往有关检验部门检验。

3. 防治措施

平时要积极做好防疫工作，不要从疫区购买羊只，必须购买时要加强检疫，认真做好定期的预防注射。发生口蹄疫后，要严格执行封锁、隔离、消毒、紧急预防接种、治疗等综合性防治措施。通常按照疫区地理位置采取环形免疫法，由外向内开展防疫工作，以防疫情扩大。疫苗接种前，必须弄清当地或附近的口蹄疫病毒型，然后用相同毒型的疫苗进行接种。常发的地区应定期接种口蹄疫弱毒苗，目前有甲、乙两型弱毒疫苗，必要时两型同时注射。病羊粪便、残余饲料、垫草应烧毁，或运至指定地点堆积发酵。

口蹄疫轻症病羊经过 10 d 左右都能自愈，但是为了缩短病程，防止继发感染，应在隔离的条件下及时治疗。对于口腔病变，可用清水、食醋冲洗，或用 0.1% 明矾溶液或碘甘油涂抹，也可用冰硼散（冰片 150 g、硼砂 1500 g、芒硝 180 g，共研末）撒布。对于蹄部病变，用 3% 来苏儿溶液清洗蹄部，涂擦龙胆紫溶液、碘甘油或碘酊，再用绷带包扎。对于乳房病变，可以用肥皂水或 2% ～ 3% 硼酸水清洗，然后涂以氧化锌鱼肝油软膏。

除局部治疗外，还可用安钠咖、葡萄糖等强心剂。对于好的品种，有条件者，可用口蹄疫高免血清治疗，剂量为每千克体重 1 ～ 2 mg，效果更好。

我国规定一旦发生口蹄疫，必须及时报告，立即扑杀，不允许进行治疗。一旦发生本病，应本着“早、快、严、小”的方针，采取扑杀、封锁、隔离、消毒措施。出入疫区的所有车辆应进行严格消毒。对病羊就地扑杀，尸体深埋或焚烧（图 8-4，图 8-5），对疫区内和受威胁区的健康羊进行紧急预防注射。

图8–4　对出入疫区的车辆进行消毒

图8-5　病羊就地捕杀，尸体进行无害化处理

二、羊布氏杆菌病（布鲁氏杆菌病）

羊布氏杆菌病简称“布病”，也称为“波状热”“懒汉病”“蔫巴病”“千日病”。本病是由布鲁氏杆菌引起的急性或慢性人畜共患传染病，属自然疫源性疾病。本病主要侵害生殖系统，临床上主要表现为病情轻重不一的发热、多汗、关节痛等。羊布病以生殖系统发炎、流产、不孕、睾丸炎、关节炎等为主要特征。人的布病则表现为全身无力，活动受限，波浪热，多汗，关节痛，神经痛和肝、脾肿大等。人发病主要是由于与病羊有过接触，如饲养人员、兽医、屠宰工、剪毛及梳绒人员。

1. 布病的发生和传播

布病的病原体为布鲁氏杆菌，简称“布氏杆菌”，共有 6 个种，其中羊主要感染的是羊布氏杆菌，但对其他 5 种布氏杆菌也可感染。本菌对干燥和寒冷抵抗力较强，在土壤和水中可存活 1 ～ 4 个月，在肉乳类食品中能存活 2 个月左右，在粪便中可存活 45 d，在衣服和皮毛上可存活 150 d。本菌对热敏感，75 ℃温度 5 min 即死，100 ℃立即死亡。一般常用消毒药在数分钟内即可将其杀死。

布氏杆菌主要存在于传染源体内的分泌物、排泄物中，随乳汁、精液、脓汁及流产胎儿、胎衣、羊水、子宫和阴道分泌物排出体外，污染饲料、饮水、牧地环境、用具等。本病经消化道、呼吸道、皮肤黏膜或眼结膜以及交配而传染，羊性成熟后对本病极为易感。羊群一旦感染本病，首先表现为孕羊流产，开始仅仅为少数，以后逐渐增多，严重的时候可达半数以上，多数羊只是流产 1 次。吸血昆虫（蜱）可成为本病的传播媒介。

2. 诊断要点

【流行特点】 布病的发生无明显的季节性，但以春季产羔时较多发。一般母羊比公羊多发，成年羊比幼年羊多发。初孕羊多见流产，经产羊流产较少。在老疫区中发生流产的较少，但发生子宫炎、乳房炎、胎儿发育停滞、久配不孕、关节炎的较多。饲养管理不良，缺乏维生素和无机盐，以及使羊的抵抗力降低的各种因素，均可促进本病的发生和流行。由于发生流产的病因很多，而该病的流行特点、临床症状和病理变化都无明显特征，同时隐性感染较多，因此确诊要依靠实验室检查。

【临床症状】 一般情况下，无论绵羊还是山羊患布病后，均不表现全身症状，多为隐性感染。妊娠母羊发生流产是本病的主要症状，但不是必有症状。妊娠母羊流产多在妊娠的 80 ～ 110 d，而且以初配母羊流产为多，山羊可达 50% ～ 80%，绵羊一般为 10%。流产母羊从阴户流出黄色黏液，流产 15 d 之内，仍有体温升高及阴户流出分泌物的症状。少数胎衣不下，继发子宫内膜炎、关节炎、关节水肿、乳房炎、乳房硬肿，严重者造成不孕。公羊呈现睾丸炎、睾丸肿大、精索炎、关节炎和滑液囊炎等，表现跛行，并失去配种能力（图 8-6）。

【病理剖检】 主要病变在胎盘和胎儿，流产一般发生在妊娠中期。胎盘呈淡黄色胶样浸润，表面附有糠麸样絮状物和脓汁，胎膜增厚，有出血点。胎儿胃内有黏液性絮状物，胎腔积液，淋巴结肿大和脾脏肿大（图 8-7）。剖检病公羊可见高度肿胀的睾丸（图 8-8）。

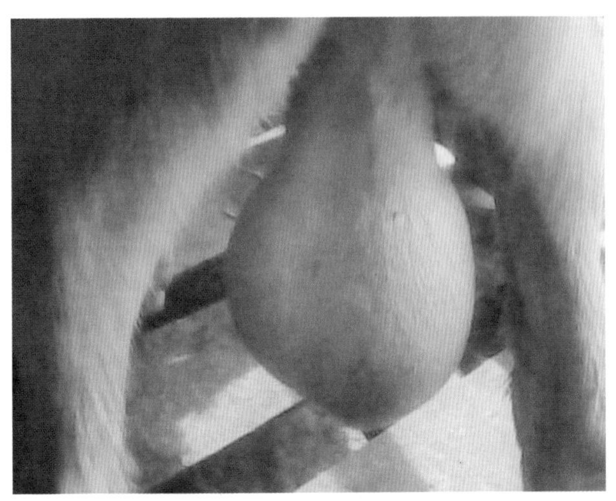

图8-6　羊布氏杆菌病症状（一）

公羊感染布病后的睾丸肿大症状

图8-7　羊布氏杆菌病症状（二）

妊娠中期流产的羔羊

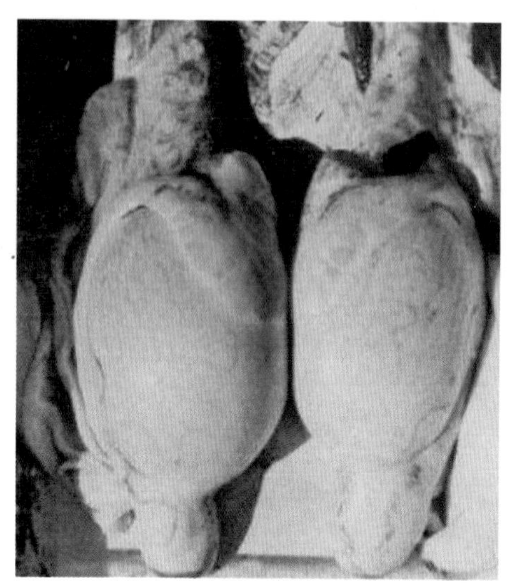

图8-8 羊布氏杆菌病症状（三）

公羊的睾丸肿大，睾丸上移，精索肿胀，阴囊总鞘膜腔积液

【实验室诊断】 动物感染布氏杆菌后1周左右，血液中即出现凝集素，随后凝集素滴度逐渐升高。凝集反应（平板法及试管法两种）是诊断布病常用的一种血清学方法。

3. 防治措施

本病无治疗价值，一般不进行治疗。未发生过本病的地区，坚持自繁自养的方针，不从疫区引进羊只和羊产品及饲料。如果一定要引入，要隔离2个月，检疫后，健康者方可引进并混群。非安全区每年要用凝集反应、变态反应定期进行两次检疫，发现带菌羊和病羊，一定要进行隔离或淘汰，肉要经过高温处理后才可以食用。流产的胎儿、胎衣、羊水及分泌物和病羊的排泄物等要深埋或焚烧处理，被污染的圈舍、运动场及用具等要用10%石灰水、2%热碱水、5%来苏儿或10%漂白粉溶液等彻底消毒。粪便要发酵处理，乳汁及乳制品等可采用巴氏消毒法灭菌或经煮沸处理。病羊的皮革经5%来苏儿浸泡24 h后才可被利用。种公羊配种前要严格检疫，健康者方可配种。

目前我国使用的布病菌苗为猪型2号菌苗，其免疫方法是第1年对全群羊只进行预防接种（以后每年仅对幼畜接种菌苗），之后每隔 1 年接种 1 次，直到达到国家规定的控制标准时，才停止接种菌苗。羊群连续接种菌苗 2 ～ 3 年后，不再接种，应加强检疫和淘汰病畜，当发现仍有布病时，应继续接种菌苗。使用方法是：把该疫苗放在水槽内，让羊饮水免疫，饮水前要根据天气情况让羊停止饮水 1 d 或半天，也可分两次饮用。

免疫还可以用冻干布氏杆菌羊型 5 号菌苗，每只羊皮下注射 1 mL，免役期一年。

对于种用或名贵病羊可选用链霉素、四环素、土霉素、氯霉素、庆大霉素和磺胺类药等进行治疗，同时对流产母羊发生的子宫内膜炎、关节炎，公羊的睾丸炎等应做局部处理，对症治疗。

三、羊大肠杆菌病

本病是由致病性大肠埃希菌（又叫大肠杆菌）引起的急性肠道传染病，在临床上以严重腹泻、败血症为特征。成年羊感染后，大多呈局部性感染。本病能引起幼龄羊的死亡，造成很大的经济损失。

1. 羊大肠杆菌病的发生和传播

大肠杆菌属于肠杆菌科埃希菌属，革兰染色阴性，中等大小的杆菌，无芽孢，能运动。本病病原体对外界因素的抵抗力不强，60 ℃温度 15 min 即死亡，一般常用消毒药均可将其杀死。各种动物对本病均易感染。

2. 诊断要点

【流行特点】 本病多发于 2 ～ 6 周龄的羔羊，也可在 3 ～ 8 周龄放牧的羊群中流行。肠型多见于 7 日龄以内的初生羔羊。本病的发生常常与气候骤变，营养不良，圈舍潮湿、污秽等有关。

【临床症状】 本病根据临床症状表现，可分为以下两种类型：

① 败血型。病羔除出现高热、精神沉郁等一般性症状外，还呈现明显的中枢神经系统紊乱症状，四肢僵硬，运步失调，视力障碍，继

而卧地磨牙，头后仰，呈游泳状运动，多于病后 4 ～ 12 h 内死亡。

② 肠型。以排黄色、灰色带有气泡或有血液的液状便为主要特征。由于拉稀腹泻，后躯往往被严重污染（图 8-9）。致死率一般在 15% ～ 75%。

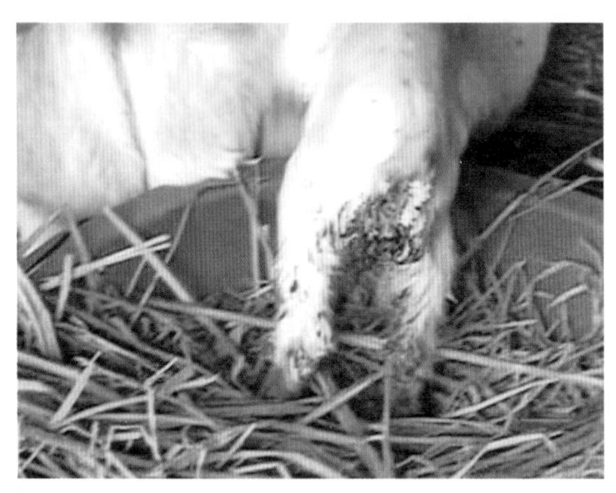

图8–9 羊大肠杆菌病（下痢型）症状

病羔腹泻拉稀，后躯被严重污染

【病理剖检】 主要剖检部位在消化道、真胃、小肠和大肠。内容物呈黄灰色半液状，肠系膜淋巴结肿胀发红，肠管充血。

总体上看，根据病羊的临床表现，结合发病动物年龄及季节性，可作出初步诊断。但本病的病型复杂多样，各型菌又可能交互感染，为便于确诊和防治，最好采取肠内容物、肝、脾、淋巴结等病料，送兽医检验部门做病原分离和病菌型鉴定。

3. 防治措施

加强饲养管理，搞好环境卫生，不喂污染的饲料和饮水，母羊产仔前后，产房要清洁、卫生、保温，母羊乳房要保持干净。羔羊断奶前后，要调配好饲料，应做到多样化和全价性，特别注意补充维生素和微量元素等。粪尿要及时清理，坚持消毒制度，严禁多种动物混合饲养。因病死亡的羊及其内脏应经高温处理后，才能用作毛皮动物的饲料。畜舍、笼具、用具及场地等要彻底消毒，可选用3%火碱、3%甲醛或3%～5%来苏儿等消毒剂，消毒效果可靠。常发生本病的羊不宜选为种用，应逐步净化淘汰。病羊的治疗要做到早诊断、早治疗，常用药物有磺胺脒、痢特灵、氟哌酸、痢菌净等。同时注意采用补糖、补液，保护胃肠黏膜，调整胃肠机能等对症治疗措施。

四、羊链球菌病

本病是由链球菌中β型溶血性链球菌引起的羊传染病，猪等多种动物也发生较多，人也可感染。

1. 羊链球菌病的发生和传播

链球菌属种类繁多。本病病原为溶血性链球菌，它是一种呈链条状排列的革兰氏阳性球菌。本菌的抵抗力不强，对干燥、湿热敏感，60 ℃温度30 min即可杀死，对青霉素、金霉素、四环素和磺胺类药物均很敏感。

本菌广泛分布于水、土壤、空气、尘埃及动物与人的肠道、粪便、呼吸道、泌尿生殖道中。带菌者和患病者均为本病的传染源，一般可经消化道及各种创伤而感染。

2. 诊断要点

【流行特点】 羊不分品种、年龄及性别，对本病均有易感性，但以幼龄羊及母羊多发。本病一般无季节性，但主要流行于冬、春季节。

【临床症状】 本病最容易在天气突变时发生。病羊表现为体温升高，不食，反刍停止，眼结膜出血，流泪，口流涎，呼吸困难。咽喉部及颌下淋巴结肿大，粪便带血，孕羊流产。死前磨牙、抽搐等。

① 最急性型。病初不易被发现，常于24 h内死亡。

② 急性型。病初期体温升至41 ℃以上，精神萎靡，食欲减退或废绝，反刍停止，眼结膜充血、流泪，随后出现浆液性、脓性分泌物。鼻腔流出浆液性、脓性鼻漏（图8-10，图8-11）。咽和颌下淋巴结肿胀，呼吸困难。粪便有时有黏液或血液。病程2～3 d。

图8-10　羊链球菌病症状（一）

病羊体温升高至41 ℃以上，流涎，鼻腔流出清鼻涕（箭头所指处）

图8-11　羊链球菌病症状（二）

病羊流清鼻涕之后，后期又转变为黏液、脓性分泌物

③ 亚急性型。体温升高，食欲减退，鼻漏，咳嗽，呼吸困难，粪便稀软有黏液或血液，喜欢卧地，不愿意走动，步态不稳，病程1～2周。

④ 慢性型。低热、消瘦，食欲减退，步态僵硬，关节肿大（图8-12，图8-13）。病程1个月左右。

图8-12　羊链球菌病症状（三）

病羊的关节肿大

图8-13　羊链球菌病症状（四）

病羊发生关节炎，两前肢关节严重肿大

【病理剖检】 各器脏广泛出血，淋巴结肿大。鼻腔、咽喉及气管黏膜出血。肺水肿、肺气肿和出血。肝、脾肿大，胆囊明显肿大，胸腔、腹腔积液等（图 8-14）。

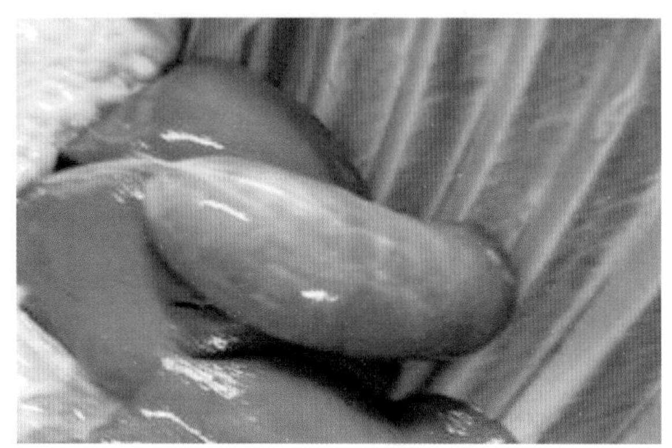

图8–14　羊链球菌病症状（五）
病羊的肝脏肿大，胆囊肿大充盈

【实验室诊断】 根据上述症状及剖检变化可作出初步诊断。最后确诊必须依靠实验室检验。可以采取脓汁、肝、脾、心脏、脑等病料，涂片染色显微镜检验，见有单个、短链或长链状革兰阳性球菌时，有助于病的确诊，必要时，进行细菌分离培养。

3. 防治措施

加强对羊的饲养管理，圈舍做好保温工作，场地要保持清洁。防止发生各种外伤，发生外伤时要按外科处理。新生羔羊断脐要用碘酊消毒，防止感染。带菌母羊尽可能淘汰。病死羊及污染物要深埋或烧毁。环境及用具要定期应用 3% 来苏儿、3% 福尔马林彻底消毒，也可用二氯异氰尿酸钠溶液消毒。

注射高免血清，获得人工被动免疫效果最好，但成本较高。预防接种是防治本病的重要措施。目前我国生产有羊链球菌苗，即羊链球菌氢氧化铝甲醛菌苗，山羊和绵羊不论大小，一律皮下注射 5 mL（图 8-15），可获得 6 个月的免疫力。用抗生素、磺胺类药物拌入饲料中内服，也可预防本病。发生本病时应及时隔离治疗，进行全面消毒。

图8-15　每年在发病之前用羊链球菌氢氧化铝甲醛菌苗预防注射

由于本菌对链霉素、新霉素、卡那霉素、四环素、呋喃西林等药物敏感，可根据药敏情况选用，剂量按照说明书。同时配合外科疗法及对症治疗可提高治愈率。

五、羊痘

羊痘又称为“羊天花”或“羊出花”，侵害绵羊的叫绵羊痘，侵害山羊的叫山羊痘。绵羊和山羊互相不传染，绵羊比山羊更容易感染。本病是一种急性接触性传染病，以在皮肤和黏膜上发生特异性的痘疹为特征。羊痘传播快，流行广泛，发病率高，妊娠母羊易引起流产，经常造成严重的经济损失。

1. 羊痘的发生和传播

本病是由痘病毒引起的，该病毒主要存在于痘浆内。该病毒的抵抗力比较强，在干燥痘浆或痂皮内能存活数年。该病毒耐冷不耐热，紫外线或直射阳光可将其直接杀死，0.5% 福尔马林、3% 石炭酸或 0.01% 碘溶液可在数分钟内将其杀死。

病羊和病愈带毒的羊是主要传染源。本病主要通过污染的空气经呼吸道感染，也可通过损伤的皮肤和黏膜侵入机体。饲养管理人员、护理用具、皮毛产品、饲料垫草和外寄生虫等均可成为本病的传播媒介。病愈的羊能获得终生免疫。

2. 诊断要点

本病根据典型的发病经过、临床症状，结合流行特点可以作出诊断。但对非典型经过的病羊，为了确诊，可采取痘疹组织涂片，送兽医检验部门检验。

【流行特点】 所有品种、性别和年龄的羊均可感染，但细毛羊和纯种羊易感性更大，病情也较重，传播也更快；羔羊较成年羊敏感，病死率也高。本病主要流行于冬末春初。气候严寒、雨雪、喂霜冻饲草和饲养管理不良等因素都可促进发病和加重病情。

【临床症状】 本病潜伏期 6 ～ 8 d。病羊体温升高到 41 ～ 42 ℃，呼吸、脉搏加快，结膜潮红肿胀，流黏液性鼻液，鼻腔有浆液性分泌物。偶有咳嗽，眼肿胀，眼结膜充血，有浆液性分泌物。持续 1 ～ 4 d 后，即出现痘疹，显示本病的典型症状。痘疹多发于无毛或少毛部位，如眼睛、唇、鼻、外生殖器、乳房、腿内侧、腹部等。开始为红斑，1 ～ 2 d 后形成丘疹，呈球状突出于皮肤表面。指压褪色，之后逐渐变为水疱，内有清亮黄色的液体。中央常常下陷呈脐状（痘脐）。水疱经过 2 ～ 5 d 变为脓疱，如果没有继发感染，则在几天内逐渐干燥，形成棕色痂皮，痂皮下生长新的上皮组织而愈合，病程为 2 ～ 3 周（图 8-16 ～图 8-18）。羊痘对成年羊危害较轻，死亡率仅为 1% ～ 2%，而患病的羔羊死亡率则很高。

本病根据典型的发病经过、临床症状，结合流行特点可以作出诊断。但对于非典型经过的病羊，为了确诊，可采取痘疹组织涂片，送兽医检验部门检验。

3. 防治措施

平时加强饲养管理，注意羊圈清洁卫生、干燥。新购入的羊只，须隔离观察，确定健康后再混群饲养。在羊痘疫区和受威胁区的羊只，应定期进行预防接种。发病后应立即封锁疫区，隔离病羊。轻症

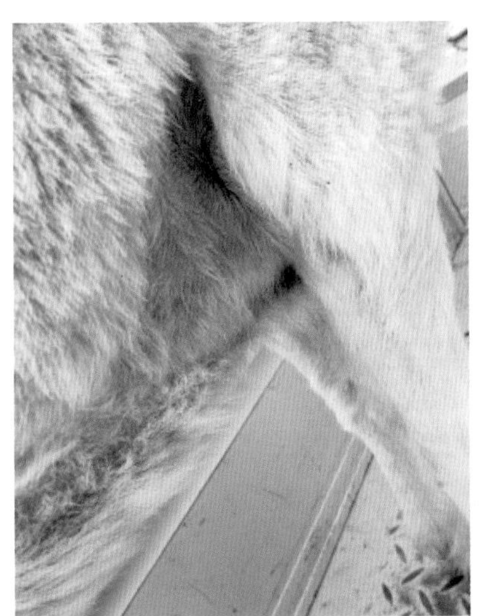

图8-16　羊痘病症状（一）（武振杰提供）
身体表面皮薄处的红斑

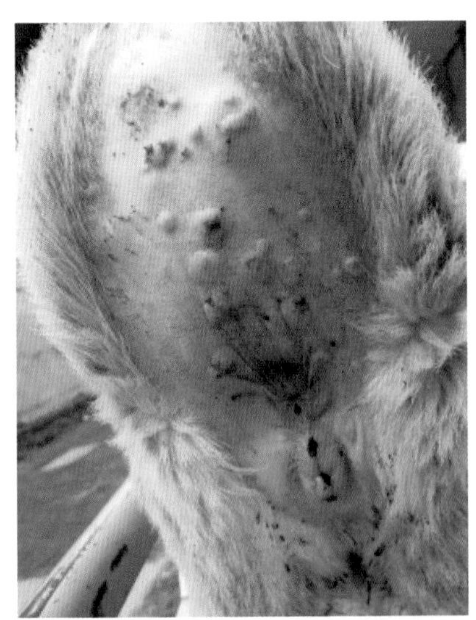

图8-17　羊痘病症状（二）（武振杰提供）
身体腹部皮肤表面的红斑，后期形成丘疹，突出于皮肤表面，逐渐变成水疱，内有清亮黄白色的液体

的对症治疗，重症的宜急宰处理，对尚未发病的羊只或邻近受威胁的羊群，应紧急接种羊痘鸡胚化弱毒疫苗，不论羊只大小，一律在尾根或股内侧皮下注射疫苗0.5 mL，注射后4～6 d产生可靠的免疫力，免疫期1年。也可每年定期预防注射羊痘疫苗，做皮下注射，成年羊5 mL，羔羊3 mL，免疫期5个月。细毛羊对该疫苗的反应较强。

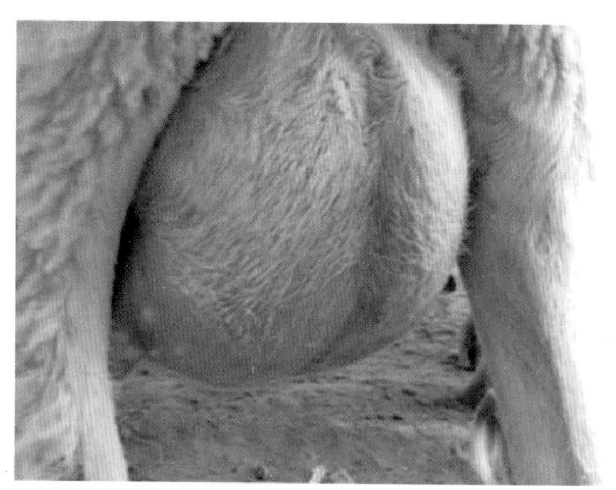

图8–18　羊痘病症状（三）（武振杰提供）
病羊乳房部位突出于皮肤表面的痘疹，内含清亮的浆液

病死羊尸体应深埋或烧毁，如需剥皮利用，必须防止散毒。病羊舍及污染的用具应进行彻底的消毒，羊粪堆积发酵后利用。被封锁的羊群、羊场，须在最后出现的 1 只病羊死亡或痊愈 2 个月后，并经过彻底消毒方可解除封锁。

隔离的病羊，如取良性经过，通常无须特殊治疗，只需注意护理，必要时可对症治疗。对皮肤痘疹，可用 2% 硼酸水充分冲洗，再涂以龙胆紫、碘酊等药物或者克辽林软膏。口腔有病变者可以用 0.1% 高锰酸钾水或 1% 明矾水冲洗，然后于溃疡处涂抹碘甘油或紫药水。恶性病例尚需使用磺胺类药物和青霉素、链霉素、“914”治疗。有条件者，可皮下或肌内注射痊愈羊血清（图 8-19），每千克体重 1 mL，对病羔疗效明显。

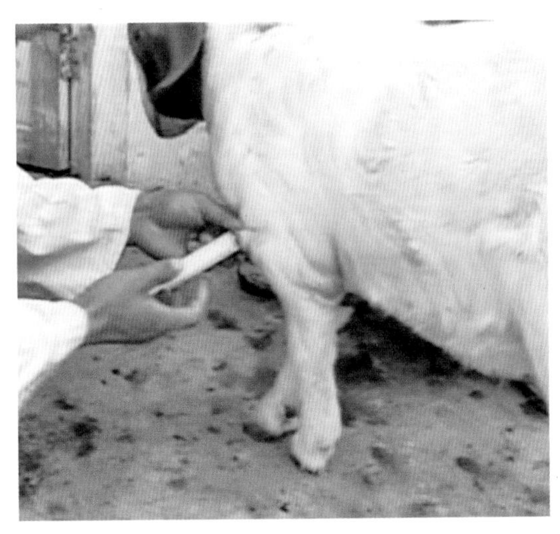

图8-19　羊痘病的预防

皮下注射羊痘鸡胚化弱毒疫苗，山羊剂量为2 mL；绵羊无论大小羊一律尾根或股内皮下注射0.5 mL

六、羊传染性脓疱（羊口疮）

羊传染性脓疱病又称羊传染性脓疱性皮炎，俗称“羊口疮”，是由羊传染性脓疱病毒引起的山羊和绵羊的接触性传染病，以在患羊口唇等处黏膜和皮肤形成丘疹、脓疱、溃疡和结成疣状厚痂为特征，羔羊多群发。人也可因接触病羊而感染。本病世界各地都有发生，几乎是有羊即有本病。本病可引起羔羊死亡，或影响生长发育，经济价值下降，对养羊业危害较大。

1. 羊口疮的发生和传播

本病病原体为传染性脓疱病毒。此病毒对外界环境具有相当强的抵抗力，干痂中的病毒在夏季阳光下暴露 30 ～ 60 d 后才失去传染性，污染的牧场可能保持传染性几个月，但加热至 65 ℃时，可在 2 min 内将其杀死。

病羊和带毒羊是本病的传染源，主要是因为购入病羊和带毒羊而传入，或者是健康羊住进了曾经发生过本病的圈舍、牧场。该病毒存在于脓疱和痂皮内，健康羊主要通过皮肤黏膜的擦伤而传染。被污染的饲料、饮水或残留在地面上的病羊痂皮，均可散布传染。

2. 诊断要点

【流行特点】 本病是羊场常见的一种传染病，各品种和性别的羊均可感染，但以羔羊、幼羊（2 ～ 5 月龄）最易感，常呈群发性流行。成年羊发病较少，多为散发。发病无明显的季节性，以春、夏季更多见。而且由于该病毒的抵抗力较强，所以一旦发生可以连续危害多年。本病对羔羊的生长影响较大。

【临床症状】 本病潜伏期 4 ～ 7 d。本病有唇型、蹄型、外阴型和混合型等几种类型。通常在口唇部、皮肤和黏膜上形成特征性的症状和病理变化。病羊精神不振，采食量减少，呆立墙角，首先在唇、口角、鼻或眼睑等部位的皮肤上出现小而散在的红斑，2 ～ 3 d 后形成米粒大小的结节，继而成为水疱或脓疱，脓疱破溃后形成黄色或棕色的硬痂，牢固地附着在真皮层的红色乳头状增生物上。轻的病例，这种痂垢逐渐扩大、增厚、干燥，1 ～ 2 周内脱落而恢复正常；严重病例，患部继续发生丘疹、水疱、脓疱、疣状痂，并相互融合，可波及整个口唇周围及额面、眼睑和耳廓等部位，形成大面积具有皲裂、易出血的污秽痂垢，痂垢下面有肉芽组织增生，使整个口唇肿大外翻呈桑葚状（图 8-20，图 8-21）。检查口腔舌部和上下腭黏膜都有大小不等的溃疡面，病变部位有红晕，严重影响采食，个别病情较重的羔羊被毛枯燥，生长缓慢，逐渐消瘦，最后衰竭而死亡。除以上症状外，有一部分羊一只眼或双眼患病，初期出现流泪、畏光、眼睑肿胀；然后角膜凸起，周围充血、水肿，结膜和瞬膜红肿，或在角膜上发生白色或灰色小点。病情严重者，角膜增厚，发生溃疡，形成角膜翳或失明。

本病根据病羊的临床症状，结合流行特点，可以作出诊断，但在初发地区或单位，为了确定病性，应采取水疱液、脓疱液送兽医检验部门做病理学检查。

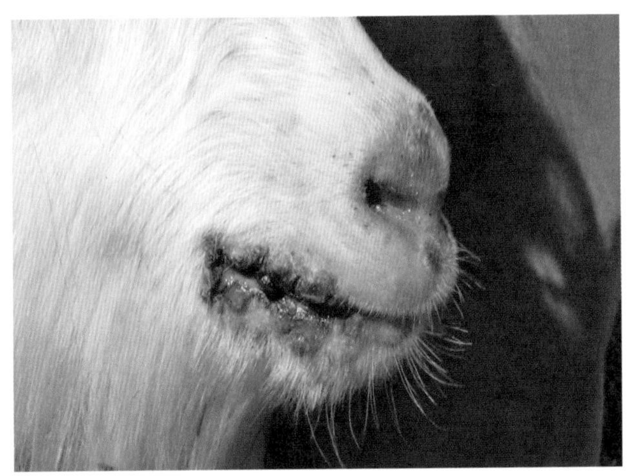

图8-20　羊传染性脓疱（羊口疮）症状（一）（崔学文提供）
口唇肿胀，口唇周围的红斑、疱疹和烂斑、脓包及棕色硬痂

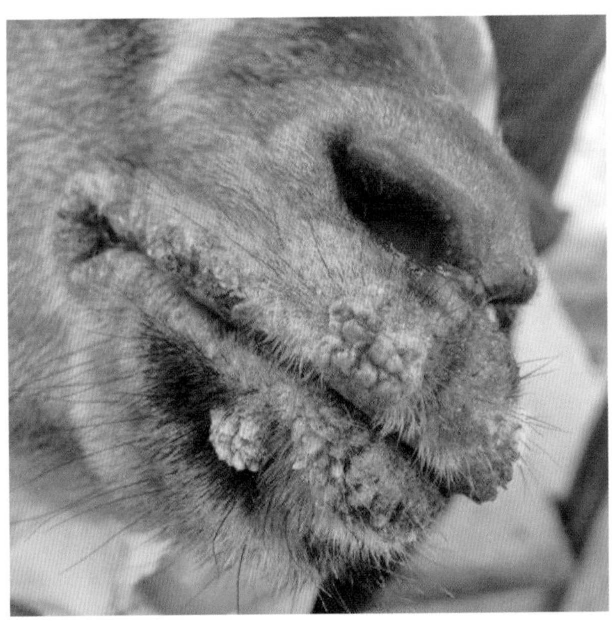

图8-21　羊传染性脓疱（羊口疮）症状（二）（崔学文提供）
口唇周围的疱疹和烂斑的菜花样增生

3. 防治措施

预防本病的关键措施是不从疫区引进羊只和羊产品，如必须引进时，应隔离检疫 2 ～ 3 周，并彻底清洗蹄部和进行多次消毒。防止皮肤、黏膜发生外伤，特别是羔羊长牙阶段，口腔黏膜娇嫩，易引起外伤，因此应避免饲喂带刺的草或在有刺植物的草地放牧，同时加喂适量食盐，以减少啃土、啃墙损伤皮肤、黏膜的机会。发生本病后，除了必须对羊舍和饲养管理用具进行彻底的消毒外，对病羊应隔离治疗，并经常对其体表和蹄部进行清洗和消毒。在本病流行地区，应及时接种羊口疮弱毒细胞冻干疫苗，每只羊注射 0.2 mL。

本病无特效治疗方法，只能采用临床外伤处置和支持疗法等措施。患病羔羊进行隔离饲养，对其病变部位先用 0.1% ～ 0.2% 高锰酸钾溶液冲洗，然后涂以 3% 龙胆紫、碘甘油或土霉素、青霉素软膏等，每日 3 次（图 8-22）。对病情严重者，为防止继发感染，可每只再肌内注射青霉素（160 万～ 240 万 IU）、硫酸链霉素等抗生素或口服磺胺类药物；对患有红眼病的羊可用 2% ～ 4% 硼酸溶液冲洗眼部，然后用注射用水稀释的青霉素溶液滴入眼内，每日 3 次，2 ～ 3 d 即可

图8-22　对于蹄部病变的对症治疗

对蹄部多次冲洗和消毒（可选用福尔马林溶液）。蹄部用水杨酸软膏将痂垢软化，除去痂垢后再用0.1%～0.2%高锰酸钾水冲洗创面，最后涂抹2%～3%龙胆紫溶液或土霉素软膏

痊愈，如个别反复发病，出现角膜浑浊或角膜翳时，用1%～2%黄降汞软膏涂抹，每日2～3次。另外，应加强饲养管理，可派专人看护，对病羔喂以优质饲草和精料，最好是鲜青草。

七、羊快疫

羊快疫是羊的一种急性地方性传染病。其特征是发病突然，病程短促，故称为“羊快疫”。本病特征是真胃黏膜和十二指肠黏膜上有出血性、坏死性炎症，并在消化道内产生大量气体，多造成急性死亡，对养羊业危害较大。本病最早发现于挪威、冰岛等地。在牧区往往于五月间流行，绵羊多发，尤其是 1 岁以内的绵羊，经常发生于营养良好的羊只。

1. 羊快疫的发生和传播

本病病原体为腐败梭菌，革兰阳性，常以芽孢形式分布于低洼草地、熟耕地及沼泽。芽孢的抵抗力很强，可用 0.2% 升汞、3% 福尔马林或 20% 漂白粉将其杀死。羊只采食污染的饲料和饮水后，芽孢随之进入消化道，健康羊的消化道就可带菌，只是不呈现致病作用。当存在不良诱因致使机体抵抗力降低时，腐败梭菌即大量繁殖，产生外毒素，损害消化道黏膜，引起中毒性休克，使羊只迅速死亡。

2. 诊断要点

【流行特点】 本病的发病年龄多在 6 个月至 2 岁之间，营养多在中等以上。一般多在秋、冬和初春气候骤变、阴雨连绵之际或采食了冰冻有霜的饲料之后发生，或羊的抵抗力下降后发生。主要通过消化道或伤口感染。经消化道传染的，可引起羊快疫；经伤口传染的，可引起恶性水肿。

【临床症状】 本病的潜伏期只有数小时，然后突然发病，急剧者往往未见临床症状在 10 ～ 15 min 内就突然死亡，病程稍长者，可以延长到 2 ～ 12 h，一天以上的很少见。主要症状是精神沉郁，离群独处，磨牙，呼吸困难，不愿走动或者运动失调，口内排带泡沫的血样唾液，腹部胀满，有腹痛症状，有的病羊在临死前因结膜充血而呈“红眼”，天然孔有红色渗出液，口腔流出带血泡沫。体温表现不一，有的正常，有的体温高至 41.5 ℃左右。病羊最后极度衰竭，昏迷磨牙，常在 24 h 内死亡，死亡率高达 30% 左右，死前痉挛，腹部剧痛、膨胀。

【病理剖检】 本病主要病变为真胃黏膜有大小不等的出血斑块和表面坏死，黏膜下层水肿（图 8-23）。胸腔、腹腔、心包大量积液，心内、外膜有点状出血（图 8-24）。肝肿大、质脆，胆囊肿大。如果病羊死后未及时剖检，则可因迅速腐败而出现其他死后变化。

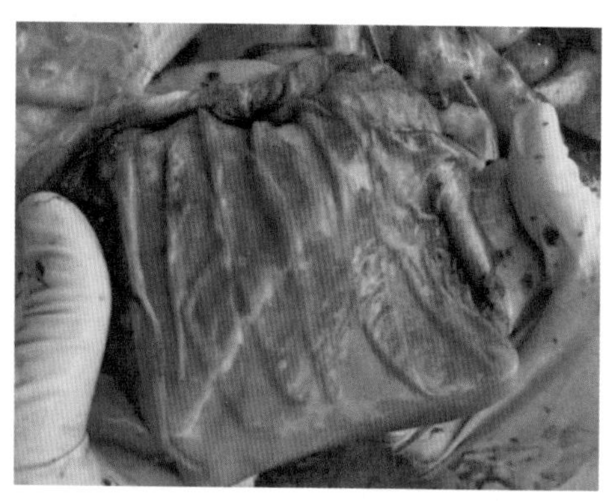

图8–23　羊快疫症状（一）

绵羊发生羊快疫后出现真胃出血性炎症

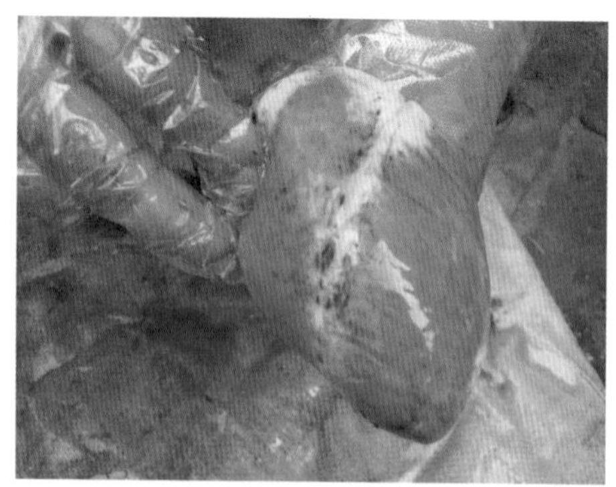

图8–24　羊快疫症状（二）

心脏表面的出血点、出血斑

【实验室诊断】 羊快疫与最急性羊炭疽相似，应注意鉴别。

炭疽具有明显的高热，天然孔出血，血液凝固不全，血液涂片检验可见到带有荚膜的竹节状的炭疽杆菌，炭疽环状沉淀反应呈阳性。

3. 防治措施

平时加强饲养管理，消除一切诱病因素。发生本病时，隔离病羊，并施行对症治疗。病死羊一律烧毁或深埋，不得利用，绝对不可剥皮吃肉，以免污染土壤和水源。消毒羊舍，将羊圈打扫干净后，用热碱水浇洒两遍，间隔 1 h。未发病的羊立即转移至干燥安全地区进行紧急预防接种。本病常发地区可每年定期接种疫苗。常用羊快疫、羊猝疽、羊肠毒血症、羔羊痢疾四联菌苗，皮下注射 5 mL，注射后 2 周产生免疫力，免疫期半年以上。有些羊注射后 1 ～ 2 d 可能会发生跛行，但不久可自己恢复正常。

虽然青霉素和磺胺类药物对本病都有效，但因为本病发展迅速，往往来不及治疗，在实际中很难生效。所以必须贯彻“预防为主”的方针，认真做好预防工作。对少数经过缓慢的病羊，如及早使用抗生素、磺胺类药物和肠道消毒剂很有效果，可应用环丙沙星、青霉素、氯霉素、新诺明并给予输液进行强心、输液解毒等对症治疗，可有治愈的希望。

八、羊肠毒血症（软肾病）

羊肠毒血症（软肾病）是羊的一种急性非接触性传染病，绵羊常见。本病的临床症状与羊快疫相似，故又称“类快疫”。死后肾组织多半软化，故还称“软肾病”。本病分布较广，常造成病羊急性死亡，对养羊业危害很大。

1. 羊肠毒血症的发生和传播

本病病原体为 D 型魏氏梭菌，又称 D 型产气荚膜杆菌。本菌为土壤常在菌，也存在于污水中。羊只采食被病原菌芽孢污染的饲料与饮水，芽孢进入肠道后，病原菌迅速繁殖和产生大量的外毒素。高浓度的毒素改变了肠道通透性，毒素大量进入血液，引起溶血、坏死、全身毒血症。

2. 诊断要点

【流行特点】 本病主要发生于山羊和绵羊，尤其1岁左右和膘情好的羊发病较多，2岁以上的羊患此病的较少。牧区常发生于春末至秋季，农区于夏收、秋收季节发生，多见于采食大量的青绿多汁饲料之后。羊采食了带有病菌的饲草，经消化道进入体内，病菌在肠道内大量繁殖，产生毒素而引起本病，故名“肠毒血症”。雨季及气候骤变和低洼地区放牧，可促进发病。本病多呈散发。

【临床症状】 本病的特点为突然发作，很少能见到症状，大多呈急性经过，或在看到症状后很快倒毙，有的病羊以搐搦为特征。病羊突然不安，向上跳跃、痉挛，迅速倒地，昏迷，呼吸困难，随后窒息死亡。倒毙前四肢快速划动，肌肉抽搐，眼球转动，磨牙，空嚼，口涎增多，随后头颈抽搐，常于2～4 h内死亡。有的病羊以昏迷为特征，病初步态不稳，以后倒卧，继而昏迷，角膜反射消失，有的伴发腹泻，排黑色或深绿色稀便，往往在3～4 h内静静地死去。

【病理剖检】 本病主要病变在肾脏和小肠。肾脏表面充血，实质松软如泥，稍压即碎烂；小肠充血、出血，甚至整个肠壁呈血红色，有的还有溃疡（图8-25，图8-26）。有的脑组织呈液化性坏死。胸腔、腹腔和心包积液增多。

【实验室诊断】 一般取回肠内容物进行毒素检查。方法是：取出肠内容物加1～3倍生理盐水，用纱布过滤后以3000 r/min，离心5 min，取上清液给家兔静脉接种2～4 mL或给小鼠静脉注射0.2～0.5 mL。如肠内毒素含量高，实验动物可在10 min内死亡；如含量低，动物于注射后0.5～1 h卧下，呈轻度昏迷，呼吸加快，经1 h左右能恢复。正常肠道内容物注射后，动物不起反应。如有条件或必要，可用中和试验确定菌型。

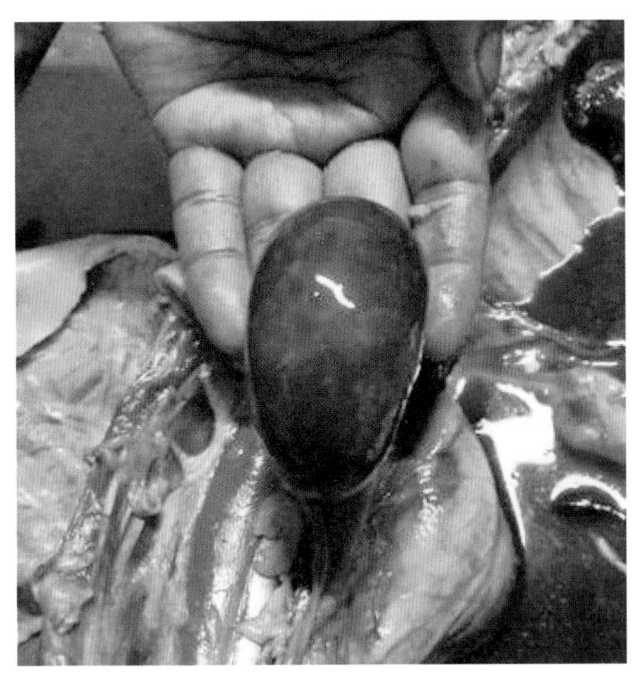

图8-25　羊肠毒血症症状（一）
肾脏肿大，软化如泥样，触压即碎

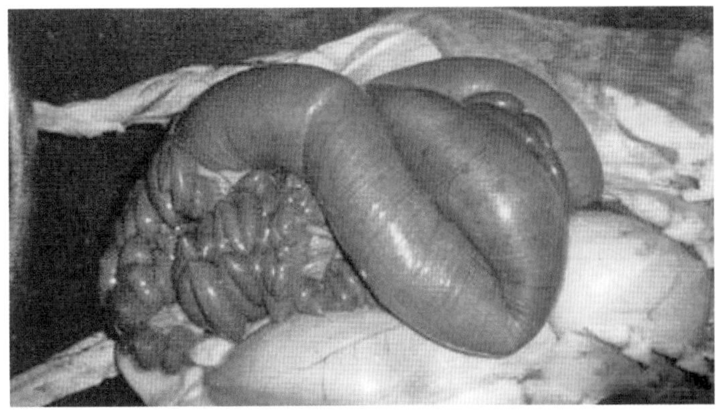

图8-26　羊肠毒血症症状（二）
小肠充血、出血，甚至整个肠壁呈深红色，有溃疡，有的还有坏死，小肠呈"血肠样"外观

3. 防治措施

在初夏季节曾经发过病的地区，应该减少抢青。秋末时节，应尽量到草黄较迟的地方放牧。在农区，应针对诱因，减少或暂停抢茬，同时加强羊只运动。在常发地区，应定期接种菌苗。病死羊一律烧毁或深埋。

治疗本病尚无理想的办法。一般口服氯霉素或磺胺脒，结合强心、镇静、解毒等对症治疗。也可灌服 10% 石灰水，大羊 200 mL，小羊 50 ～ 80 mL，有时能治愈少数羊只。

九、羊猝疽

羊猝疽是由 C 型魏氏梭菌引起的羊的一种毒血症。以急性死亡、腹膜炎和溃疡性肠炎为特征。

1. 羊猝疽的发生和传播

本病病原体为 C 型魏氏梭菌（又称为 C 型产气荚膜杆菌）。本菌为土壤中的常在菌，常由污染的饲料和饮水进入羊只的消化道，在小肠里繁殖，产生毒素，引起羊只发病。

2. 诊断要点

【流行特点】 本病发生于成年羊，以 1 ～ 2 岁者发病较多，常见于低洼、沼泽地区。多发生于冬、春季节，常呈地方性流行。

【临床症状】 本病病程短促，常未见到症状即突然死亡。病程稍长时，可见病羊掉队，卧地，表现不安，衰弱和痉挛，常在数小时内死去。

【病理剖检】 病变主要见于消化道和循环系统。十二指肠和空肠黏膜严重充血、糜烂，有的区段可见大小不等的溃疡，胸腔、腹腔和心包内大量积液，暴露于空气后可形成纤维素絮凝块，浆膜上有小点出血（图 8-27）。

3. 防治措施

参照羊快疫和羊肠毒血症的防治措施。

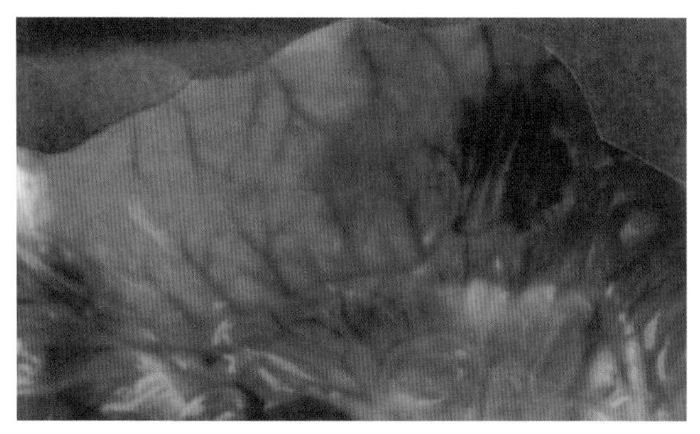

图8-27 羊猝狙症状
出血性肠炎，十二指肠和空肠黏膜严重充血、糜烂，有的区段可见大小不等的溃疡

十、羊黑疫

羊黑疫又称传染性坏死性肝炎，是山羊和绵羊的一种急性、高度致死性毒血症，以肝实质发生坏死病灶为特征。

1. 羊黑疫的发生和传播

本病病原体为B型诺维梭菌。本菌芽孢广泛存在于土壤之中。当羊采食污染的饲料和饮水后，芽孢可由胃肠壁进入肝脏。如果此时伴有游走肝片吸虫引起的肝损害、肝坏死，芽孢即迅速生长繁殖，产生毒素，发生毒血症，导致急性休克而死亡。

2. 诊断要点

【流行特点】 通常1岁以上的羊发病，以2～4岁膘情好的肥胖羊发生最多。主要在春、夏季发生于肝片吸虫流行的低洼潮湿地区。

【临床症状】 本病病程急促，绝大多数病例还未出现症状即突然死亡，少数病例病程稍长，可拖延1～2 d。病羊离群，不食，呼吸困难，流涎，体温升高至41.5 ℃左右，最后倒地挣扎、四肢抽动，呈昏睡状态死去。

【病理剖检】 特征性的病变是肝脏的坏死变化。在充血肿胀的肝表面，可以看到或触摸到1个乃至数个凝固性坏死灶。胃黏膜有坏死灶，界限清晰，灰黄色，周围常绕一圈鲜红色的充血带。坏死灶直径可达2～3 cm，切面呈半圆形。此外，可见病羊尸体皮肤呈暗黑色（故名“黑疫”），胸腔、腹腔和心包内大量积液。

3. 防治措施

预防本病首先在于控制肝片吸虫的感染，其次在常发地区应每年定期进行预防接种，免疫方法参见羊快疫。发生本病时，应将羊群转移至干燥地区，对病羊可用抗诺维梭菌血清治疗。

十一、羔羊梭菌性痢疾

羔羊梭菌性痢疾是一种急性毒血症性疾病，以剧烈腹泻和小肠发生溃疡为特征。可使羔羊大批死亡，本病常给养羊业带来巨大损失。

1. 羔羊梭菌性痢疾的发生和传播

本病病原体是魏氏梭菌，如有大肠杆菌、沙门菌等混合感染，则可加重病情。魏氏梭菌为土壤常在菌，可以通过吮乳饲养员的手或不慎食入带菌的粪便而进入羔羊消化道。在外界不良诱因的影响下，羔羊抵抗力降低，病菌乘机在小肠（特别是回肠）大量繁殖，产生毒素，引起发病。此外，也可通过脐带或创伤感染。

2. 诊断要点

【流行特点】 本病主要危害7日龄以内的羔羊，以2～3日龄的发病最多，7日龄以上的很少患病。纯种细毛羊发病率和病死率最高，土种羊抵抗力较强，杂交羊介于二者之间。草质差而又没有搞好补饲的年份、气候最冷的年份或气温变化较大的月份，最容易发生羔羊梭菌性痢疾。

【临床症状】 本病潜伏期1～2 d。病初精神委顿，不吃奶，随即发生持续性的腹泻，粪便由粥状很快转为水样，黄白色或灰白色，恶臭，后期便中带血，甚至成为血便。病羔逐渐虚弱，卧地不起。如果不及时治疗，常在 1 ～ 2 d 内死亡。有的病羔腹胀而不下痢或只排少量稀粪，主要表现为神经症状。四肢瘫软，卧地不起，呼吸急促，口流白沫。最后昏迷，头向后仰，体温下降，常于几小时或十几小时内死亡。

【病理剖检】 本病主要病变在消化道。小肠（特别是回肠）黏膜充血发红，并有直径 1 ～ 2 mm 的溃疡，溃疡周围有一环状出血带（图 8-28）。有的肠内容物呈血色，肠系膜淋巴结肿胀充血，间或出血。

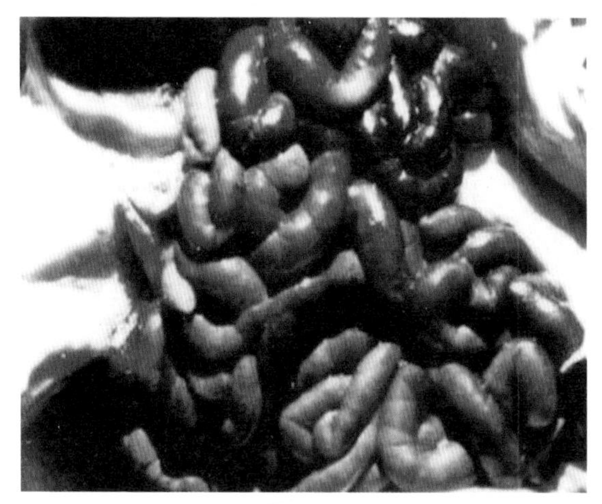

图 8-28 羔羊梭菌性痢疾症状

病羊的小肠（特别是回肠）黏膜充血发红，并有溃疡及坏死

3. 防治措施

预防羔羊梭菌性痢疾的首要措施是加强母羊和羔羊的饲养管理。为此，对母羊要抓好膘情，尽量避免在最冷季节产羔，每年秋季要定期接种羔羊痢疾菌苗或羊快疫、羊猝疽、羊肠毒血症、羔羊痢疾四联菌苗。产前 2 ～ 3 周再接种 1 次，保证羔羊获得充足的母源抗体；对羔羊要合理哺乳，避免饥饱不均；要保持羊圈干燥，避免受冻，一旦发病，应随时隔离病羔或及时搬圈，同时做好场地用具和设施的消毒。药物预防有一定的效果，方法是羔羊出生后 12 h 内，灌服土霉素 0.15 ～ 0.2 g，每日 1 次，连续 3 d。

治疗羔羊梭菌性痢疾的方法很多，但效果不一，各地可根据具体情况选择试用。土霉素 0.2 ～ 0.3 g 或再加胃蛋白酶 0.2 ～ 0.3 g，加水灌服，每日 2 次；也可用磺胺脒 0.5 g，鞣酸蛋白 0.2 g，次硝酸铋 0.2 g，碳酸钠 0.2 g 或呋喃唑酮 0.1 ～ 0.2 g，加水灌服，每日 3 次；还可灌服含 0.5% 福尔马林的 6% 硫酸镁溶液 30 ～ 60 mL，6 ～ 8 h 后再灌服 1% 高锰酸钾溶液 10 ～ 20 mL，每日 2 次。在治疗下痢的同时，还要强心、补液、解毒、镇静和调理胃肠功能，以及防止发生继发性肺炎等。

十二、羊传染性胸膜肺炎

羊传染性胸膜肺炎俗称“烂肺病”，是山羊特有的接触性、传染性疾病。该病以发热、咳嗽，浆液性和蛋白质渗出性肺炎，纤维素性肺炎和胸膜炎为主要特征，是一种极易蔓延的传染病，且传染迅速，死亡率高，在寒冷季节时有发生。

1. 羊传染性胸膜肺炎的发生和传播

本病的病原体为丝状霉形体（丝状支原体），其对外界环境和消毒药的抵抗力均较弱。

病羊是主要的传染源，病愈后仍带菌并散布传染。病原体存在于病肺组织和胸腔渗出液中，可随支气管分泌物排出，污染环境。主要通过空气、飞沫经呼吸道传染。

2. 诊断要点

【流行特点】 在自然条件下，只限于山羊发病，尤以 3 岁以下的山羊最容易感染。常常呈地方流行性，多发生在山区。接触传染性很强。一旦发病，20 d 左右即可波及全群。本病主要发生于冬季和早春枯草季节，寒冷潮湿、阴雨连绵、羊群密集、营养不良等因素可促进本病流行，而且病死率也较高。

【临床症状】 本病潜伏期短者 5 ～ 6 d，长者 3 ～ 4 周。急性病羊高热，体温可达 41 ～ 42 ℃，精神沉郁，食欲废绝，呆立，离群，身体发抖，不久出现肺炎。呼吸困难，湿咳，初期流出浆液性鼻汁，几天后变为黏液脓性或铁锈色鼻汁，常附在鼻孔周围，随即出现胸膜炎变化，指按压胸壁，表现敏感疼痛。听诊出现湿啰音、支气管呼吸音和摩擦音，叩诊出现浊音区，胸膜肺炎的变化通常偏于一侧。有的病羊发生眼睑肿胀、流泪或有黏液性眼眵，孕羊常发生流产。病羊多在 7 ～ 10 d 死亡，濒死前体温降到常温以下，幸免不死的转为慢性，此时症状不明显，仅仅表现瘦弱，间或有咳嗽或腹泻等。当营养不良、管理不善、气候突变及不利因素致使机体抵抗力降低时，可使病情恶化，甚至引起死亡。

【病理剖检】 主要病变在胸腔，多见一侧发生纤维素性肺炎。胸膜增厚、粗糙以至粘连，胸腔内积有多量含有纤维蛋白凝固块的液体（图 8-29，图 8-30）。病程长者，结缔组织增生，甚至有包囊形成的坏死灶。

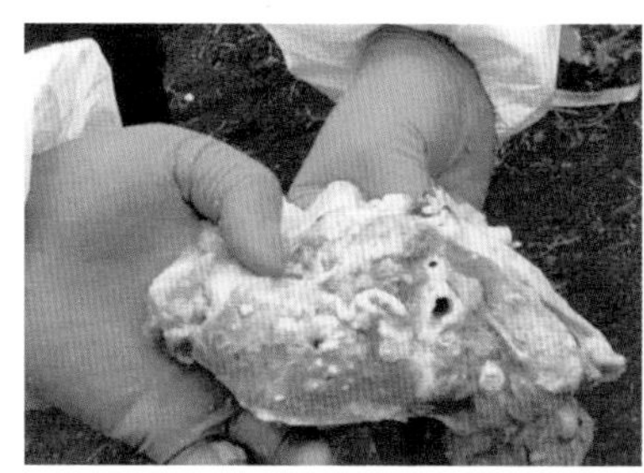
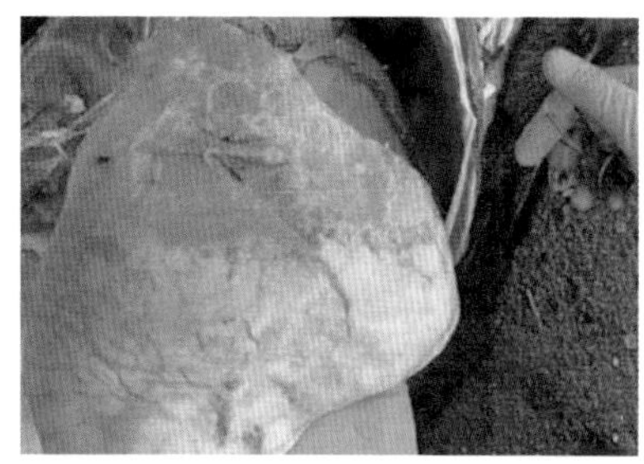

图8–29　羊传染性胸膜肺炎症状（一）
肺脏表面有大量的纤维素性渗出物，肺脏实质变性，呈现“橡胶肺”

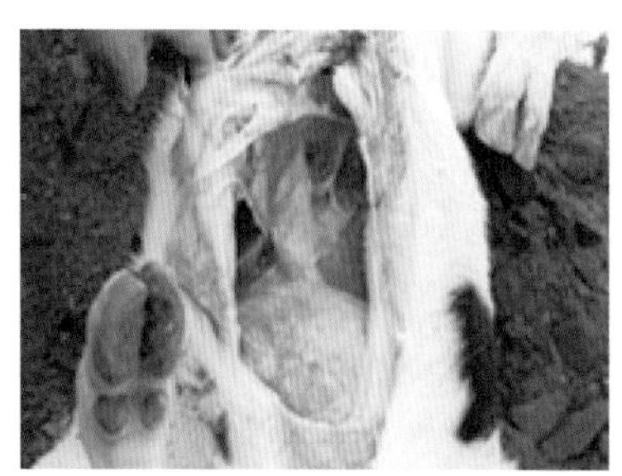
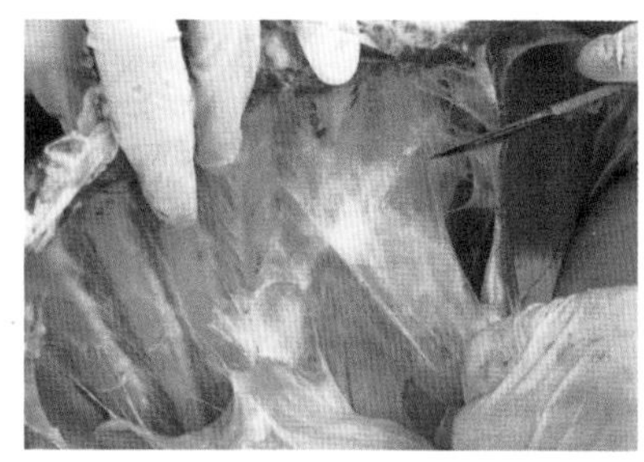

图8–30　羊传染性胸膜肺炎症状（二）
胸腔内有浆液纤维素性渗出物，呈现絮片状与
内脏器官发生粘连，并覆盖在脏器表面

本病与山羊巴氏杆菌病相似，鉴别诊断以细菌学检查为主要方法。

3. 防治措施

平时除加强饲养管理、注意清洁卫生、消除诱因外，关键性的预防措施是防止引入病羊和带菌羊，新引进羊只，必须隔离检疫 1 个月以上，确认健康后方可混入羊群。

对本病常发地区的山羊，可每年定期接种山羊传染性胸膜肺炎氢氧化铝菌苗，6 月龄以下的 3 mL，6 月龄以上的 5 mL，注射后 14 d 产生可靠免疫力，免疫期为 1 年。发生疫情后，立即封锁病羊群，并逐头检查，将病羊、可疑羊和假定健康羊分群隔离、治疗，健康羊群可进行紧急接种。对于被污染的羊舍、场地、用具、粪便等要进行彻底消毒，病羊的尸体要深埋或焚烧处理。

对病羊可用环丙沙星、土霉素、四环素、卡那霉素、链霉素等进行治疗，连用 5 ～ 7 d，辅以对症治疗可取得一定效果。

十三、羔羊痢疾

羔羊痢疾是一种初生羔羊常发的急性传染病，专门侵害出生后一周左右的羔羊，尤其是生后 3 d 之内的羊发病最多。其特征是持续下痢，群众一般称之为“下血”“拉稀”或“白痢”。羔羊痢疾可分为两类：一类是厌气性羔羊痢疾，病原体为产气荚膜梭菌；另一类是非厌气性羔羊痢疾，病原体为大肠杆菌。常常可使羔羊发生大批死亡。

1. 诊断要点

本病通过流行特点和临床症状就可作出初步诊断。

【流行特点】 本病主要危害 7 日龄以内的羔羊，其中又以 2 ～ 3 日龄的发病最多，7 日龄以上的很少患病。传染途径主要是通过消化道，如果健康羔羊与患病羊同时饮一盆水，则易被感染，天气寒冷骤变能促进本病的发生。传染途径主要是通过消化道，也可能通过脐带或创伤传染。每年立春前后发病率较高。病羔羊和带菌母羊是本病的主要传染源。

【临床症状】 自然感染的潜伏期为 1 ～ 2 d，病初精神委顿，低头拱背，怕冷，不断咩叫，不想吃奶。不久就发生腹泻，粪便恶臭，有的稠如面糊，有的稀薄如水，粪便绿色、黄色、黄绿色或灰白色，到了后期，有的还含有血液，直到成为血便（图 8-31）。病羔逐渐虚弱，卧地不起。若不及时治疗，常在 1 ～ 2 d 内死亡。羔羊如果以神经症状为主，则四肢瘫软，卧地不起，呼吸急促，口流白沫，最后昏迷，头向后仰，体温降至常温以下，常在数小时到十几小时内死亡。如果后期粪便变黏稠，则表示病情好转，有治愈的可能。

图 8–31　羔羊痢疾症状
病羊持续性腹泻，后躯被严重污染

2. 防治措施

本病的防治主要从以下几个方面入手：

（1）保温　将放牧时所产的羔羊立即用毡毯包裹，防止受凉。临产母羊留圈产羔，并设法提高舍温。羊圈尽可能保持干燥，避免潮湿。

（2）母羊保膘　注意搞好母羊的抓膘、保膘工作，使所产羔羊体格健壮，抗病力强。

（3）科学合理哺乳　所谓科学合理哺乳，就是要避免羔羊饥饱不均。母羊在羊圈附近放牧，适时回圈哺乳。

（4）消毒棚圈并搞好隔离　每年秋末做好棚圈消毒工作。在母羊临产前，剪去其阴户部、大腿内侧和乳房周围的污毛，并用 3% 来苏儿溶液消毒。一旦发生痢疾，随时隔离病羔，并搞好羊圈的消毒工作。

（5）预防　在母羊产前 14 ～ 20 d 接种羊厌气菌病五联菌苗，皮下或肌内注射 5 mL，初生羔羊吸吮免疫母羊的乳汁，可获得被动免疫。在常发痢疾地区，羔羊生后 12 h 灌服土霉素 0.15 ～ 0.2 g，每天 1 次，连服 3 d。也可用羔羊痢疾甲醛菌苗进行预防，第 1 次选在分娩前 20 ～ 30 d，在后腿内侧皮下注射菌苗 2 mL；第 2 次在分娩前 10 ～ 20 d，在另一侧后腿内侧皮下注射菌苗 3 mL，这样初生的羔羊可获得被动免疫。

（6）药物治疗

① 土霉素或胃蛋白酶 0.2 ～ 0.3 g，一次内服，每天服 2 次。

② 呋喃西林 5 g、磺胺脒 25 g、次硝酸铋 6 g，加水 100 mL，混匀，每次服 4 ～ 5 mL，每天服 2 次。

③ 用胃管灌服 6% 硫酸镁溶液（内含 0.5% 福尔马林）30 ～ 60 mL，6 ～ 8 h 后再灌服 1% 高锰酸钾溶液 1 ～ 2 次。

④ 磺胺脒 0.5 g、鞣酸蛋白和碳酸氢钠各 0.2 g，一次内服，日服 3 次。如果无效，可肌内注射青霉素 4 万～ 5 万 IU，每日 2 次，直至痊愈。

⑤ 每天服 3 次泻痢宁，每次服 3 ～ 5 mL，连服 3 d 为一疗程。

⑥ 乌梅散。处方：乌梅（去核）、炒黄连、郁金、甘草、猪苓、黄芩各 10 g，诃子、焦山楂、神汤各 13 g，泽泻 8 g，干柿饼 1 个（切碎）。将以上各药混合捣碎后加水 400 mL，煎汤至 150 mL，以红糖 50 g 为引，用胃管灌服，每次服 30 mL。如果羔羊拉稀不止，可再服 1 ～ 2 次。

⑦ 承气汤加减治疗。处方：大黄、酒黄芩、焦山楂、甘草、枳实、厚朴、青皮各 6 g，将以上各药混合后研碎，加水 400 mL，再加入芒硝 16 g，用胃管灌服。

十四、羊破伤风

羊破伤风是由破伤风杆菌引起的一种人畜共患病。其特征是病羊全身肌肉发生强直性痉挛，对外界刺激的反射兴奋性增强。

1. 诊断要点

根据病羊的创伤史和比较特殊的临床症状，确诊不难。

【流行特点】 破伤风的病原体破伤风杆菌在自然界广泛存在。羊经过创伤感染破伤风杆菌后，如果在创口内具备缺氧条件，病原体在创口内繁殖产生毒素，毒素刺激中枢神经系统而发病。常见于外伤、阉割、脐部感染。本病以散发的形式存在。

【临床症状】 病初症状不明显，随着病情的发展，表现为不能自由卧下或不能站立，四肢逐渐强直，运步困难，角弓反张，牙关紧闭，流涎，尾直。突然的声响，可使骨骼肌发生痉挛，致使病羊倒地（图 8-32）。发病后期，常因急性胃肠炎而引起腹泻。病死率很高。

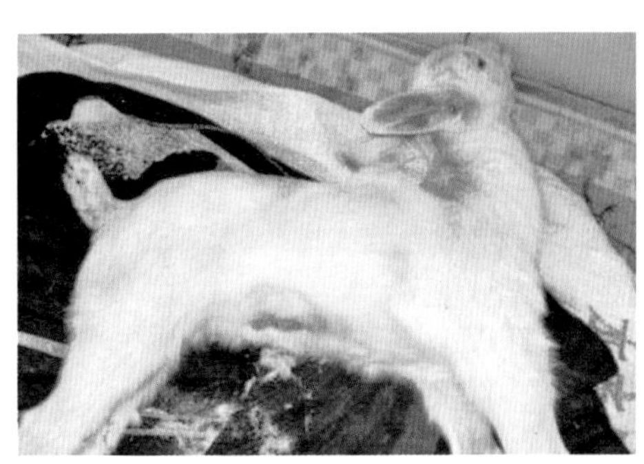

图 8–32　羊破伤风症状

病羊骨骼肌痉挛，四肢强直，呈角弓反张症状

2. 防治措施

【预防】 尽量避免外伤，当发生外伤时，应立即用碘酊消毒。阉割羊或处理羔羊脐带时，必须严格消毒。

【治疗】 将病羊置于光线较暗的安静处，给予容易消化的饲料和充足的饮水。彻底消除创口内的坏死组织，用 3% 双氧水、1% 高锰酸钾或 5% ～ 10% 碘酒进行消毒处理。病初用破伤风抗毒素 5 万～ 10 万 IU 肌内或静脉注射，以中和毒素。为了缓解肌肉痉挛，可用氯丙嗪（每千克体重 2 mg）或 25% 硫酸镁注射液 10 ～ 20 mL 肌内注射，并配合应用5%碳酸氢钠100 mL静脉注射。对于长期不能采食的病羊，还应每天补糖、补液。当牙关紧闭时，可用3%普鲁卡因5 mL和0.1%肾上腺素0.2～0.5 mL，混合注入咬肌。中药用方剂“防风散”或“千金散”，根据病情加减。

十五、羊沙门菌病

羊沙门菌病包括羊流产和羔羊副伤寒两种病型。羊流产的病原体主要是羊流产沙门菌；羔羊副伤寒的病原体以都柏林沙门菌和鼠伤寒沙门菌为主。发病的羔羊症状以急性败血症和下痢为主。

沙门氏菌对外界的抵抗力较强，在水、土壤和粪便中能存活几个月，但不耐热，一般消毒药都能迅速将其杀死。

1. 诊断要点

【流行特点】 沙门氏菌病可发生于所有品种和任何年龄的羊，无季节性，传染途径以消化道为主，交配和其他途径也能感染。各种不良因素均能促进本病的发生。

【临床症状】 本病潜伏期长短不一，与羊的年龄、侵入途径和刺激因素有关。

① 羊副伤寒（下痢型）。多见于15～30日龄的羔羊。病羊体温升高至40～41 ℃，食欲减退，腹泻，排黏性带血的稀粪，有恶臭。精神委顿，虚弱，低头，拱背，继而倒地，经过1～5 d死亡（图8-33）。发病率约30%，病死率约25%。

② 羊流产。流产多见于妊娠的最后2个月。病羊体温升高至40～41 ℃，厌食，精神沉郁，部分羊有腹泻症状。病羊产下的活羔，表现衰弱，委顿，卧地，并有腹泻，往往于1～7 d死亡。病母羊也可在产后或无流产的情况下死亡。羊群暴发1次，一般持续10～15 d。

【病理剖检】 下痢型病羔身体消瘦，真胃和小肠黏膜充血，肠道内容物稀薄如水，肠系膜淋巴结水肿。脾脏充血，肾脏皮质部与心外膜有出血点。

图8-33　羊沙门菌病症状

病羊食欲减退，精神委顿，身体消瘦，腹泻，粪便中有带血的黏液

感染的母羊发生流产。流产、死亡的胎儿或出生后1周死亡的羔羊，表现败血症病变，组织水肿，充血，脾脏肿胀。母羊胎盘水肿、出血。

2. 防治措施

【预防】 预防的主要措施是加强饲养管理。羔羊出生后应及早吃初乳，注意羔羊的保暖。发现病羊应及时隔离并立即治疗。被污染的圈栏要彻底消毒。发病羊群进行药物预防。

【治疗】 病羊隔离治疗或淘汰处理。对本病有治疗作用的药物很多，但必须配合护理以及对症治疗。首选药是氯霉素，其次为呋喃唑酮。使用氯霉素，羔羊按每日每千克体重30～50 mg，分3次内服；成年羊按每次每千克体重10～30 mg，肌内或静脉注射，每日2次。呋喃唑酮按每日每千克体重5～10 mg，分2～3次内服，连续用药不可超过2周。

十六、小反刍兽疫

小反刍兽疫俗称“羊瘟”，又名肺肠炎、口炎-肺肠炎复合症，是由小反刍兽疫病毒引起的一种急性病毒性传染病，主要感染小反刍动物，以发热、结膜炎、口炎、腹泻、肺炎、流产为特征。山羊比绵羊更易感，且症状更严重。

1942 年，本病首次在象牙海岸（科特迪瓦）发生，主要危害绵羊和山羊，并造成了重大损失。亚洲的一些国家也报道了本病，我国也有流行。

1. 诊断要点

【流行特点】 本病主要感染山羊、绵羊等小反刍动物。在疫区，本病为零星发生，当易感动物增加时，即可发生流行。本病主要通过直接接触传染，通过病羊的分泌物和排泄物，被污染的饲料、垫草、器具等造成传播。严重暴发时发病率几乎 100%，通常羔羊的死亡率可达 100%，幼年羊死亡率约 40%，成年羊 10% 左右。尤其是妊娠母羊感染后 90% 以上会导致流产。处于亚临床型的病羊尤为危险。本病一年四季均可发生。

【临床症状】 小反刍兽疫潜伏期为 4 ～ 5 d，最长 21 d。自然发病仅见于山羊和绵羊，山羊发病更严重。一些康复山羊的唇部往往形成口疮样病变。

急性型体温可上升至 41 ℃，并持续 3 ～ 5 d。感染的羊只烦躁不安，背毛无光，口鼻干燥，食欲减退。流黏液脓性鼻漏，呼出恶臭气体。在发热的前 4 d，口腔黏膜充血，颊黏膜进行性广泛性损害，导致多涎，随后出现坏死性病灶，开始口腔黏膜出现小的粗糙的红色浅表坏死病灶，以后变成粉红色，感染部位包括下唇、下齿龈等处。严重病例可见坏死病灶波及齿垫、腭、颊部及乳头、舌头等处（图 8-34，图 8-35）。后期出现带血水样腹泻，严重脱水，消瘦，随之体温下降。出现咳嗽、呼吸异常。发病率高达 100%，在轻度发生时，死亡率不超过 50%。幼年动物发病严重，发病率和死亡率都很高，是我国划定的一类疾病。

【病理剖检】 尸体剖检病变与牛瘟病相似。病变从口腔直到瘤 - 网胃口。病羊可见结膜炎、坏死性口炎等肉眼可见的病变，严重病例

图8-34　小反刍兽疫症状（一）

病羊咳嗽，自口腔流出大量黏液脓性鼻漏。鼻腔发炎，
口腔、鼻腔周围有大量的分泌物

图8-35　小反刍兽疫症状（二）

病的后期，在口唇、鼻腔周围出现粗糙的坏死病灶，并形成灰白色坏结痂

可蔓延到硬腭及咽喉部。皱胃常出现病变，而瘤胃、网胃、瓣胃较少出现病变，病变部常出现有规则、有轮廓的糜烂，创面红色、出血（图8-36）。肠可见糜烂或出血，特征性的条纹状出血，常见于大肠，特别是结肠直肠结合处（图8-37）。淋巴结肿大，脾有坏死性病变。在鼻甲、喉、气管等处有出血斑。

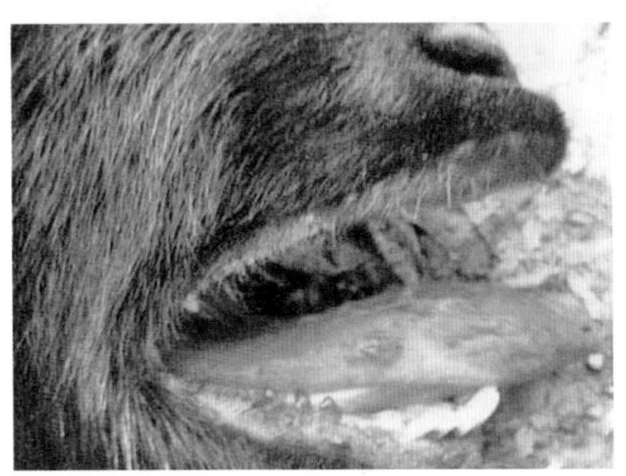

图8-36 小反刍兽疫症状（三）

口腔黏膜出现粗糙的红色浅表坏死病灶，以后变成粉红色

图8-37 小反刍兽疫症状（四）

肠道（主要是大肠）、肠系膜有条状出血

2. 防治措施

目前，本病尚无有效的治疗方法。发病初使用抗生素和磺胺类药物可对症治疗和预防继发感染。一旦发现病例，应严密封锁，扑杀患羊，隔离消毒。对本病的防控主要靠疫苗免疫。

① 目前小反刍兽疫常见的弱毒疫苗为Nigeria7511弱毒疫苗和Sungri/96弱毒疫苗。这两款疫苗无任何副作用，能交叉保护其各个群毒株的攻击感染，但其热稳定性差。

② 新疆天康生产的小反刍兽疫疫苗：皮下注射，免疫期3年，新生羔羊1月龄进行补免。

③ 发病的羊直接注射小反刍兽疫血清，进行特异性药物治疗。

第九章 羊的寄生虫病诊断与防治

第一节 寄生虫病的综合防治措施

各种类型的寄生虫病严重威胁着羊的健康，并且有一些寄生虫病还是人畜共患病，也威胁着人的健康。

防治寄生虫病是一项极其复杂的工作。有人这样说，寄生虫病的流行是外界环境状况的一种反映。例如，消化道疾病的蔓延说明了卫生状况低下；脑多头蚴病、羊绦虫病等的流行是人的生活贫困、缺乏良好的卫生习惯、欠缺管理制度的表现；由媒介（昆虫等）传播的疾病的流行，常常说明居住条件不良，如此等等。

由于寄生虫病和外界环境的联系紧密，这就大大增加了防治工作的难度和复杂性。综合防治措施主要包括3个方面：一是患羊的驱虫；二是环境卫生；三是自身抵抗力的提高。

驱虫就是杀灭羊体内或体表寄生虫。寄生虫局限于羊体内或体表的这个阶段是它们生活史中比较容易被我们杀灭的阶段；相反，当它们存在于自然界的时候，虽然比较缺乏庇护，但由于虫体较小，散布极广，往往难于杀灭。故驱虫并非消极的治疗，而是有积极意义的预防措施。但驱虫应当在具备一定卫生条件时进行，尤其是对于大多数的蠕虫更应如此，因为几乎所有的驱虫药都不能杀灭蠕虫子宫内或已经进入消化道和呼吸道的虫卵。这样，驱虫后含有崩解的虫体的排泄物任意散播，就会构成对外界环境的严重污染。所以，我们必须使驱虫成为消灭寄生虫携带者和保护外界环境不受污染的行为，尽可能做到：①驱虫应在专门的隔离场所进行；②动物驱虫后应有一定的隔离时间，直至被驱除的病原体排完为止；③驱虫后排出的粪便和一切病原物质均应集中处理，使之“无害化”。粪便一般用发酵（即生物热）的方法消毒。

驱虫应当有适宜的时间，这是根据寄生虫的流行病学研究来确定的。对于大多数蠕虫，秋、冬季驱虫最为适宜。其原因是：①秋、冬季一般是羊的体质由强转弱、由肥转瘦的季节，此时驱虫有利于保护羊的健康；②秋、冬季一般不利于虫卵和幼虫的发育，有些寄生虫的虫卵和幼虫根本不能在冬季发育，不能越冬，所以秋、冬季驱虫可以大大减少对于牧场的污染。

“成熟前驱虫”主要针对某些蠕虫，是在某种蠕虫在羊体内尚未发育成熟的时候，用药物驱除。这样做的好处是：①将虫体消灭于成熟产卵之前，防止了虫卵或幼虫对外界环境的污染；②阻断了病程的发展，有利于保证羊的健康。

保持环境卫生是减少感染和预防感染的有效措施，如对于粪便的管理、饲料的来源控制、改变饲养方式、改善羊舍卫生、扑灭蚊蝇等。

对于羊来说，预防措施的重点有下列几点：

① 单位面积的载畜量不应过大。

② 羔羊与成年羊应尽早分群饲养。

③ 尽可能避开潮湿多水的牧地。

④ 要建造专门的产房，羔羊最好有专门的牧场。

⑤ 饲料、饮水要清洁。

⑥ 要勤清理粪便，经常垫圈。

⑦ 定期驱虫。

第二节　羊常见的寄生虫病

一、肝片形吸虫病

肝片形吸虫病又名“肝蛭病”，是羊、牛等反刍动物主要的寄生虫病，多呈地方性流行。本病是由于肝片形吸虫寄生在牛、羊的肝脏和胆管中，引起急性或慢性肝炎或胆管炎，并伴发全身性的中毒现象和营养障碍。

1. 病原体

肝片形吸虫新鲜虫体呈棕红色，扁形、柳叶状，故有的地方称它为“柳叶虫”。大小为（20 ～ 40）mm×（10 ～ 13）mm，虫体前端突出部呈锥形，其底部突然变宽，形成明显的“肩”，虫体中部最宽，向后逐渐变窄。寄生在肝脏、胆管中，成虫产出的虫卵随着胆汁进入肠腔，随粪便排出体外，在适宜的中间宿主——椎实螺体内发育，牛、羊等在吃草或饮水时，吞入了在椎实螺体内发育成的囊蚴而遭感染。幼虫穿过肠壁，经肝表面钻入实质后入胆管发育成熟。从吃入囊蚴到发育为成虫需 2 ～ 4 个月，虫体寿命 3 ～ 5 年，一般 1 年左右即从动物体内排出（图 9-1）。

(a) 成虫　　(b) 虫卵

图 9–1　肝片形吸虫的成虫和虫卵示意图

2. 诊断要点

【流行特点】 本病的发生与中间宿主——椎实螺密切相关。多发于放牧的低洼潮湿处、草滩及沼泽地带。干旱年份流行轻，多雨年份流行重。夏季为主要感染季节，羊采食了附着在水草上的肝片形吸虫囊蚴而感染发病。

【临床症状】 轻度感染往往不显现症状，感染数量多时（50 条以上）则可出现症状。对于羔羊，即使寄生很少虫体也能呈现有害作用。根据病情状况，可分为急性型和慢性型两种类型。

① 急性型。多见于羔羊。发病急，精神沉郁，体温升高，食欲减退，偶有腹泻现象，消化不良，贫血，眼结膜苍白，有时突然死亡。主要是囊蚴侵入期引起的急性肝炎。

② 慢性型。多见于成年羊，此时虫体已经寄居于胆内，临床上表现为黏膜苍白，下颌、胸部和腹部水肿，贫血，食欲缺乏，毛焦黄。体态消瘦、衰弱，步行缓慢，孕羊流产，哺乳母羊乳汁稀薄，严重时极度消瘦而死亡。

【病理剖检】 急性型病例肝脏肿大、质软，包膜有纤维素沉积，有 2 ～ 5 mm 长的暗红色虫道，虫道有凝固的血液和很小的童虫。腹腔中有血色的液体，有腹膜炎病变。

慢性型病例肝实质萎缩、褪色、变硬。胆管肥厚、扩张，呈绳索样，突出于肝表面，胆管内壁粗糙，内含大量血性黏液和虫体及黑褐色或黄褐色磷酸盐结石（图 9-2）。

【实验室诊断】 生前诊断常采用水洗沉淀法检查虫卵。显微镜检查，虫卵为椭圆形，黄褐色，窄端有不明显的卵盖，卵内充满卵黄细胞和一个卵胚细胞。

3. 防治措施

（1）定期驱虫　在疫区，每年春、秋两季各驱虫 1 次，常用药品有：

① 硝氯酚，剂量为每千克体重 5 ～ 8 mg，一次口服。

② 丙硫苯咪唑，剂量为每千克体重 20 mg，口服。

图9-2　肝片形吸虫病症状

肝脏肿大、充血、出血，表面有纤维素沉着，且与周围组织发生粘连；
肝脏质地硬化，表面有大量白色包膜

（2）粪便发酵处理　及时处理粪便以杀死虫卵，对驱虫后排出的粪便尤其应该严格处理。

（3）消灭中间宿主　配合农田水利建设，填平低洼水泡子，消灭椎实螺滋生地；水面可放养鸭子，捕食椎实螺；也可用氨水、氯硝柳胺等药物灭螺。

（4）防止感染　注意饮水和饲草卫生，防止羊吞食幼虫，不到潮湿或沼泽地放牧，不让羊饮到有椎实螺存在地区的水。

（5）治疗

① 驱虫。选用硝氯酚针剂或片剂，别丁、丙硫苯咪唑（肠虫清）。

② 对症治疗。强心补液、利尿。

二、脑多头蚴病（脑包虫病）

脑多头蚴病是多头绦虫的幼虫（多头蚴）寄生于羊的脑、脊髓内引起脑炎、脑膜炎及一系列神经症状的寄生虫病。本病又称脑包虫病。多头蚴还可危害猪、牛等家畜，甚至人类。成虫寄生于狗、狐狸、狼等食肉兽类的小肠。本病是危害羔羊的重要寄生虫病，特别是2岁以下的羊最易感，散布于全国各地，并多见于狗活动频繁的地方，多发生于春季。由于本病往往出现明显的转圈症状，故又称为“旋回病”“转圈病”或“疯病”。

1. 病原体

脑多头蚴呈乳白色半透明囊状，由豌豆大到鸡蛋大，囊内充满透明的液体，囊壁由两层膜组成，外膜为角质层，内膜为生发层，其上有许多头节（原头蚴）附着，头节直径2～3 mm，数量100～250个。寄生于犬等终末宿主小肠内的多头绦虫，其孕卵节片脱落后，随着犬的粪便排出体外，从孕节内释放出大量虫卵。羊等中间宿主吞食了被虫卵污染的青草和饮水而感染，虫卵内的六钩蚴钻入肠黏膜血管内，随着血液流到脑脊髓中，经2～3个月发育为成熟的多头蚴（图9-3）。犬、狼等食肉动物吞食了含有脑多头蚴的脑、脊髓后，多头蚴附着于犬、狼等的肠壁上发育，经1～2个月变为成熟的绦虫。

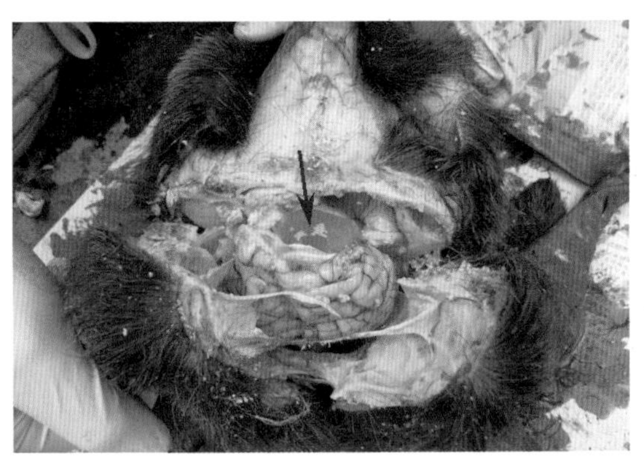

图9-3　在脑组织中的成熟多头蚴（箭头所指处）

2. 诊断要点

本病症状比较特殊，确诊时可以根据病羊有无特殊的强迫运动，如转圈、前冲、后退等作出判断。一般根据病羊旋转、转圈情况可初步判定病灶的部位和深浅及病原体的大小，即“小圈浅、大圈深，低头前，仰头后，平头中”。同时看有无痉挛症状，视力减退或失明（病灶的对侧）和视神经乳突充血或萎缩现象；细心触诊头骨有无变软和压痛现象。应注意与莫尼茨绦虫、羊鼻蝇蚴及其他脑病相区别，这些疾病都无头骨变薄变软和局部皮肤隆起的症状，有些病例需剖检后才能确诊。

3. 防治措施

（1）定期驱虫　犬应定期进行驱虫，尤其是牧羊犬。

（2）控制传染源　捕杀野犬、流浪犬等终末宿主，病羊的脑、脊髓应予销毁，以防被犬吞食而感染多头绦虫病。

（3）治疗　病羊可用吡喹酮口服治疗，剂量为每千克体重 50 ～ 70 mg，连用 3 d，这样用药可取得 80% 的疗效。在头前部浅层寄生的囊体可施行手术治疗，即在多头蚴充分发育后，根据囊体所在的部位实施外科手术，开口后，先用注射器吸去囊中的液体，使囊体缩小，然后完整地摘除虫体（图 9-4）。

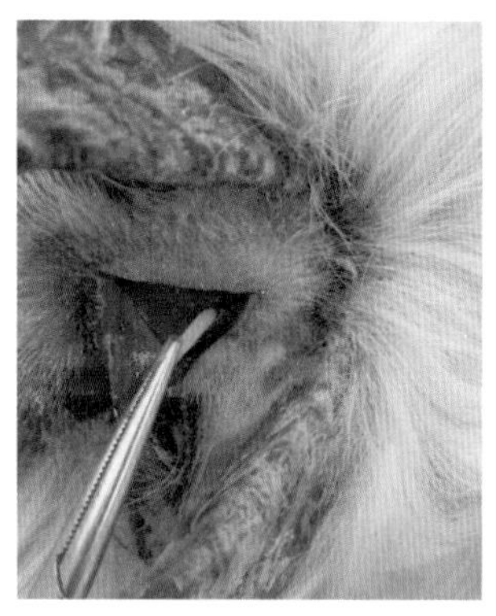

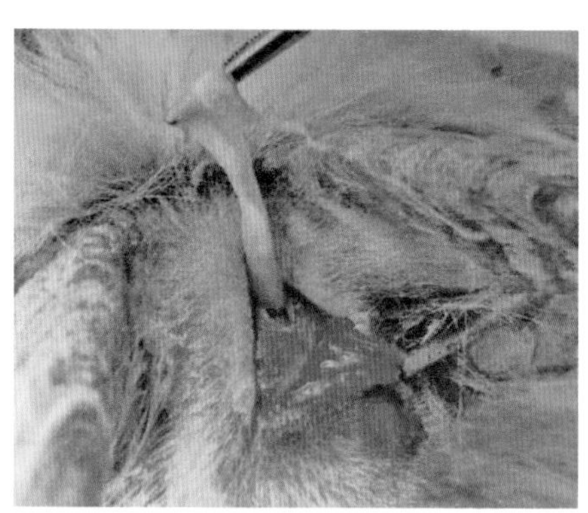

图9–4　用镊子取出成熟的多头蚴

三、羊绦虫病

本病是由裸头科的多种绦虫（莫尼茨绦虫、曲子宫绦虫、无卵黄腺绦虫）寄生于羊小肠所引起。对羔羊危害较大，不仅可影响羔羊的生长发育，甚至可引起死亡。本病常呈地方性流行，三种绦虫既可以单独感染，也可以混合感染，临床上以莫尼茨绦虫最常见，且危害较为严重，在我国的三北（华北、东北、西北）地区流行更为普遍。

1. 病原体

（1）虫体特征　莫尼茨绦虫为乳白色或黄白色，大约筷子粗细，为大型带状，由头节、颈节和链体组成，头节上有 4 个吸盘。虫体长 1 ～ 6 m，体节宽而短，最宽可达 16 mm。本虫特征为每一体节后缘有一排疏松的呈圆囊状的体节间腺。

（2）生活史　莫尼茨绦虫需要以甲螨作为中间宿主。节片或虫卵随粪便排出体外，虫卵被甲螨蚕食后，卵内的六钩蚴在甲螨体内发育成似囊尾蚴。牛、羊等在吃草或啃泥土时吞食了含有囊尾蚴的甲螨而被感染，在小肠内经 40 ～ 50 d 发育为成虫。在肠道内可存活 2 ～ 6 个月，而后自肠内自行排出体外。

2. 诊断要点

【流行特点】 莫尼茨绦虫主要感染 1.5 ～ 6 月龄的羔羊。羔羊最容易感染扩展莫尼茨绦虫，7 月龄以上的患病羊可获得自身免疫力排出虫体。其流行还具有一定的季节性，即与地螨出现的季节变动有密切关系。地螨多在温暖和多雨的季节活动，在夏、秋两季最多。

【临床症状】严重感染时，羔羊消化不良，便秘，腹泻，慢性胀气，贫血，消瘦，最后衰竭而死。有时有神经症状，呈现抽搐和痉挛及旋回病样症状，有的由于大量虫体聚集成团，引起肠阻塞、肠套叠、肠扭转，甚至肠破裂（图 9-5）。

【粪便检查】 检查粪便中的绦虫节片，特别是在清晨清扫羊舍时查看新鲜粪便。如果在粪球表面发现黄白色，圆柱形、长约 1 cm、厚达 0.2 ～ 0.3 cm 的孕卵节片，即可确诊。

3. 防治措施

应采取以预防性驱虫为主的综合防治措施。

（1）预防性驱虫　首选药物为丙硫苯咪唑，大面积驱虫，剂量为每千克体重 5 ～ 6 mg，口服，投药后灌服少量清水。驱虫前应禁食 12 h 以上。驱虫后留在圈中至少 24 h，以免污染牧地。

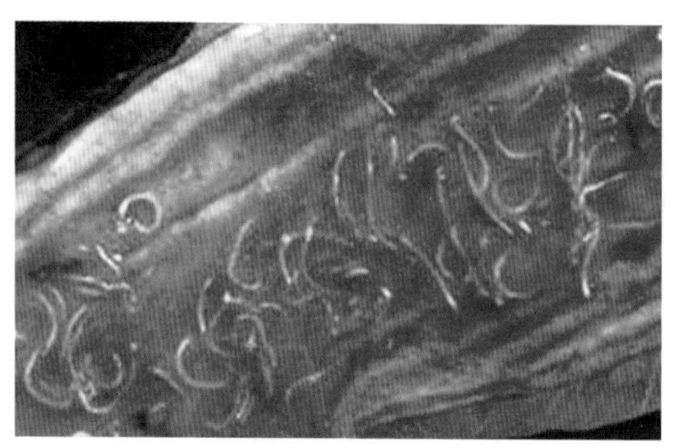

图9-5　羊肠道中的莫尼茨绦虫虫体

农区放牧的羊，全年两次驱虫，第一次为6月底至7月中旬，第二次为11月至入冬前，淘汰羊于当年8月进行1次驱虫。山区冬夏牧场放牧的羊，在第二年3月底至4月初转场前补驱1次，实行全年3次驱虫。应按时整群驱虫，做到应用足够剂量。为防止长期应用同一种药而产生抗药性，连续使用3年后，可与吡喹酮交替使用，剂量为每千克体重12 mg；也可应用硫双二氯酚（别丁），剂量为每千克体重60～80 mg。

（2）科学地适时放牧　应合理调整放牧时间。为避开清晨甲螨数量高峰，夏、秋一般以太阳露头、牧草上露水消散时进入牧地；冬季、早春甲螨进入腐殖层土壤中越冬，故可按常规时间放牧，充分利用农作物茬地、耕地放牧，逐步扩大人工牧地的利用，建立科学的轮牧制度。

四、肺线虫病（肺丝虫病）

羊肺线虫病是由丝状网尾线虫寄生于呼吸道的支气管内，以支气管炎为主要症状的寄生虫病。本病绵羊和山羊都可发生，各地常有流行，对羔羊危害更严重，常可引起大批死亡。本病与莫尼茨绦虫病、捻转血矛线虫病、肝片形吸虫病并称为羊的“四大类蠕虫病”。

1. 病原体

丝状网尾线虫呈细线状，乳白色，肠管呈黑色。外观上似一条黑线穿行于体内。雌虫长 50 ～ 100 mm，雄虫长 30 ～ 80 mm。

丝状网尾线虫的雌虫在气管或支气管产出含有幼虫的卵，随着痰被吞咽，进入消化道，通过消化道时和感染时间长了之后，孵出幼虫而排出体外，羊吃草或饮水时食入幼虫而被感染。幼虫进入宿主肠内，钻入肠壁，沿淋巴管进入淋巴结，在淋巴结内生长发育一个阶段，而后沿淋巴管和血管到心脏，再到肺，滞留在肺毛细血管内，最后突破血管壁，进入细支气管、支气管寄生，经 1 个月发育为成虫。

2. 诊断要点

【临床症状】 羔羊症状严重，主要是咳嗽，在被驱赶后或夜间休息时最为明显。在感染的初期和感染轻的羊，症状不明显，当感染大量虫体时，一般感染幼虫一个月以后开始出现症状。起初病羊精神不振，然后流鼻涕，常干涸于鼻孔周围形成痂皮，常打喷嚏，逐渐消瘦，贫血，头胸部和四肢水肿，呼吸困难，呼吸如同拉风箱一样，有时咳出成团的白色虫体。体温一般不升高。患病时间长的羊，表现食欲减退，身体瘦弱，被毛干燥而粗乱。放牧时喜欢卧地，不愿行走。随后有腹泻、贫血、水肿等表现，最后严重消瘦而死亡。当虫体与黏液缠绕成团而堵塞喉头时，也可因窒息而死亡。在感染重的时候，死亡率在 10% ～ 70%。

【病理剖检】 肺部见有不同程度的膨胀和肺气肿。有虫体寄生的部位，肺表面稍隆起，呈灰白色，切开可发现支气管内含有大量混有血丝的黏液和成团的虫体（图 9-6，图 9-7）。

图9–6　寄生在肺脏及气管中的成虫

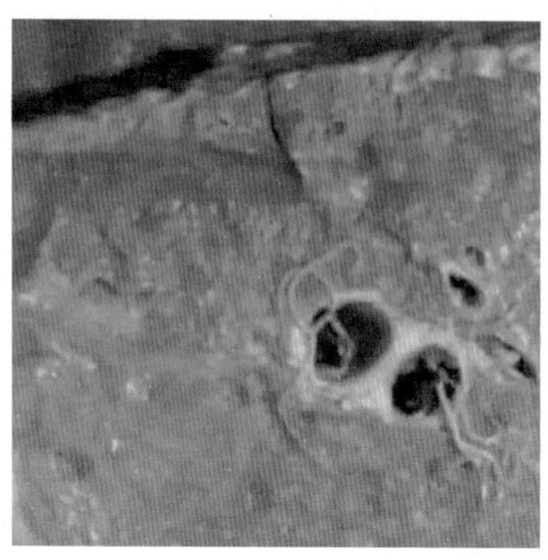

图9–7 寄生于支气管部位的线虫

【实验室诊断】 根据特有的症状和流行病学特点，尚不能确诊，必须结合粪便检查加以确诊。粪便检查应采取新鲜粪便，用幼虫分离法检查有无幼虫。幼虫长 0.55 ～ 0.58 mm，头端有一扣状小结。

3. 防治措施

（1）药物驱虫 流行严重的牧场，由放牧改为舍饲，并进行 1 ～ 2 次驱虫。在春季青草发芽前和秋季，应对 15% ～ 20% 的羊进行粪便检查。如果发现有肺丝虫幼虫，应立即进行全群性驱虫；在第 1 次驱虫后 12 d，再进行第 2 次驱虫。发现病羊或疑似病羊应立即隔离，进行治疗性驱虫。可选择下列驱虫药：

① 左咪唑。口服剂量每千克体重 8 mg；肌内或皮下注射剂量每千克体重 3 ～ 6 mg。

② 丙硫苯咪唑。每千克体重 5 ～ 10 mg，口服。

③ 伊维菌素。每千克体重 200 μg，皮下注射。

④ 氰乙酰肼。又名网尾素，按照每千克体重 17 ～ 17.5 mg，一次灌服。也可按照每千克体重 15 mg，用少量蒸馏水溶解后，进行皮下或肌内注射。

（2）羔羊与成年羊分开饲养 可选择较安全的牧地（久未放过牧的草地、高燥草地和轮牧地）放养羔羊。

（3）搞好卫生　保持牧场清洁干燥，防止潮湿积水，注意饮水卫生，粪便堆积发酵，进行生物热杀虫。

五、羊鼻蝇蛆病

本病是由羊鼻蝇（又称羊狂蝇）的幼虫，寄生在羊的鼻腔及其附近的腔道（如额窦）内而引起的一种寄生虫病。病羊呈现慢性鼻炎（鼻窦炎和额窦炎）症状。

1. 病原体

羊鼻蝇的特点是成虫直接产幼虫，成虫外形似蜜蜂，口器退化，头半圆形，身体灰黑色，比家蝇稍大。出现于每年的5～9月，尤其7～9月最多。只在炎热、晴朗、无风的白天活动。雌雄交配后雄蝇死亡，雌蝇遇到羊只时，急速而突然地飞向羊只，将幼虫产在羊鼻孔内或鼻孔周围，每次可产20～40个。数日内可产出500～600个幼虫。产完幼虫后，雌蝇死亡，其寿命2～3周。刚产出的幼虫黄白色，如同小米粒大小，长约1 mm，体表丛生小刺，前段有两个黑色的口前钩。它以此固着于鼻黏膜上，逐渐向鼻腔深部移行。在鼻腔、额窦或鼻窦内（少量进入颅腔内）寄生并逐渐长大，经9～10个月发育为成熟幼虫。成熟幼虫长约30 mm，棕褐色，背面拱起，每节上具有深棕色的横带，腹面扁平，各节前缘具有数列小刺。前端尖有两个黑色发达的口钩，后端齐平，有两个黑色的后气孔。在第二年春天，成熟幼虫由深部向浅部移行，当病羊打喷嚏时，被喷落到地面，钻入土壤或羊粪内变蛹。蛹期1～2个月，羽化为成蝇。温暖地区1年可繁殖2代，寒冷地区每年1代（图9-8）。

2. 诊断要点

可根据流行病学资料、临床症状（脓性鼻漏、呼吸困难、打喷嚏等）以及剖检。在鼻腔及附近腔窦发现羊鼻蝇幼虫而确诊（图9-9，图9-10）。病羊呈现神经症状时，要注意与羊多头蚴病、莫尼茨绦虫病相鉴别。

(a) 成虫

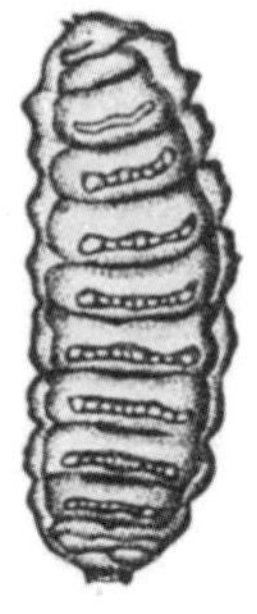

(b) 3龄幼虫

图9-8　羊鼻蝇成虫和3龄幼虫示意

图9-9　寄生在羊鼻腔内的羊鼻蝇蛆幼虫（箭头所指处）

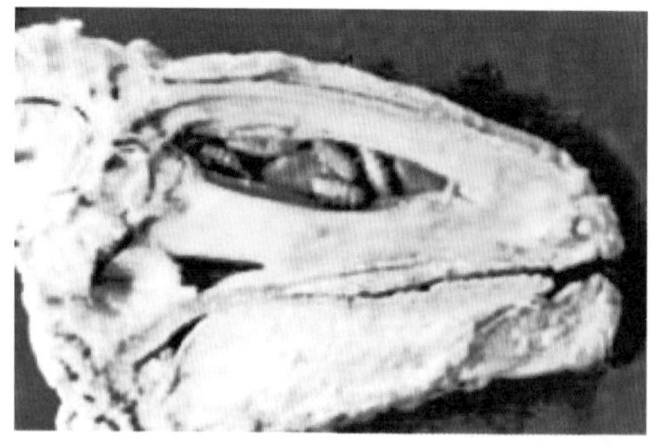

图9-10　鼻窦、额窦中的羊鼻蝇蛆（病羊头部的纵切面）

3. 防治措施

因敌敌畏、敌百虫等杀虫药对成熟的幼虫杀灭效果很差，因此，确定适当的驱虫时间是防治本病的关键。应根据各地不同的气候条件，摸清羊鼻蝇的生物学特性后确定（一般在每年 11 月进行），可根据羊群大小，选择下述方法：

（1）敌敌畏

① 灌服法。按每千克体重 5 mg 配成水溶液灌服，每天 1 次，连续用 2 d。

② 饮水驱虫法。敌敌畏配成 0.25% 的低浓度水剂，供羊群饮用，每天 1 次，共 3 次，平均每只羊 3 次共饮 6 ～ 7.5 L（约含敌敌畏 0.15 ～ 0.19 g）。

③ 气雾法。室内气雾用 40% 敌敌畏乳剂，每立方米用 1 mL，吸雾 15 min；露天气雾用纯度 80% 的敌敌畏乳油原液，每只羊用 1 mL，在羊群中均匀喷雾。

（2）精制敌百虫

① 灌服法。按每千克体重 0.12 g 配成 2% 溶液灌服。

② 肌内注射。取精制敌百虫 60 g 加 95% 酒精 31 mL 在瓷容器内加热溶解，加入蒸馏水 31 mL，再加热至 60 ～ 65 ℃，待药完全溶解后再加水至 100 mL，经多层纱布过滤，用于肌内注射。体重 10 ～ 20 kg 用 0.5 mL；20 ～ 30 kg 用 1 mL；30 ～ 40 kg 用 1.5 mL；40 ～ 50 kg 用 2 mL；50 kg 以上用 2.5 mL。

（3）伊维菌素　剂量为每千克体重 200 μg，皮下注射，或以同等剂量内服粉剂。

（4）每年的 9 ～ 10 月，用 3% 来苏儿溶液向羊鼻孔中喷洒。

六、疥癣（螨病）

疥癣又叫螨病，俗称“癞病”“羊癞”，是指由疥螨科或痒螨科的螨寄生在羊的体表面引起的慢性、寄生性、接触性皮肤病。疥癣可以分为疥螨病和痒螨病两类。本病以剧痒、湿疹性皮炎、脱毛、消瘦、患部逐渐向周围扩张和具有高度传染性为特征，对养羊业危害很大。

本病多发于秋、冬季节，特别是饲养管理不良、卫生条件差时最容易发生，所以圈舍、运动场、饲料槽等要经常打扫清理和消毒。

1. 病原体

痒螨虫体呈椭圆形，大小为 0.5 ～ 0.8 mm。可寄生于羊、兔、牛、马等许多动物的体表，以吸取渗出液为食。各种动物体上的痒螨形态很相似，但彼此互不传染。痒螨离开皮肤后容易死亡，雌虫在皮肤上产卵，卵经过 10 ～ 15 d 发育为成虫（图 9-11）。

疥螨成虫的身体大致呈圆形，大小为 0.2 ～ 0.5 mm，寄生于羊等动物的表皮深层。疥螨在宿主表皮挖凿隧道，以角质层组织和渗出的淋巴液为食，虫体在隧道内进行发育和繁殖。疥螨虫在干燥处只能活 20 d。

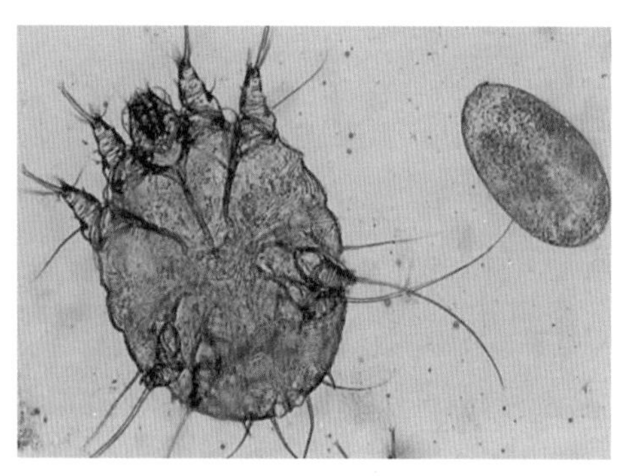

图9–11　显微镜下观察到的疥螨成虫（左侧）及其虫卵（右侧）

疥螨和痒螨的全部发育过程都在宿主动物体上进行。疥螨整个发育过程为 8 ～ 22 d，痒螨为 10 ～ 20 d。螨病除主要由病畜直接接触传播外，还可通过螨及其卵污染的羊舍、用具等间接接触传播。

2. 诊断要点

【临床症状】

① 痒螨病。山羊多发于毛长而且稠密的地方，如唇、口角、鼻孔周围、眼圈、耳根、乳房、阴囊、四肢内侧等部位，然后波及全身。在羊群中首先引起注意的症状是羊毛结成束和体躯下部泥泞不洁，而后可以

看到零散的毛丛悬垂于羊体，好像披着破棉絮一样，甚至全身被毛脱光。绵羊多发于毛长而且稠密的部位，如背部、臀部、尾根等部位。

② 疥螨病。主要在头部，嘴唇周围、口角两侧、鼻子边缘和耳根下面也有。奇痒，病羊极度不安，用嘴啃咬或用蹄子踢患部，常在墙壁上摩擦患部。患部被毛脱落，脱毛地方可以触摸到颗粒。皮肤发红肥厚，继而出现丘疹、水疱或脓疱，破裂后流出渗出物，干燥以后形成痂皮，皮肤增厚（图 9-12）。皲裂多发生于嘴唇、口角、耳根和四肢弯曲面。发病后期，病变部位形成坚硬白色胶皮样痂皮，虫体迅速蔓延全身，影响羊采食及休息，使羊日渐消瘦，体质下降。

图9–12　羊疥螨病症状（崔学文提供）

由于寄生过多，造成皮毛大面积脱落

【实验室诊断】 在症状不够明显时，须采取患部皮肤上的痂皮，在显微镜下检查有无虫体才能确诊。

3. 防治措施

保持羊圈干燥清洁，羊粪经常清理，羊圈土要勤垫勤起。让羊多晒太阳，病羊要隔离治疗。从外地购入的羊，应隔离观察 15 ～ 30 d，确认无病后再混入羊群。

（1）药浴疗法　既可用于治疗，又可用于预防。具体方法见本书

第五章第五节“羊的日常管理技术”。

（2）内用药　可内服伊维菌素（虫克星），剂量为每千克体重200 μg。治疗的同时应配合对环境（特别是圈舍）的灭螨，以防止再次发生感染。

（3）简易土方法　用废弃的柴油、机油刷洗患部；把烟草的茎、叶片泡水（浸泡一昼夜）煮沸，去掉烟叶，用此水刷洗病处；用柏木油涂抹患处。这些方法的效果都非常好。

七、蜱

寄生在羊体表的蜱，是一种吸血性的外寄生虫。它能使患羊疼痛不安，并引起皮炎，多量寄生时，引起患羊贫血、消瘦、麻痹。同时蜱还能传播多种传染病和寄生虫病，如血孢子虫病和泰勒焦虫病等，引起羊只大批死亡，对养羊业危害极大。

1. 虫体特征

蜱就是我们俗称的“草爬子”“草鳖”，这类蜱为硬蜱科。虫体呈椭圆形，外形像一个袋子，背腹扁平，无头、胸、腹之分，融合为一个整体。体壁背侧呈厚实的盾片状角质板。软蜱没有盾片，为弹性的草状外皮，饱食后迅速膨胀，饥饿后迅速缩瘪，故称软蜱。雌蜱在地下或石缝中产卵，孵化出幼虫，找到宿主后，靠吸血生活。发育过程包括卵、幼虫、若虫、成虫四个阶段（图 9-13，图 9-14）。

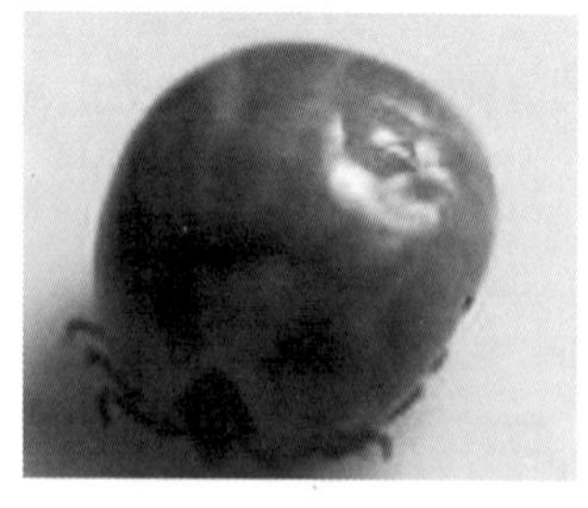

(a) 背面

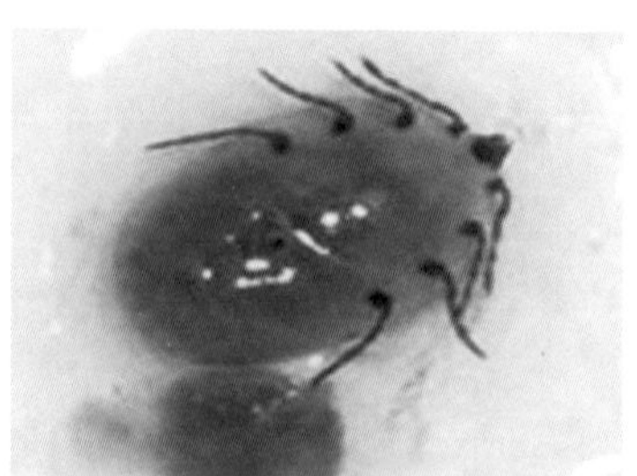

(b) 腹面

图9–13　蜱

图 9–14　蜱的成虫（左上侧）及若虫（右下侧）

2. 诊断要点

通过临床症状、外表特征就可作出诊断。蜱多趴在羊身体毛短的部位叮咬，如嘴、眼皮、耳朵、腿内侧等（图 9-15 ～图 9-17）。蜱的口腔刺入羊的皮肤进行吸血，由于刺伤皮肤造成发炎，使羊表现不安。大量蜱寄生时，由于吸血多而使羊贫血甚至麻痹。羊日渐消瘦，生产力下降。

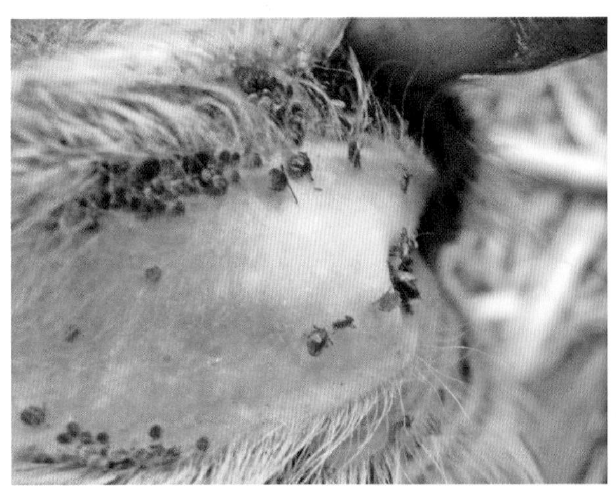

图 9–15　羊耳廓内侧大量寄生的蜱（崔学文拍摄）

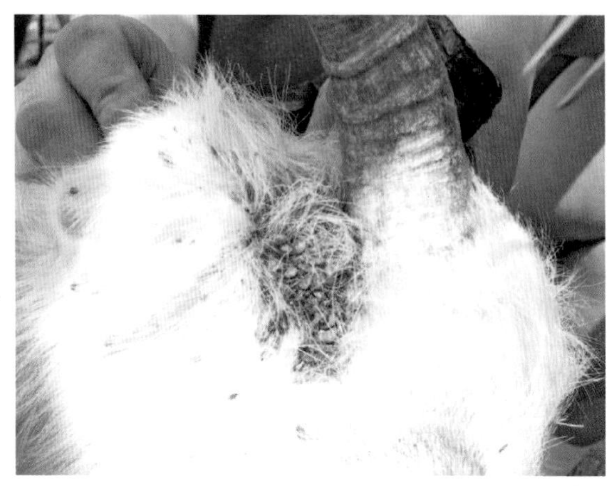

图9-16　羊角根部大量寄生的蜱（崔学文拍摄）

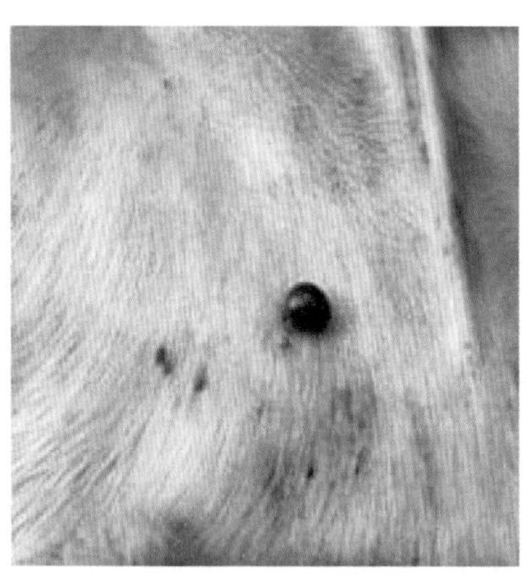

图9-17　吸入大量血液后的蜱（崔学文拍摄）

3. 防治措施

（1）手工或器械灭蜱　用手捉是最简单的方法，如能用煤油、凡士林、石蜡油、酒精等涂于蜱体，使其窒息或麻醉后拔除效果更好。注意拔时使蜱体与皮肤垂直，否则，蜱的口器易断落在皮肤内引起炎症。拔掉的蜱应立即杀灭。这种方法费时、费工，也不彻底，只能用于少量寄生时或作为一种辅助手段。

（2）药物灭蜱

① 药浴。可用新型体外杀虫剂——除癞灵，配成 0.2% 的混悬液（每 50 g 加水 25 kg 充分搅拌），每只羊药浴 2 min。也可采用喷淋、洗擦等方法。在多发年份应定期、及时进行，严重时可每半个月进行 1 次。也可用 1% 敌百虫水溶液。

② 沙浴。适用于较寒冷的冬、春季节，每 500 g 除癞灵混细沙 100 kg 左右，充分混合，撒入羊群躺卧处。羊舍内灭蜱，还可以用“223”乳剂或悬浮液，按照每平方米 1 ～ 3 g 的有效成分喷洒，有良好的灭蜱作用，疗效可保持 1 ～ 2 周。

③ 轮牧灭蜱。划区隔离，制订轮牧计划，硬蜱在活动季节必须吸血，吸不到血时，其生活时间一般不超过 1 年，幼虫会饥饿而死。可以将牧地划分为两个地段，1 年或 2 年内在一个地段放牧；第 2 或第 3 年再转入另一地段放牧。轮牧是防止羊感染蜱的有效措施。

八、羊消化道线虫病（捻转胃虫病）

寄生于羊消化道的线虫种类很多，各种消化道线虫往往混合感染，对羊造成不同程度的危害，这是每年春季造成羊死亡的重要原因之一。各种消化道线虫引起的疾病情况大致相同，其中以捻转血矛线虫危害最为严重。捻转血矛线虫寄生在羊等反刍动物的真胃（即第 4 胃，皱胃）。本病遍及全国各地，在北方地区较为普遍，常造成高死亡、低繁殖、无效益，给养羊业造成严重损失。

1. 病原体

（1）捻转血矛线虫　捻转血矛线虫寄生于真胃，属于大型虫体。虫体呈粉红色，尖端较细，口囊小，雄虫长 15 ～ 19 mm，雌虫 27 ～ 30 mm。由于雌虫的红色消化道和白色生殖管相互缠绕，形成红白相间的麻花状外观，故俗称“麻花虫”。每天产卵 5000 ～ 10000 个，卵随着粪便排出体外，在适宜的条件下，经过 4 ～ 5 d 孵化出幼虫。这种幼虫趴在草上，羊吞食后被感染。幼虫在胃内经过两次蜕皮，过 2 ～ 3 周发育为成虫。

（2）奥斯特线虫　奥斯特线虫也寄生于真胃。虫体呈棕色，长4～14 mm。

（3）仰口线虫　仰口线虫寄生于小肠。虫体粗大，前端弯向背面，故有钩虫之说。

其他的还有马歇尔线虫、毛圆线虫、细颈线虫、古柏线虫、食道口线虫、夏伯特线虫、毛首线虫等，都寄生在消化道，对羊的危害症状相似。

2. 诊断要点

【临床症状】 急性型多见于羔羊，突然死亡多是由于一次性寄生了大量虫体而引起的。一般多为慢性型。各种消化道线虫所致的羊病症状表现为：消化紊乱，胃肠道发炎，拉稀，消瘦。眼结膜苍白，贫血。下颌间隙水肿，羊的发育受阻。病程可达2～3个月甚至更长，羊多在冬末春初患病，很容易死亡。

【病理剖检】 可见消化道各部位有数量不等的虫体，相应的部位有大小不等的结节和瘢痕（图9-18）。

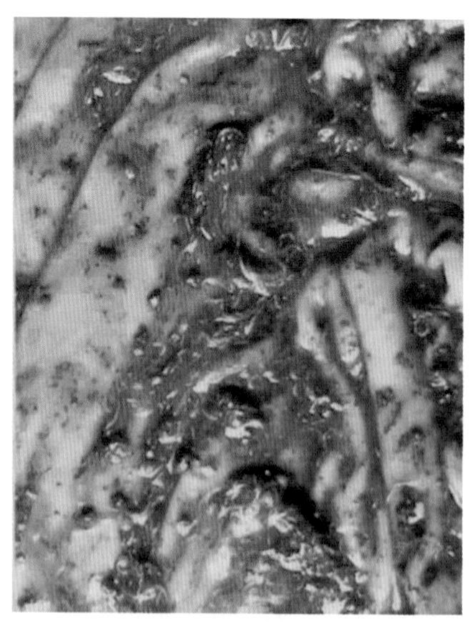

图9–18　羊真胃中的捻转血矛线虫虫体

3. 防治措施

（1）治疗

① 丙硫咪唑。剂量按每千克体重 5 ～ 20 mg，口服。

② 左咪唑。剂量按每千克体重 5 ～ 10 mg，混入饲料喂给，也可经皮下或肌内注射。

③ 精制敌百虫。剂量按每千克体重 50 ～ 70 mg，口服。

④ 硫酸铜。用凉开水配成 1% 溶液，剂量按大羊 100 mL、中羊 80 mL、小羊 50 mL，灌服。

（2）预防　在秋季转入舍饲后和春季放牧前，应各进行一次计划性驱虫，但因地区不同，所选择的驱虫时间和次数可根据具体情况酌定。羊应饮用干净的流水或井水，粪便应堆积发酵，以杀死虫卵。避免吃露水草，以减少虫体感染的机会。

九、羊伤蛆病

1. 病原体

羊伤蛆病的病原体是苍蝇（麻蝇等）所产的蛆。公羊的包皮，母羊的阴户，羔羊的尾根、断脐部位，以及各种创伤的伤口都容易被蛆寄生。

2. 症状

病羊瘙痒不安，诊断时伤口部位可见蝇蛆。有时常引起皮肤腐烂、坏死。

3. 预防

对于初生的羔羊，应经常对脐带部位和黏附在尾根的粪便进行冲洗，以防止苍蝇在羔羊脐带部和尾根等处产蛆。有伤口的病羊应及时涂抹消炎药。

4. 治疗

① 先除掉伤口上的蛆，然后用 3% 来苏儿水清洗干净。

② 涂抹薄荷油于生蛆处，使蛆掉落。

③ 将山杏杏叶或野桃树叶或夹竹桃叶捣烂成汁，涂于伤口。

十、羊虱病

羊虱是永久寄生的体外寄生虫，有严格的畜主特异性。虱在羊体表以不完全变态方式发育，经过卵、若虫和成虫三个阶段，整个发育期约一个月。

1. 病原体

羊虱病的病原体是羊虱。羊虱可以分为两类：吸血虱和食毛虱。吸血虱嘴细长而尖，并具有吸血口器，可刺破羊体表皮肤，吸取血液；食毛虱嘴硬而扁阔，具有咀嚼器，专食羊体的表皮组织、皮肤分泌物及毛、绒等（图 9-19）。

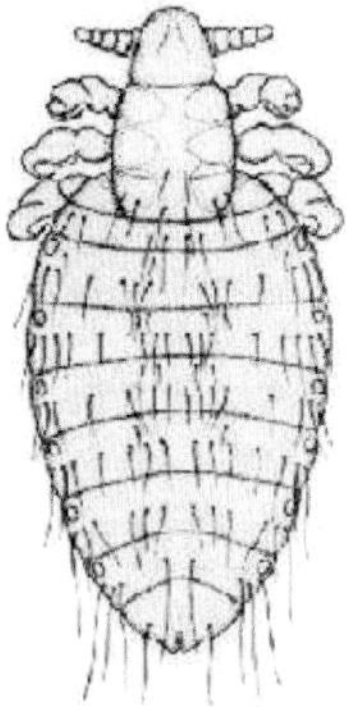

图 9–19　羊虱的示意图

2. 症状

羊虱寄生在羊的体表，可引起皮肤发炎、剧痒、蜕皮、脱毛、消瘦、贫血等。病羊皮肤发痒，精神不安，常用嘴咬或用蹄子踢蹭患部，并喜欢靠近墙角或木桩蹭痒。寄生羊虱时间长的，患部羊毛粗乱、容易断或脱落，患部皮肤变得粗糙，皮屑多，并且由于羊的吃、睡受影响，造成消瘦、贫血、抵抗力下降，甚至引起其他疾病，可造成死亡。

3. 防治

经常保持圈舍卫生干燥，对羊舍和病羊所接触的物体用 0.5% ～ 1% 敌百虫溶液喷洒。由外地引进的羊必须先经过检验，确定健康后，再混群饲养。

治疗羊虱，夏季可进行药浴（图 9-20），如果天气较冷，可用药液洗刷羊身体或局部涂抹。

图9-20　羊的药浴驱虫

十一、羊跳蚤病

跳蚤很难在短时间内根治，所以，预防措施显得尤为重要。在羊只调运过程中，若发现当地为跳蚤存在区，要严格按照卫生防疫监督部门的操作规程进行，可有针对性地采取措施进行防范，避免疫源地区逐步扩散；注意保持环境的清洁卫生，室内应通风、透光以恶化跳蚤的生活环境（幼虫怕光）；及时消毒药浴，做好羊只春、秋两季的体内外驱虫工作。

1. 形态及生活史

跳蚤是小型、无翅、善跳跃的寄生性昆虫，羊被寄生的情况十分常见。跳蚤属于一种完全变态性昆虫，一生可分为卵、幼虫、蛹、成虫 4 个时期。卵为白色，圆形或椭圆形，可在羊舍、牧场、运动场的泥土中见到；跳蚤的幼虫很像幼小的蚁蚕，但颜色为黄色或乳黄色，身体有些透明，无腿，可自由活动，怕光、怕干燥，3 次蜕皮后便进入蛹期；长成的幼虫在化蛹之前先自制一个半透明的茧，把自己的身体包住，经过一定时期便破茧而出；成虫能跳跃活动，无论雌雄都能找到羊只吸血，能交尾并产卵，在适宜的条件下可生活 1 ～ 2 年。雌跳蚤一生可产卵 200 ～ 400 个。整个生活史的完成，短的需要 3 周，长的需要 1 年以上，这取决于食物和气候。

跳蚤成虫的口器锐利，便于吸吮。腹部宽大，后腿发达、粗壮（图 9-21）。具刺吸式口器，雌、雄均吸血。雌性跳蚤可每天多次吸血，一天可吸入相当于自身体重 15 倍的血液。其每天可产卵 25 ～ 50 个，卵散落于环境中，经过 1 ～ 6 d 开始孵化并长为幼虫，幼虫必须有血液才能生存。幼虫经过 5 ～ 11 d 化成蛹，蛹可抵抗不利环境条件，生命力可达 350 d。蛹再经过 14 d 的孵化，变成成年跳蚤而吸血。

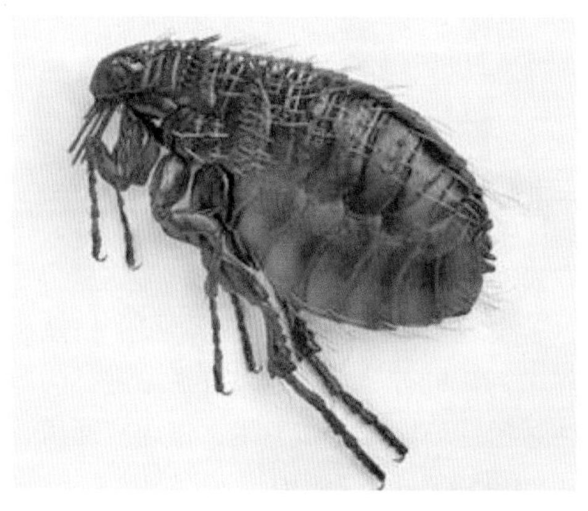

图 9–21　跳蚤成虫形态

2. 防治措施

（1）对羊体表跳蚤的治理　清除羊体表的跳蚤是防治的目标之一，另一个目标就是要抑制跳蚤的繁殖。可选择杀虫剂，比较常用的是阿维菌素和丙硫苯咪唑等，春、秋两季各驱虫两次。目前已经研制出长效阿维菌素，羊只被给药后，血药浓度可维持 3 个月，效果良好。再就是对羊只进行药浴。适宜选择晴朗的天气，药浴后将羊赶到阳光充足处晾晒，可选择虱蚤一次净等药物将羊只全部淋透，7 ～ 10 d 为一个施药周期（图 9-22）。

图 9-22　为防治跳蚤而对羊只进行的药浴

（2）对圈舍及周边的治理　大部分跳蚤的卵散落在圈舍和土壤中，春天是跳蚤的繁殖期，也是治疗跳蚤的最佳时期。应尽早清理圈舍内的羊粪，将羊粪储存于统一地点，浇透水，用塑料布覆盖后压紧封严，经过一段时间发酵后可以作为农家肥使用，这是处理羊粪的最佳方法，能够有效杀死跳蚤虫卵和幼虫。

室外可以用火碱或者除癣净等药物防治，但由于室外药物防治对虫卵的杀灭效果差，所以可以以 7 ～ 10 d 作为一个喷药周期，以杀灭新羽化出来的跳蚤，严重的话可以连续喷 3 d，之后 7 ～ 10 d 再重复施药一次。

（3）对室内的治理　室内封闭的治理效果很明显，可以用灭蝇药杀灭跳蚤成虫，封闭喷洒 3 h 后开窗通风，防止中毒，充分考虑药剂对环境和人的毒性；用吸尘器处理被感染羊舍，可以减少约 60% 的虫卵和 27% 的幼虫，同时可以除去幼虫赖以生存的食物（羊的血液、羊身体的碎屑等有机物）和用于藏身的尘土等。

第十章 羊的内科病诊断与防治

第一节 内科病概述

内科病也是羊的一大类疾病，但不具有传染性和流行性，因内科病死亡的并不多，只是零星发病。羔羊发病和死亡较多。由产羔记录统计，由于内科病而发生死亡的羔羊占死亡总数的65%，如肺炎、消化系统疾病等，所以内科病的预防就显得非常重要。羔羊死亡的主要原因有：

（1）先天发育不良，抵抗力差　妊娠母羊饲养管理不当，饲料中缺乏蛋白质、维生素、钙、磷等物质；孕羊患有疾病，如衣原体病、布氏杆菌病、慢性消耗性疾病等；长期近亲繁殖，一些与遗传有关的基因缺陷病、代谢病、免疫缺陷病逐渐暴露出来。

（2）管理与护理不当　产羔时无人护理，产后外界环境恶劣，如寒冷、大风侵袭，羔羊极易死亡；羔羊出生后软弱，吃不到奶；被其他羊顶撞、踩或挤压；圈舍潮湿、寒冷，如有贼风侵袭，产羔舍无垫草，卫生不良，通风差，羔羊易患病死亡。

因此，我们要加强对羔羊的饲养管理，降低羔羊的死亡率。

① 科学合理地利用全价饲料饲喂孕羊。

② 围产期的母羊应由专人负责护理，做好接羔、人工喂乳、脐带

消毒、弱羔的特别护理工作，以防羔羊窒息、冻死、饿死。

③ 产房和羔羊舍应干燥、卫生、保暖、防风，设施要保证安全。

④ 尽量减少羔羊饲养场地的变化，尤其是由较好的圈舍转入条件差的圈舍，防止应激造成死亡。

⑤ 控制疫病，做好驱虫和净化工作，防止因传染病、寄生虫病和慢性消耗性疾病造成的弱羔；及时治疗母羊疾病，尤其是无乳症、乳腺炎、子宫内膜炎等影响乳汁分泌的疾病，以防羔羊被饿死；圈舍要干燥、温暖、通风良好，勤换垫草，防止受寒感冒引起肺炎，或污物引起胃肠炎。发病后要及时用药治疗。

第二节　羊常见的内科病

一、瘤胃鼓胀

瘤胃鼓胀是羊采食了大量易发酵的饲料，这些饲料在瘤胃、网胃内发酵，产生大量气体，或因为嗳气机能障碍，致使瘤胃内压力过高，造成瘤胃消化机能紊乱，以致瘤胃和网胃迅速扩张的疾病。临床上以呼吸极度困难、腹围急剧膨大为特征。

1. 病因

（1）原发性瘤胃鼓胀　多发生于采食了大量易发酵饲料之后，如新鲜豆科牧草（苜蓿、豌豆秸、花生秧）、块根类、糟粕饲料。饲喂冰冻、带霜雪、带露水的饲料及霉败变质饲料，或饲料类型以及饲喂制度的改变，也可促进发病。误食某些麻痹瘤胃的毒草（乌头、毒芹等），可发生中毒性瘤胃鼓胀。

（2）继发性瘤胃鼓胀　往往继发于食管阻塞、创伤性网胃炎等。

2. 诊断要点

【临床症状】 多在采食了大量易发酵饲料后突然发病。原发性瘤胃鼓胀，病羊初期频频嗳气，以后嗳气完全停止，表现站立不安，拱背，回头顾腹，两后肢不时地踏动，左腹部急性膨胀，肷窝凸出，尤以左侧明显，可高出脊背。瘤胃内蓄积大量草料，极度膨胀，迅速增大（图 10-1）。触诊时，瘤胃紧张而有弹性，叩诊呈鼓音，听诊瘤胃蠕动音减弱，呼吸高度困难，可视黏膜呈蓝紫色，心搏动增强，脉搏细数。后期病羊张口呼吸，口吐白沫，全身出冷汗，步态不稳或卧地不起，如果治疗不及时，很快因窒息或心脏停搏而死亡。

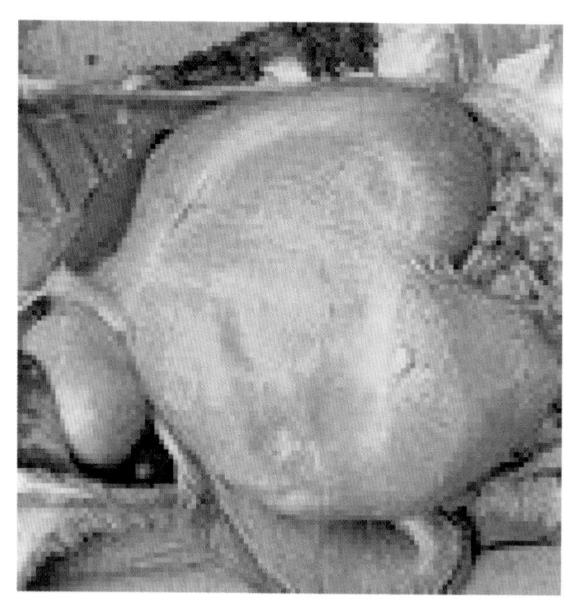

图 10-1 羊瘤胃鼓胀症状

瘤胃蓄积大量食物，极度膨胀，迅速增大

继发性瘤胃鼓胀，常反复发作，病情发展较缓慢（食管阻塞除外），且具有原发病的症状。

3. 防治措施

【预防】 由舍饲转为放牧时，可先喂些干草而后放牧，且每天放牧不宜过早，放牧时控制采食量。平时限量喂给易发酵饲料，禁喂霉败腐烂的草料。更换饲料品种要逐渐进行，以便使羊有个适应过程。

不要喂太多的豆科饲草。

【治疗】 本病的治疗原则是迅速排除瘤胃内的气体，制止发酵产气，促进瘤胃内容物排出。

① 排出瘤胃内气体及制酵。对轻症病例，可行瘤胃按摩，促进瘤胃蠕动、嗳气。也可让患羊站于前高后低处，用涂有松馏油或酱渣的细木棍，让羊横衔叼于口中，两端以绳固定于头后枕部，然后缓慢向高处驱赶，强迫嗳气，并不时按摩腹部，迫其吐气，以缓解膨胀。

对重症病例，立即行瘤胃穿刺放气，穿刺前要施行严格的消毒。术者应紧压腹壁，使腹壁与胃壁贴紧，通过套管针或16号针头，在左腹部穿刺排气。排气速度不宜过快，待气体放完后，注入制酵剂，如松节油40～60 mL，或克辽林20 mL。对于瘤胃穿刺放气还不能缓解鼓胀的，立即施行瘤胃切开术，取出胃内容物后，注入制酵剂（图10-2）。

图10-2　羊瘤胃鼓胀穿刺术的穿刺部位

1—套管针；2—穿刺部位

② 缓泻制酵。应用盐类泻剂或油类泻剂，如人工盐400 g，或硫酸镁150～300 g，加鱼石脂10 g，水1～2L，内服；或植物油或液状石蜡200～500 mL，芳香氨醑40～60 mL，加水适量，内服；或10%新鲜澄清的石灰水1～3L，内服；或烟草末60 g，松节油

40 ～ 50 mL，辅以液状石蜡 500 mL，加水适量内服。兴奋瘤胃机能，可注射比赛可灵、新斯的明等。

③ 病羊脱水时应大量补液。静脉注射 5% 葡萄糖生理盐水，辅以 5% 碳酸氢钠液。

二、胃肠炎

胃肠炎是胃肠黏膜及黏膜下深层组织的重剧炎症过程。临床上以经过短急、严重的胃肠机能障碍、自体中毒为特征。

1. 病因

（1）原发性胃肠炎　原发性胃肠炎的病因与消化不良基本相似，只是致病因素作用更为强烈，时间更为持久。饲养不当，饲料品质粗劣，饲料调配不合理，以及饲料霉败、饮水不洁等常引起本病。尤其是羊身体衰弱、胃肠机能有障碍时，更易发病。

（2）继发性胃肠炎　继发性胃肠炎最常见于消化不良和腹痛病的经过中，常因病程持久、治疗失时、用药不当等，而使胃肠壁遭受强烈刺激，胃肠血液循环和屏障机能紊乱，细菌大量繁殖，细菌毒素被大量吸收等，后发展成胃肠炎。

2. 诊断要点

详细询问饲料质量、饲养方法以及是否误食有毒物质等，找出其发病原因。

【临床症状】 病初多呈现消化不良的症状，以后逐渐或迅速呈现胃肠炎症状。病羊精神沉郁，食欲多废绝，渴欲增加或废绝，眼结膜先潮红后黄染，舌面皱缩，舌苔黄腻，口干而臭，鼻端、四肢等末梢冷凉，常伴有轻度腹痛，持续腹泻，粪便呈水样、腥臭，并伴有血液及坏死组织片；腹泻时肠音增强，病至后期，肠音减弱或消失。肛门松弛、排粪失禁或不断努责，但无粪便排出。若炎症主要侵害胃及小肠，肠音逐渐变弱，排粪减少，粪干色暗，混杂黏液，后期才出现腹泻，也有始终不腹泻的。

腹泻重剧的病羊，由于脱水和自体中毒，症状加剧，眼球下陷，腹部紧缩。多数病例发病即体温升高达 40 ℃以上，脉搏初期增数，以后变细速，每分钟达 100 次以上，心音亢进，呼吸加快。霉菌性胃肠炎，病初常不易发现，突然加重，呈急性胃肠炎症状，后期神经症状明显，病羊狂躁不安，盲目运动。

【实验室诊断】 血、粪、尿变化明显，白细胞总数增多，中性粒细胞增多，核左移。血液浓稠，红细胞比容和血红蛋白含量均增高。尿呈酸性反应，尿中出现蛋白质，尿沉渣内可能有数量不等的肾上皮细胞、白细胞、红细胞，严重者可出现管型。粪便潜血阳性。

3. 防治措施

【预防】 主要是加强饲养管理，注意饲料的质量，饮水要清洁，劳逸要适当。定期驱虫，对患消化不良的病羊及时治疗，以免发展成胃肠炎。

【治疗】 清理胃肠，抑菌消炎，补液强心解毒。让病羊安静休息，勤饮清洁水，彻底断食 2 ～ 3 d。每天输注葡萄糖液以维持营养。

① 清理肠胃。排出有毒物质，减轻炎性刺激，缓解自体中毒。一般内服液状石蜡 300 ～ 500 mL 或植物油 300 mL，鱼石脂 10 g，加水适量，也可内服硫酸钠或人工盐。

② 抑菌消炎。轻症的胃肠炎，可内服磺胺脒 5 ～ 10 g，每日 1 ～ 2 次；或黄连素 0.5 ～ 1 g，每日分 3 次服；或用紫皮大蒜 5 头，捣成蒜泥，加水 1 ～ 2 L，1 次内服。重症的胃肠炎，可内服氯霉素 0.25 g，每日 2 ～ 3 次。口服链霉素也能收到良好效果。也可静脉注射四环素或氯霉素，混于 5% 葡萄糖生理盐水中滴注。当粪稀似水、频泻不止且粪臭味已经不重时，则应立即止泻，可用鞣酸蛋白 10 g、次硝酸铋 10 g、木炭末 50 g、碳酸氢钠 10 g，加水适量，1 次内服。也可内服磺胺脒 10 g、木炭末 50 g、碳酸氢钠 10 g，加水适量 1 次内服。

③ 补液强心解毒。补液是治疗胃肠炎的重要措施之一，兼有强心解毒作用。临床上常用 5% 葡萄糖生理盐水 500 mL、10% 维生素 C 注射液 10 mL、40% 乌洛托品 20 mL 混合后 1 次静脉注射；或用 5%

葡萄糖生理盐水 100 mL、5% 碳酸氢钠 100 mL、20% 安钠咖液 5 mL，1 次静脉注射。也可用复方氯化钠液 200 mL、25% 葡萄糖液 100 mL、20% 安钠咖液 5 mL、5% 氯化钙液 20 mL，混合后 1 次静脉注射。此外，对于有明显腹痛的病羊，可应用镇痛剂；当症状基本消除时，可内服各种健胃剂，以促进胃肠机能恢复。

三、羔羊便秘

羔羊便秘是粪便停滞于某段肠管内，而发生肠管阻塞的一种急性腹痛病。发生于新生羔羊的便秘又称胎粪停滞。

1. 病因

哺乳期的羔羊，采食大量粗硬饲料不能充分消化；哺乳母羊或羔羊所需的无机盐、微量元素和维生素不足或缺乏时，羔羊发生异嗜，吞食了粗硬异物、粪便等，可发生便秘；断奶后的羔羊在饲喂不当、饮水不足、气候突变等因素影响下，可使胃肠运动和分泌机能紊乱而发生本病。新生羔羊吃不上初乳，或食入量少质差的初乳都会发生胎粪停滞（图 10-3）。

图 10-3　羔羊便秘症状

排出球状粪便，非常坚硬，而且大小不一

2. 防治措施

【预防】 加强妊娠母羊，特别是妊娠后期母羊的饲养管理，以增强胎儿体质和提高初乳质量。羔羊出生后应尽早吃上足够的初乳，加强护理，有病及时治疗。

【治疗】 治疗原则是加强护理，镇静减压，疏通肠管及补液强心。

① 镇痛。可肌内注射 30% 安乃近或安痛定溶液 5 mL。也可用水合氯醛 2 ～ 5 g，加适量水和淀粉灌肠。

② 疏通肠管。以温肥皂液灌肠，或用手指掏出靠近肛门处的粪便后再灌入温肥皂水，以软化深处粪便，或用石蜡油、植物油灌入肠内，然后内服石蜡油或植物油 40 ～ 50 mL。

③ 补液强心。当出现自体中毒、脱水以及心功能不全时，及时补液强心，以促使毒物排出。

四、感冒

感冒是由于寒冷作用所引起的以上呼吸道黏膜炎症为主要症状的急性、全身性疾病。临床上以突然体温升高、咳嗽、流鼻液和羞明流泪为主要特征。以老龄羊和羔羊多发。本病多发于早春、晚秋气候剧变时，但无传染性。

1. 病因

本病病因主要是寒冷的突然侵袭。如冬季羊舍防寒不良，对羊只的管理不当，突然遭受寒流袭击，寒夜露宿，久卧湿地，或由温暖地区突然转至寒冷地区，大汗后遭受雨淋，被贼风吹袭，春季露天羊圈拆羊棚过早，剪毛后突然受到雨淋等。以上各种因素均可使机体抵抗力降低，特别是使上呼吸道黏膜的防御机能减退，致使呼吸道内的常在细菌得以大量繁殖而引起本病。

2. 诊断要点

主要根据受寒的病史和临床症状作出诊断。临床上羊受寒冷作用后突然发病，精神沉郁，头低耳耷，初期皮温不整，耳尖、鼻端和四肢末梢发凉，食欲减退，呼吸困难。继而体温升高，结膜潮红，脉搏增数，鼻黏膜充血、肿胀，鼻塞不通，流清鼻涕，不断打喷嚏，食欲废绝，反刍减少或停止，鼻镜干燥，粪便干燥（图 10-4）。小羊还有磨牙症状，大羊常发出鼾声。对感冒病羊如能及时治疗，很快痊愈。否则，易继发支气管肺炎。

图10–4　感冒症状

患羊鼻黏膜充血、肿胀，有浆液性鼻液，鼻流清涕，咳嗽，时有喷嚏或擦鼻现象

3. 防治措施

【预防】 加强饲养管理和羊舍建设，冬季圈舍要注意保温，防止羊受寒，及时采取防寒措施，防止大汗后被雨淋。

【治疗】 治疗本病以解热镇痛、祛风散寒、防止继发感染为主。

① 解热镇痛。可肌内注射安乃近、安痛定 5 ～ 10 mL，或柴胡注射液、瘟毒清等；肌内注射复方氨基比林 5 ～ 10 mL 等。

② 排粪迟滞时，应用缓泻剂，如人工盐、硫酸钠等。

③ 中草药治疗。荆芥 3 g、紫苏 3 g、薄荷 3 g，煎水灌服，每天 2 次。

④ 偏方治疗。辣椒、生姜、大葱、萝卜各适量，加入红糖灌服。

⑤ 感冒通 2 片，每天 3 次灌服。

五、肺炎

肺炎多发生于早春季节，以羔羊多发，有时呈地方性流行。

1. 病因

羔羊的呼吸道在结构和机能上的特点是黏膜娇嫩，血管的通透性较大，咽喉周围淋巴结发育不充分，支气管腺分泌的黏液较少，纤毛上皮运动较弱，清除异物和防御屏障机能较弱。如果饲养管理不当，天气突变，寒冷侵袭，羊舍寒冷潮湿，受冻感冒，感冒后又没有及时治疗，以及吸入大量灰尘等，可引起本病。再就是羊群拥挤，羊舍通风不良等，引起了羊生理防御机能降低，致使侵入呼吸道的微生物，如链球菌、肺炎球菌、葡萄球菌、巴氏杆菌等乘虚而入，大量繁殖，产生毒素而表现出致病作用。

2. 诊断要点

【流行特点与临床症状】 肺炎多发于 1 ～ 3 月龄的羊。羔羊初期精神沉郁，食欲减退或废绝，喜卧，鼻镜干燥，饮欲增加，眼结膜红肿，体温上升至 40 ℃以上。后期频繁咳嗽，初期干咳后期湿咳。重症者则不能起立，体温升高至 41 ℃，多呈弛张热。脉快而弱，呼吸困难，呼吸增数，咳嗽，两侧鼻孔流浆液性、黏液性或黏液脓性分泌物（图 10-5）。胸部听诊有干啰音或湿啰音，后期有捻发音。叩诊呈局限性半浊音或浊音，有的出现腹泻，严重的可导致心肺功能衰竭而死。

3. 防治措施

【预防】 加强妊娠母羊的饲养管理，保持羊舍清洁通风。适当放牧运动，以增强体质，防止受寒感冒。长途运输时要让羊饮足水，并注意保温。羊长时间没有饮水时，要让羊休息片刻再饮水。投药时不要让药液进入气管和肺脏。

图10-5　肺炎症状

咳嗽，鼻孔流出灰色黏性或脓性鼻涕，呼吸困难，呈腹式呼吸

【治疗】 主要是加强护理、抑菌消炎、祛痰止咳、对症处置。将病羊置于清洁、通风良好的羊舍内，天气晴暖时，可让病羔随母羊到羊舍附近放牧。

① 抑菌消炎。应用抗生素或磺胺类药物。可肌内注射青霉素 40 万～80 万 IU，链霉素 50 万～100 万 IU，每日 2 次，病愈为止。也可用 10% 磺胺噻唑钠或磺胺嘧啶钠 10 mL，加入 25% 葡萄糖溶液 100 mL，静脉注射，每日 2 次。或肌内注射丁胺卡那霉素 2 支 / 次，每日 2 次。

② 祛痰止咳。咳嗽重剧时，可用复方樟脑酊、复方甘草片或止咳糖浆、杏仁水、远志酊、磷酸可待因等内服。

③ 对症治疗。体温过高时可用安乃近等解热；心脏衰弱时，皮下注射安钠咖或强尔心；呼吸困难时可皮下注射尼可刹米。

④ 清肺散 80 g、蜂蜜 50 g，用开水调匀后灌服，每日 1 次，连服 3～5 d。

六、青草搐搦

青草搐搦又名“低镁性搐搦”，是指羊采食幼嫩的青草或禾苗之后，突然发生的一种低镁血症。临床上以呈现兴奋、痉挛等神经症状为特征。本病主要发生于羊、牛等反刍兽。发病率虽低，但病死率可超过 70%。

1. 病因

青草搐搦是牧草内镁含量过低所致。一般幼嫩多汁的青草或谷物嫩苗等，含镁、钙和葡萄糖相对较少，而钾和磷较多，特别是在施用磷肥或钾肥的草地上放牧，则更容易发病。寒冷潮湿环境中长期放牧，可能诱发本病，将发病羊群转移到牧草生长较差的牧地，疾病即可终止。

2. 诊断要点

【病因分析】 本病发生于早春，羊放牧于青草生长旺盛的牧场易发病，越是营养良好的羊只发生越快。

【临床症状】

（1）急性型　病羊表现不安，离群独处，颈背及四肢震颤，瞬膜突出，耳竖立，尾和后肢强直，乃至全身阵发性痉挛，如不及时治疗，通常几小时内死亡。

（2）亚急性型　病情逐渐发展，食欲减退，易惊恐，面部表现如破伤风样，四肢运动僵硬，以痉挛性排尿和不断排粪为特征。后肢和尾轻度强直。头颈伸展，牙关紧闭，可因外界刺激而严重痉挛，可自行恢复，也可加重。

（3）慢性型　病初无大异常，少数呈现呆滞状态，食欲缺乏，突然转为亚急性型或急性型时，则病羊兴奋不安，运动障碍，最后惊厥死亡。

3. 防治措施

【预防】 在本病危险期，口服氧化镁或硫酸镁，每只 5 ～ 10 g 进行预防。早春放牧时，出牧之前先给予一定量干草。

【治疗】 常用钙镁合剂（硼葡萄糖酸钙或葡萄糖酸钙 250 g，硼葡萄糖酸镁或硫酸镁 50 g，配成 1000 mL 注射液）100 ～ 200 mL 静脉注射；或用 25% 葡萄糖酸钙静脉注射，再以 20% 硫酸镁或氯化镁 50 ～ 100 mL 皮下注射。同时内服氧化镁 15 g，至少连服 1 周，而后逐渐停止。也可用硫酸镁 3 g、葡萄糖酸钙 8 g、葡萄糖 10 g、蒸馏水 100 mL，灭菌后静脉注射。

七、羔羊消化不良

羔羊消化不良是羔羊胃肠消化机能障碍的统称，是不具传染性的胃肠病，有单纯性消化不良和中毒性消化不良之分。本病的特征是明显的消化机能障碍和不同程度的腹泻。以羔羊多发。

1. 病因

对妊娠母羊的饲养管理不当，没有给予全价饲料，是引起羔羊消化不良的主要原因。特别在妊娠后期，饲料中营养物质不足，缺乏蛋白质、矿物质和维生素等，除了直接影响胎儿发育外，还严重影响母乳的数量和质量，母乳质劣量少，不能满足羔羊发育的需要，使得本来已经发育不良的羔羊又处于饥饿状态，极易发病。另外，羊舍卫生条件太差，如阴冷潮湿，垫草长期不更换而使粪尿积聚；哺乳母羊乳头或喂乳器具不洁净；对羔羊饲养不当，羔羊受寒，初乳饲喂过晚，人工哺乳不定时、不定量、不定温，使羔羊饥饱不均等，均可引起本病。

2. 诊断要点

根据主要临床症状就可作出诊断。本病多发于哺乳期，羔羊多在生后吮食初乳后不久即发病。羔羊多在 2 ～ 3 月龄发病，主要特征是腹泻。

【临床症状】

（1）单纯性消化不良　精神不振，喜卧，食欲减退或完全废绝，体温正常或稍低，轻微腹泻，粪便变稀，排粪稀软或水样。随着时间的延长，粪便变成灰黄色或灰绿色，酸臭或腥臭。其中混有气泡和黄白色的凝乳块或未消化的饲料。肠音响亮，腹胀、腹痛。心音亢进，心跳和呼吸加快。腹泻不止，严重时脱水。皮肤弹性降低，被毛无光。眼球塌陷，站立不稳，全身颤动。

（2）中毒性消化不良　呈现严重的消化功能障碍和营养不良，以及明显的自体中毒等症状。病羔精神极度沉郁，目光迟钝无神，食欲废绝，全身衰弱无力，躺地不起，头颈后仰，体温升高，严重腹泻，全身震颤或痉挛。严重时呈水样腹泻，粪中混有黏液和血液，气味恶臭或有腐败气味，肛门松弛，排粪失禁。眼球塌陷，皮肤弹性降低或无弹性。心跳加快，心音变弱，节律不齐，脉搏细弱，呼吸浅表。病后期体温下降，四肢及耳冰凉，直至昏迷而死亡。

3. 防治措施

【预防】 加强饲养管理，改善卫生条件，羊舍注意保暖，干燥卫生。主要是改善对母羊的饲养管理，保证供给母羊全价饲料，供给充足的维生素和微量元素，改善妊娠期卫生条件，适当户外运动。加强对羔羊的护理，让羔羊尽早吃到初乳，防止羔羊受寒感冒，给予充足饮水。母乳不足或质劣时，采用人工哺乳。管理上多饲喂青干草和胡萝卜。饲具保持清洁，定期消毒。

【治疗】 针对发病原因，改善饲养管理，调整胃肠机能，中毒性消化不良要着重抑菌消炎和补液等。对羔羊应用油类或盐类缓泻剂以排除胃肠内容物，如灌服石蜡油 30 ～ 50 mL。

① 调整胃肠机能。将病羔置于温暖干燥处禁食 8 ～ 10 h，饮服畜禽多维电解质溶液，或饮温糖水。常用胃蛋白酶、胰蛋白酶、食母生、酵母等加甘草制成舔剂，每日给 3 次；或稀盐酸加水稀释后内服。水样腹泻泻而臭味不大时，可用收敛止泻剂，如鞣酸蛋白、次硝酸铋等内服。

② 抑菌消炎。常用磺胺脒或痢特灵，均以每千克体重 0.1 ～ 0.2 g 一次内服。

为了防止肠道感染，特别是对中毒性消化不良的羔羊，可选用抗生素药物进行治疗。以每千克体重计算，链霉素 20 万 IU、氯霉素 25 万～ 50 万 IU、新霉素 25 万 IU、卡那霉素 50 mg、痢特灵 50 mg，任选其中 1 种灌服；或用磺胺胍（磺胺脒）首次量 0.3 g，维持量 0.2 g 灌服，每日 2 次，连用 3 d。脱水严重者可用 5% 葡萄糖生理盐水 500 mL、5% 碳酸氢钠 50 mL、10% 樟脑磺酸钠 3 mL，混合静脉注射。

③ 补液消毒。对水样腹泻不止的重症患羊，应及时补液，常用 5% 葡萄糖生理盐水、复方氯化钠液 500 ～ 1000 mL 静脉注射。为纠正酸中毒，可静脉注射 5% 碳酸氢钠液，每次 30 ～ 50 mL。

④ 中药可用泻速宁Ⅱ号冲剂 5 g 灌服，每日早、晚各 1 次；参苓白术散 10 g，一次灌服。

八、瘤胃积食（宿草不转）

瘤胃积食是由于羊瘤胃内充满多量饲料，超过了正常容积，致使瘤胃体积增大，胃壁扩张，食糜停留在瘤胃内引起严重的消化不良，功能紊乱。该病的临床特征是反刍停止、嗳气停止，瘤胃坚实，腹痛，瘤胃蠕动极弱或消失。

1. 病因

瘤胃积食的主要原因：食入了过多的质量不佳、比较粗硬、容易膨胀的饲料，如块根类、豆饼、腐败饲料等；或采食干料多饮水又少；或饥饿后暴食；或突然更换饲料品种；或吞入塑料袋等异物造成阻塞等。

2. 诊断要点

【临床症状】 发病较快，一般体温正常，采食及反刍停止。病初不断嗳气，随后嗳气停止，腹痛摇尾，或后蹄踏地，拱背，咩叫，站立不安，起卧不断，摇尾巴，磨牙，呻吟；粪少而干，出现排粪弓背动作，尿少或无尿。后期精神委顿。左侧腹下膨大，肷窝突出，触摸感到充盈硬实呈面团状，按压有压痕，且复原慢。瘤胃蠕动初期增强，以后减弱或停止，呼吸急迫，脉搏增数，黏膜深紫红色，有酸中毒症状（图 10-6）。剖检可见瘤胃内有大量的内容物（图 10-7）。

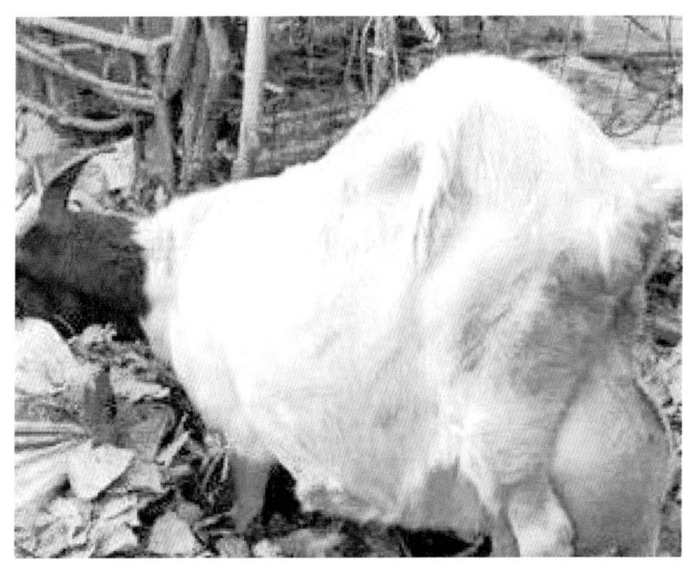

图10-6　羊瘤胃积食（宿草不转）症状
病羊停止采食和反刍，左侧腹部膨大，不断嗳气（瘤胃严重胀气后嗳气停止），腹部疼痛，弓背咩叫等

图10-7　剖检后的瘤胃内容物

3. 治疗

治疗原则是消导泻下，止酵防腐，尽快清除胃内容物，纠正酸中毒，健胃补液。

① 消导泻下。可用石蜡油 100 mL、人工盐 50 g，或硫酸镁 50 g、芳香氨醑 10 mL，加水 500 mL，1 次灌服。

② 纠正酸中毒。可用 5% 碳酸氢钠 100 mL 灌入输液瓶，另加 5% 葡萄糖 200 mL，静脉 1 次注射。为了防止酸中毒继续恶化，可用 2% 石灰水洗胃。

③ 强心。心脏衰弱时，可用 10% 樟脑磺酸钠 4 mL，静脉或肌内注射；呼吸系统和血液循环系统衰竭时，可用尼可刹米注射液 2 mL，肌内注射。对于病情很严重的羊，应该迅速将瘤胃切开进行抢救。

④ 加强护理。禁食 1 ～ 2 d，多喂清洁饮水，经常按摩瘤胃壁；之后改喂柔软、易消化的饲料，适当牵遛运动。

⑤ 穿刺治疗。根据瘤胃内容物的性质，如果气体较多，可进行穿刺处理（图 10-8）。

图 10-8　羊瘤胃积食（宿草不转）治疗

确定瘤胃积食的穿刺部位，并进行消毒，在左侧肷窝部位用放气针或粗针头进行缓慢放气

九、羔羊口炎

羔羊口炎是口腔黏膜表层或深层组织的炎症，是一种接触性疾病，以春季多发。可分为单纯性局部口炎和继发性口炎。病羔口角、口唇等处黏膜皮肤水疱、溃疡或结成疣状厚痂。

1. 病因

原发性口炎多由于外伤引起，如采食尖锐植物的枝杈、秸秆，误食氨水，舔食强酸、强碱等。

继发性口炎多发于羊口疮、口蹄疫、羊痘、霉菌性口炎、过敏反应和羔羊营养不良。或者由于母羊乳房不清洁，羔羊吃奶时感染了坏死杆菌等引起。

2. 诊断要点

【临床症状】

（1）原发性口炎　病羊常采食减少或停止，初期精神沉郁，口腔黏膜潮红、肿胀、疼痛、流涎，甚至糜烂、出血和溃疡，吃奶时出现不适，吃一下停一会儿，且吃奶缓慢；口臭，全身变化不大（图 10-9）。

（2）继发性口炎　多伴有体温升高等全身反应。

3. 防治措施

加强管理，防止因口腔受伤而发生原发性口炎。轻度口炎，可以用 0.1% 雷佛奴尔液或 0.1% 高锰酸钾液冲洗，或用 20% 盐水冲洗。发生糜烂和渗出时，用 2% 明矾液冲洗。有溃疡时，用 1∶9 碘甘油或用蜂蜜涂擦。全身反应明显的，用青霉素和链霉素，肌内注射，连用 3 ～ 5 d。也可服用磺胺类药物。

中兽医疗法：可口衔冰硼散、青黛散，每日 1 次。

为了杜绝口炎的发生，宜用 2% 碱水洗刷消毒饲槽，饲喂青嫩或柔软的青干草。病情严重的羔羊，还可以先把病灶用盐水洗净，然后把大蒜汁涂抹于患处，每天 2 次。不能吃奶的羔羊，可进行人工哺乳。

图 10-9　羔羊口炎症状
病羔口唇部位黏膜潮红、肿胀、疼痛、流涎，甚至糜烂、出血和溃疡

十、脐带炎

初生羔羊断脐后，由于遗留的断端消毒不严，细菌感染而易引起脐带炎。为了提高羔羊的成活率，应及时治疗羔羊脐带炎。

1. 病因

脐带断开时，由于消毒不严，在潮湿不洁净条件下感染发炎。

2. 症状

发病初期脐带断端肿胀、湿润，后化脓，有恶臭。触摸脐带根部周围有热感，脐孔周围有脓肿（图 10-10）。轻症者精神沉郁，食欲减退，体温逐渐上升到 41 ～ 42 ℃；重症者呼吸急迫，脉搏加速，直到引发败血症导致死亡。

图10-10　脐带发生炎症的羔羊

3. 防治

【预防】保持产房清洁卫生，在指定地点接产保羔。最好实施人工断脐，断脐同时用3%～5%碘酒涂抹脐带断端和脐带根部周围，严格消毒，防止感染。

【治疗】实施对症治疗，把脐带根部周围的毛剪掉，涂抹3%～5%碘酊消毒。对出现全身症状，发病较重的羔羊，除了局部处置外，要肌内注射青霉素20万IU，并投服磺胺类药物治疗。

第十一章 羊的外科病和产科病诊断与防治

外科病和产科病一般都是零星发生，不具有传染性，对于规模化养羊来说，一般不会造成很大的损失。外科学主要介绍外科、产科疾病的病因、症状和治疗要点。下面简要介绍几种多见、多发的羊外科及产科疾病。

一、腐蹄病

腐蹄病发病的原因有多种，其中主要是坏死杆菌的继发感染。在临床上表现为皮肤和皮下组织坏死，有的在其他脏器上形成转移性坏死灶。本病多发于雨水较多的季节和潮湿的地区。山羊比绵羊发病率高。

1. 病因

多雨季节，羊蹄长时间浸泡在潮湿圈舍内的羊粪尿或污泥中，使蹄质软化，或在放牧时蹄子被石子、铁屑、玻璃片等损伤，此时坏死杆菌等侵入就会引起腐蹄病。也可因为羊的蹄冠和角质层裂缝而感染病菌。

2. 诊断要点

根据流行情况和临床症状，基本上可以确诊。

【流行特点】 坏死杆菌在自然界分布广泛，动物粪便、死水坑、沼泽和土壤中均有存在。通过损伤的皮肤和黏膜而感染。本病多见于低洼潮湿地区和多雨季节，呈散发或地方性流行。

【临床症状】 山羊很容易得腐蹄病。病初跛行，喜欢卧地，行走困难。多为一肢患病，蹄间隙、蹄踵和蹄冠开始红肿、热痛，而后溃烂，挤压肿烂部位有发臭的脓样液体流出。用刀将伤口扩创后，蹄底的小孔或大洞中有乌黑色的臭水流出，蹄间常有溃疡面，上覆盖有恶臭的坏死物（图 11-1）。严重时，蹄壳腐烂变形，病羊卧地不起。随着病变的发展，可波及腱、韧带和关节，有时蹄匣脱落。

图 11–1　羊腐蹄病症状

蹄质变软，蹄底溃疡、腐烂、开裂，蹄壳变形，趾间有溃疡面，有恶臭的分泌物和坏死组织，挤压时自溃疡处流出恶臭的脓性分泌物

3. 治疗

对于羊腐蹄病，首先要清除坏死的组织。用食醋、3% 来苏儿或 1% 高锰酸钾冲洗，或用 6% 福尔马林或 5% ～ 10% 硫酸钠脚浴，然后用抗生素软膏涂抹。也可用 10% 硫酸铜溶液浸泡，每次 10 ～

30 min，每天早、晚各 1 次。为了防止硬物刺激，可将患部用绷带包扎。当发生转移性病灶时，应进行全身治疗，可以用磺胺嘧啶或土霉素，连用 5 d，提高治愈率。

中兽医疗法：取花椒、艾叶、干蒜秧、食盐，加适量水煎，用此药水清洗患部。还可用草木灰或碱水冲洗。洗净后将石灰面或干木炭粉末、骨灰粉末涂于伤口处，效果也很好。

如果患部已经长蛆虫，可先涂一点儿香油，等蛆钻出来后再涂柏油。还可将杏树叶、桃树叶捣烂挤出汁水，滴进伤口，等蛆虫死后涂药。

另外，要保持羊圈的干燥，羊舍要勤垫干土，保持清洁。注意保护羊蹄，不要在低洼潮湿的地方长时间放牧。在圈舍入口处放置用 10% 硫酸铜溶液浸湿的麻袋，用于羊蹄的消毒。避免外伤发生，如发生外伤，应及时涂擦碘酒。

二、流产

流产是指母羊妊娠中断，或胎儿不足月便产出的疾病。

1. 病因

流产的原因极为复杂。属于传染性流产者，多见于布氏杆菌病、弯杆菌病、毛滴虫病；非传染性的流产，可见于子宫畸形、胎盘坏死、胎膜炎和羊水增多症等；内科病，如肺炎、肾炎、有毒植物中毒、食盐中毒、农药中毒；营养代谢障碍病，如无机盐缺乏、微量元素不足或过剩，维生素 A、维生素 E 不足等，饲料冰冻和发霉也可致病；外科病，如外伤、蜂窝织炎、败血症，以及运输时拥挤等均可使羊流产。

2. 诊断要点

本病往往突然发生，产前一般无任何先兆。发病慢者，表现精神不佳，食欲废绝，腹痛起卧，努责咩叫，阴户流出羊水，待胎儿产出后稍微安静。外伤可以使羊发生隐性流产，即胎儿不排出体外，自行溶解，形成胎骨残留于子宫内（图 11-2）。

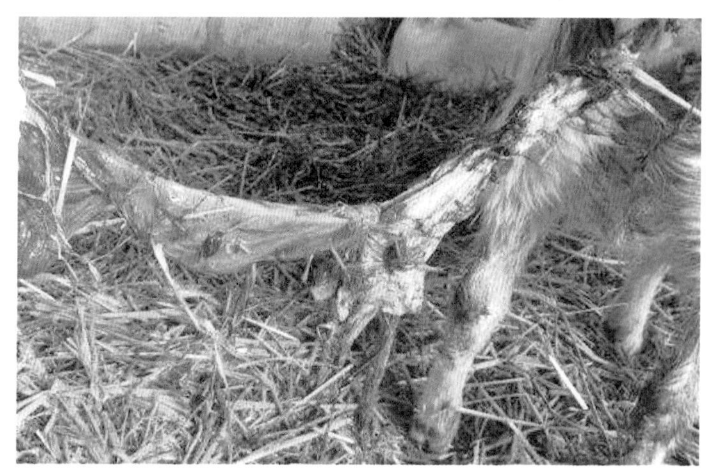

图11-2　流产症状

病羊腹痛起卧，努责哞叫，阴户流出羊水，产死胎

3. 防治措施

加强饲养管理，重视传染病的防治，根据流产发生的原因，采取有效的防治保健措施。对于产出的不足月胎儿或死亡胎儿，不需要进行特殊处理，仅对母羊进行护理。对于有流产先兆的母羊，可以用黄体酮注射液，按照说明书使用。

死胎滞留时，应采用引产或助产措施。胎儿死亡，子宫颈未开时，应先肌内注射雌激素，如己烯雌酚或苯甲酸雌二醇 2 ～ 3 mg，使得子宫颈开张，然后从产道拉出死胎。母羊出现全身症状时，应对症治疗。

三、难产

难产是指分娩过程发生困难，不能将胎儿顺利地由产道产出。

1. 病因

难产的发生从临床检查分析，常见于阵缩无力、胎位不正、子宫颈狭窄以及骨盆腔狭窄等。

2. 临床症状及助产

母羊产羔发生困难，羔羊的胎位不正，或者胎儿过大，超过了生产的时间，母羊仍不能将胎儿顺利地由产道产出。为了保证母仔平安，对于难产的羊必须进行全面检查，并及时进行人工助产，对于种羊可以考虑进行剖腹产（图 11-3）。

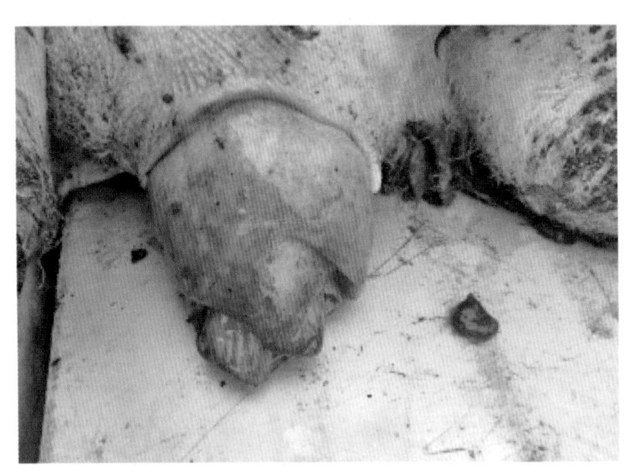

图 11–3　难产症状（武振杰提供）

分娩过程发生困难，不能将胎儿顺利地由产道产出，
胎儿产出时间过长，造成阴道脱出

（1）助产时机　当母羊从阵缩开始已经超过 4 ～ 5 h，而未见羊膜绒毛膜在阴门外或阴门内破裂，母羊停止阵缩或阵缩无力时，需要迅速进行人工助产，不可拖延时间，以防羔羊死亡。

（2）助产准备　①术前检查。助产人员要了解下列内容：羊分娩的时间，是初产还是经产，看胎膜是否破裂，有无羊水流出，检查全身状况。②保定好母羊，一般使羊侧卧，保持安静，让前肢低、后躯稍高，以便于矫正胎位。③消毒。对手臂、助产用具进行消毒，对阴户的外周用 1∶5000 的新洁尔灭溶液进行清洗。④产道检查。检查产道有无水肿、损伤、感染，产道表面的干燥和湿润状态。⑤胎位、胎儿检查，确定胎位是否正常，判断胎儿死活。胎儿正产时，手入阴道可控到胎儿嘴巴、两前肢、两前肢中间挟着胎儿的头部；当胎儿倒生时，手人产道可发现胎儿尾巴、臀部、后路及脐动脉。以手指压迫胎儿，如有反应表示尚还存活。

（3）助产的方法　常见的难产有头颈侧弯、头颈下弯、前肢腕关节屈曲、肩关节屈曲、胎儿下位、胎儿横向、胎儿过大等。可对不同的异常产位进行矫正，然后将胎儿拉出产道（图 11-4）。

若羊膜破水已有 20 min 羔羊还没产出，母羊又无力努责，应立即进行助产。首先注射催产素 0.2 ～ 2 mL，若胎水流失过多，可注入滑润剂（食用油等）。助产人员可用手抓住羔羊的前肢或后肢，随着母羊的努责顺势向母羊的后下方轻拉羔羊就可产出（图 11-5）。

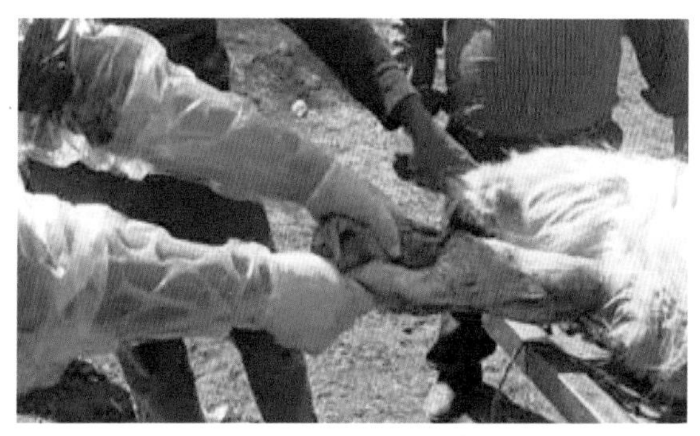

图11–4　将胎儿拉出产道

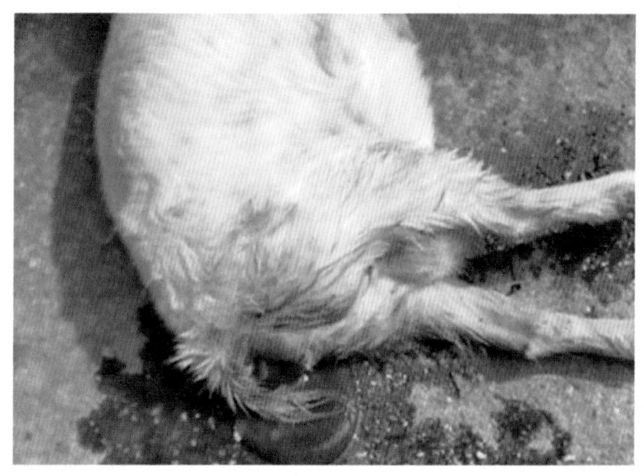

图11–5　羊膜破水

（4）阵缩以及努责微弱的处理　可皮下注射垂体后叶素、麦角碱注射液 1 ～ 2 mL。必须注意，麦角制剂只限于子宫颈完全开张，胎势、胎位、胎向正常时使用，否则会引起子宫破裂。

四、胎衣不下

胎衣不下是指母羊产羔后 4 ～ 6 h，胎衣仍排不下来的疾病。

1. 病因

该病多是因为妊娠母羊缺乏运动，饲料中缺少钙盐、维生素，饮饲失调，体质虚弱。此外，子宫炎症、布氏杆菌病等也可导致此病。

2. 诊断要点

病羊常表现拱背努责，食欲减退或废绝，精神较差，喜欢卧地。体温升高，呼吸和脉搏增数。胎衣久久不能排出，可发生腐败，从阴户中流出污红色腐败恶臭的恶露，其中夹杂有灰白色未腐败的胎衣碎片。当大部分胎衣不下时，部分胎衣从阴户中垂露于羊后肢的附关节部位（图 11-6）。

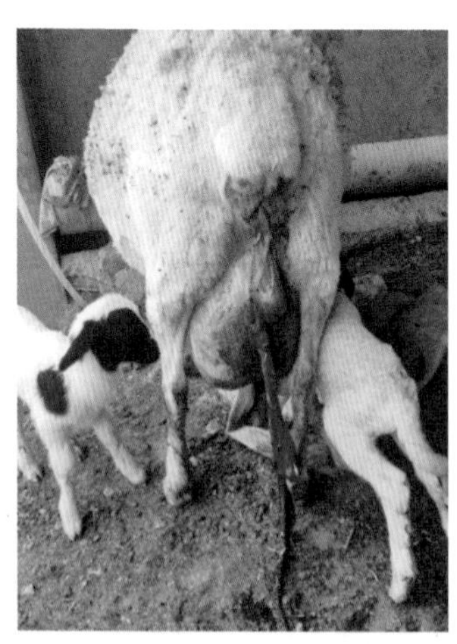

图 11-6　胎衣不下症状（一）

胎儿产出后，母羊超过正常时间（绵羊6 h、山羊5 h）还未排出胎衣

3. 治疗

【药物治疗】 病羊分娩后不超过 24 h 的，可应用垂体后叶素注射液、催产素注射液或麦角碱注射液 0.8 ～ 1 mL，1 次肌内注射。

【手术剥离】 应用药物方法已经达到 48 ～ 72 min，仍不奏效的，应立即采用手术方法。先要保定好母羊，按常规准备和消毒后，进行手术。术者一手握住阴门外的胎衣，稍向外牵拉；另一手沿着胎衣表面伸入子宫，可用食指和中指夹住胎盘周围绒毛成 1 束，以拇指剥离开母仔胎盘相互结合的周围边缘，剥离半周后，手向手背侧翻转以扭转绒毛膜，使其从小窦中拔出，与母体胎盘分离。子宫角的尖端难以剥离，常借助子宫角的反射收缩，再行剥离（图 11-7）。最后子宫内灌注抗生素或防腐消毒药，如土霉素 2 g，溶于 100 mL 生理盐水中，注入子宫腔内；或注入 0.2% 普鲁卡因溶液 30 ～ 50 mL。

【自然剥离】 不借助手术剥离，而辅以防腐消毒药或抗生素，让胎膜自溶排出，达到自行剥离的目的。可于子宫内投放土霉素（0.5 g）胶囊，效果很好。

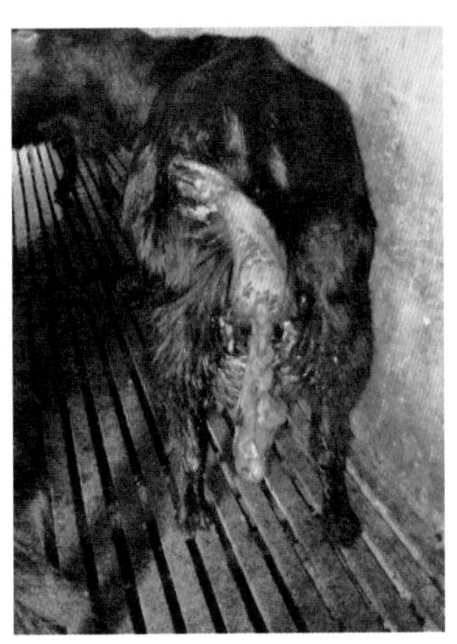

图11-7　胎衣不下症状（二）

五、子宫内膜炎

1. 病因

子宫内膜炎是由于分娩、助产、子宫脱、阴道脱、胎衣不下、腹膜炎、胎儿死于腹中等导致细菌性感染而引起的子宫黏膜炎症。

2. 诊断要点

该病可分为急性和慢性两种。按其病程中的发炎性质可分为卡他性、出血性和化脓性子宫炎。

【临床症状】

（1）急性子宫内膜炎　初期，病羊食欲减退或废绝，反刍减弱或停止，精神不好，体温升高。因为有疼痛反应而磨牙、呻吟。可表现前胃弛缓，拱背、努责，时时做排尿姿势。阴户内流出黏液或黏液脓性分泌物，严重时分泌物呈污红色或棕色，且有臭味，尤其卧下时排出较多。

（2）慢性子宫内膜炎　病情轻微，病程长，子宫内分泌物少。如不及时治疗可发展为子宫积脓、积液、坏死，子宫与周围组织粘连，输卵管炎等。继而全身状况恶化，发生败血症或脓毒败血症。有时可继发腹膜炎、肺炎、膀胱炎、乳房炎等。

3. 防治措施

【预防】 母羊分娩时要严格消毒，对原发病要及时治疗。

【治疗】 用 0.1% ～ 0.2% 的来苏儿（煤酚皂）约 0.3 L 注射到子宫内，一天之后注射 0.1% 的雷佛奴尔（利凡诺）1 L，之后再注射垂体后叶素进行治疗。还可用青霉素兑上盐水进行注射，一般 3 d 左右即可痊愈。净化清洗子宫，用 0.1% 高锰酸钾溶液或 0.1% 普鲁卡因溶液 300 mL，灌入子宫腔内，然后用虹吸法排出灌入子宫内的消毒溶液，每日 1 次，可连做 3 ～ 4 次。消炎可在冲洗后给羊子宫内注入碘甘油，或土霉素（0.5g）胶囊；用青霉素 80 万 IU、链霉素 50 万 IU，肌内注射，每日早、晚各 1 次。治疗自体中毒，应用 10% 葡萄糖溶液 100 mL、林格液 100 mL、5% 碳酸氢钠溶液 30 ～ 50 mL，1 次静脉注射（图 11-8）。

图11-8　子宫内膜炎的治疗

六、乳房炎

乳房炎是乳腺、乳池、乳头局部的炎症，多见于泌乳期的羊。常见的有浆液性乳房炎、卡他性乳房炎、脓性乳房炎和出血性乳房炎。乳房炎多发生于奶山羊，且夏季多发。

1. 病因

该病可由于羔羊吃奶时，损伤了乳头、乳腺体，或挤奶技术不熟练、挤奶工具不卫生，损伤乳头或乳腺体，或羔羊死亡，使母羊突然停止哺乳而引起，或乳房受到细菌感染所致。常见的致病菌为链球菌、巴氏杆菌、大肠杆菌等。

2. 诊断要点

【临床症状】 轻的不表现症状，病羊全身无反应，仅仅是乳汁有变化。一般多为急性乳房炎，乳房局部发肿、硬结、热痛，乳量减少，乳汁变性，其中混有血液、脓汁等，乳汁中有絮状物，褐色或淡红色。炎症继续发展，病羊体温升高，可达 41 ℃。挤奶或羔羊吃奶时，母羊抗拒躲避。若炎症转为慢性，则病程延长（图 11-9）。由于乳房硬结，常常丧失泌乳机能。脓性乳房炎可以形成脓腔，使得腔体与乳腺管相通，若穿透皮肤可形成瘘管。本病多发于产羔后 4 ～ 6 周。

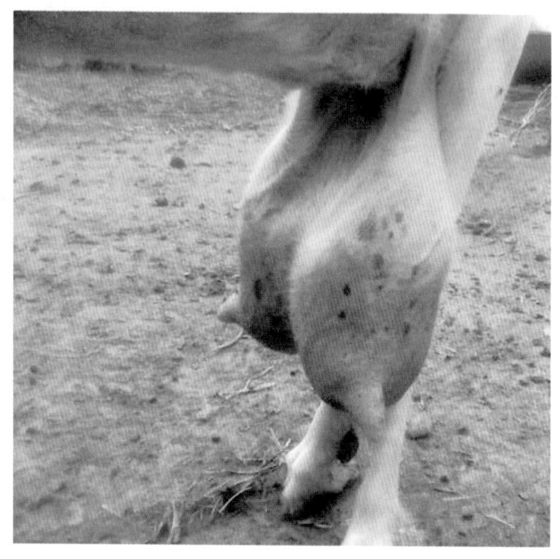

图11-9　羊乳房炎症状

乳房发生红、肿、热、痛，有硬结

3. 防治措施

【预防】 对于高产奶羊，应增加挤奶次数，每次力求挤净乳房中的奶。对于乳汁旺盛的带羔母羊，可以挤出多余的奶水，也可减少精料的饲喂量，迫使乳汁减少。注意挤奶卫生，清除圈内污物。在产羔季节，应经常检查母羊的乳房。

【治疗】

① 病初期可用青霉素 40 万 IU、0.5% 普鲁卡因 5 mL，溶解后用乳房导管注入乳孔内，然后轻揉乳房腺体部，使得药液分布于乳房腺体中，或应用青霉素普鲁卡因溶液进行乳房基部封闭，也可用磺胺类药物。

② 为了促进炎性渗出物的吸收和消散，在炎症初期冷敷，2 ～ 3 d 后可进行热敷，用 10% 硫酸镁水溶液 1000 mL，加热至 45 ℃，每日外洗热敷 1 ～ 2 次，连用 4 d。

③ 对于脓性乳房炎及开口于乳池深部的脓肿，应向乳房脓腔内注入 0.02% 呋喃西林溶液，或 0.1% ～ 0.25% 雷佛奴尔液。或用 3% 双氧水，或 0.1% 高锰酸钾溶液冲洗消毒脓腔，引流排脓。必要时应用四环素类药物静脉注射消炎。

七、角膜翳（鼓眼）

1. 病因

角膜翳是羊常见的一种眼科疾病，是由于异物造成损伤，或化学物质的刺激，或肝火过盛，而引起的角膜炎症。

2. 诊断要点

【临床症状】 病羊全身症状不明显，体温、呼吸均无明显变化。发病初期眼睛呈灰色，逐渐形成同心圆状白色角膜翳，流泪、怕光、疼痛，因看不清东西而乱撞，严重时可造成失明（图 11-10）。

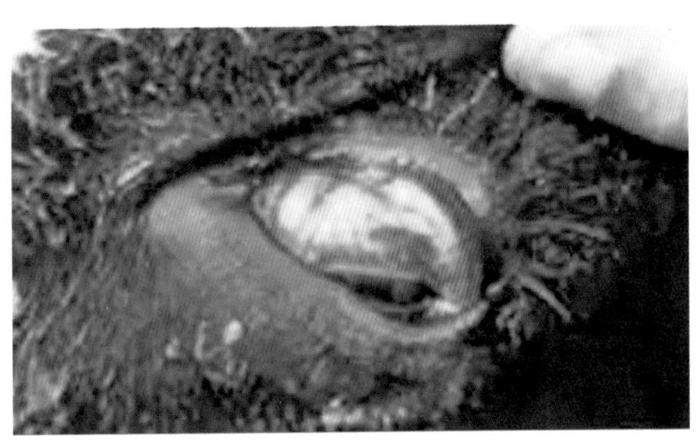

图 11-10 羊角膜翳（鼓眼）症状
眼结膜严重感染，出现溃疡

3. 治疗

① 在严格消毒的前提下，在病羊的颈部采集静脉血 10 mL，注射于眼睑内，约 4 ～ 5 d 全部吸收后，可再注射 1 次。此法可激活羊体

内的免疫系统，促进自体康复。也可将青霉素 80 万 IU 加入地塞米松 2 mg，混入病羊血中，在病羊眼皮下注射，两日 1 次，然后将拨云散喷入羊眼中，每日 2 次，连用 2 ～ 3 d。

② 取 5% 葡萄糖溶液 100 mL 加入 37% 浓盐酸 1 mL，充分混合后做静脉滴注，每天用药 1 次，一般 5 ～ 7 d 即可治愈。

③ 中草药治疗　如蛇蜕、灯心草、柴胡、陈皮、白菊花、竹叶、石决明、木通、生地各 6 g，煎服。

④ 硼砂、硇砂、朱砂各等量为细末，用竹管吹入眼内。

⑤ 用剥去外皮的嫩榆树枝条，由羊的两鼻孔插入鼻泪管 4 ～ 6 cm 深处。此枝条可不用拔出，待眼病痊愈后会自然掉出。也可用柳树枝条。

八、佝偻病

佝偻病是羔羊在生长发育期中，因维生素 D 供给不足，钙、磷代谢障碍所引起的骨骼变形的疾病。多发于冬末春初。

1. 病因

佝偻病主要是因为饲料中维生素 D 含量不足以及日光照射不够，造成哺乳期的羔羊体内维生素 D 缺乏；妊娠母羊或哺乳期母羊饲料中钙、磷比例不当。圈舍潮湿、污浊、阴暗，羊消化不良，营养不好，可成为本病的诱因；放牧母羊秋膘差，冬季未补饲，春季产羔，羔羊更容易发生此病。

2. 症状

病羊轻者表现为生长延迟，精神沉郁，食欲减退，异嗜，喜卧地不愿动，起立困难，四肢负重困难，行走缓慢，出现跛行。触摸关节有疼痛反应，病程稍长的关节变形，长骨弯曲，四肢开展，似青蛙。病羊以腕关节着地爬行，后躯不能抬起。

3. 防治措施

【**预防**】 改善和加强母羊的饲养管理，加强运动和放牧，多给青饲料，补喂骨粉，增加羔羊的日照时间。

【治疗】

① 可用维生素 AD 注射液 3 mL，肌内注射；精制鱼肝油 3 mL 灌服或肌内注射，每周 2 次。为了补充钙，可用 10% 葡萄糖酸钙液 5 ～ 10 mL，静脉注射，也可用维丁胶性钙 2 mL 肌内注射，每周 1 次，连用 3 次。

② 三仙蛋壳粉。神曲 60 g、焦山楂 60 g、麦芽 60 g、蛋壳粉 120 g、麦饭石粉 60 g，混合后每只羊喂 12 g，连用 1 周。

九、外伤

羊很容易发生各种类型的外伤，如在鞭打、驱赶、剪毛、去势等的时候（图 11-11，图 11-12）。一旦发生外伤，要及时处理。处理的内容包括：止血、清创、消毒、缝合、包扎、防止感染化脓。

（1）止血　用压迫法或注射止血药来制止出血，以免失血过多。

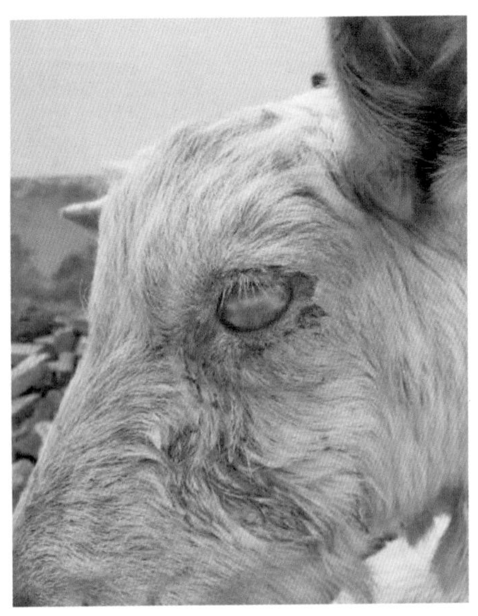

图 11-11　羊的角膜受机械性外伤（鞭伤、树枝碰伤等）造成失明（武振杰提供）

图11-12　在剪羊毛时皮肤损伤或其他锐性物品导致皮肤外伤

（2）清创　在创伤周围剪毛、清洗、消毒，清理创腔内的异物、血块及挫灭的组织，然后用呋喃西林、高锰酸钾等反复冲洗创腔，直到冲洗干净为止，并用灭菌纱布蘸干残留的药液。最后进行缝合处理（图 11-13）。

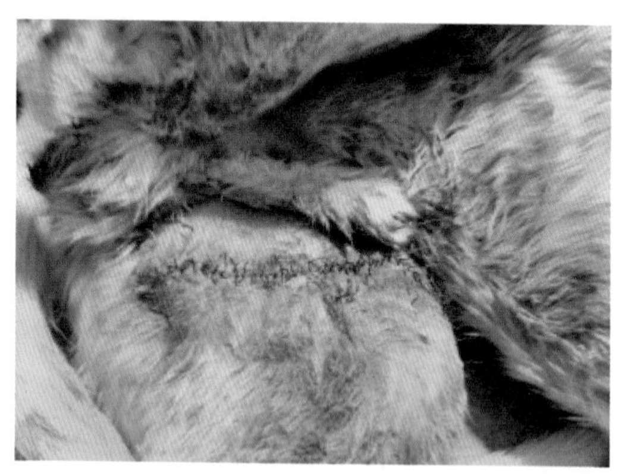

图11-13　外伤后的手术缝合（武振杰提供）

（3）消毒　不能缝合且比较严重的外伤，应撒布适量的青霉素、链霉素或四环素等抗生素药物，防止感染。

第十二章 羊的中毒性疾病诊断与防治

第一节 中毒的原因、预防措施及简单解救方法

一、中毒的一般原因

毒物进入机体，引起生理机能障碍，甚至死亡的现象叫中毒。中毒可以造成大批死亡，病程迅速，死亡率很高。中毒的一般原因有以下几个方面：

1. 有毒植物中毒

羊一般具有鉴别有毒植物的能力，不易引起中毒。当羊过度饥饿时，或早春放牧和夏季干旱而贪食青绿植物时，或羔羊及青年羊刚刚进行放牧管理，对于一些植物还不具备鉴别能力，也可增加误食有毒植物的机会。

2. 饲料中毒

饲喂发霉的玉米、小麦，腐败的青贮饲料、酒糟以及变质的土豆

等食物，可导致中毒。饲料调制不当，或饲料发霉变质，或对有些饲料未作脱毒处理，如白菜、甜菜本来是无毒的，但在调制不当时（盖上锅盖焖煮并过夜），可引起中毒。

3. 农药中毒

误食了农药处理过的种子，喷洒过农药的蔬菜及农作物，或者用盛放过农药、化肥和化学药品的容器装饲料和饮用水时，均可引起中毒。

4. 药物中毒

治疗疾病或预防疾病时用药不当，环境消毒不按规定执行等也可引起中毒。

二、中毒的预防措施

1. 建立农药、化肥的保管制度和使用制度

农药、化肥应设专人管理，严格遵守使用方法；拌了药的种子要有专人负责，防止羊只误食；喷洒农药的作物应插上牌子，做好“有毒”标记，一个月内不可放牧或作饲料；准确掌握驱虫药物的剂量、浓度，体外驱虫涂擦的面积不可过大。

2. 注意饲料质量和调制方法

严禁饲喂霉败的草料、青贮和块根饲料。若饲料发霉，需要经过脱毒处理（浸泡、蒸煮、碱化等），并做饲喂实验后，再大群使用。

3. 防止误食有毒植物

早春放牧时，应先喂一些干草，以防贪青误食有毒植物；避免到毒草丛生的地方放牧。

三、中毒的简单解救方法

羊一旦吃到有毒的牧草或饲料引起中毒，可以采用下面的方法进行解救：

① 用鸡蛋 3 ～ 4 个，取蛋清给羊一次灌服，或用韭菜 250 g，加

水捣汁与蛋清一起灌服。

② 用豆浆 300 ～ 500 mL，给羊一次灌服。

③ 绿豆 250 g、甘草 50 g，煎水去渣，加樟脑粉混合灌服。

第二节　羊常见的中毒病

一、毒草中毒

1. 诊断要点

【病因分析】羊也和其他家畜一样，有时不能辨别有毒物质而误食，从而可引起中毒，尤其是刚刚随着羊群放牧的青年羊。食入了有毒的毒草，如春季的白头翁、毒芹等，或夏季吃了野桃树叶、山杏叶、夹竹桃叶，秋季吃了大量的高粱及玉米的二茬苗、蓖麻叶、黑斑病的红薯等都会引起中毒。

以毒芹为例。毒芹为伞形科毒芹属多年生植物，俗称“野芹菜”。喜生长于潮湿低洼地带，春季比其他植物萌发要早。其含毒部位主要在根茎，有毒成分为生物碱——毒芹素。毒芹中毒常在早春时发生。毒芹对羊的致死量为 60 ～ 80 g。

【临床症状】羊吃了这些有毒植物后不久，就会出现口吐白沫、呕吐、胀气、下痢、体温升高、呼吸和脉搏加快等症状。兴奋不安，呼吸迫促，至呼吸困难。瘤胃鼓气，腹痛下痢。继之，全身肌肉痉挛，站立困难而倒地，头颈后仰，四肢伸直，牙关紧闭。心搏动强盛，脉搏加快，体温升高，瞳孔散大。病至后期，躺卧不动，反射消失，四肢末端冷厥，体温下降，脉搏细弱。严重时可引起死亡。

【病理剖检】胃、肠黏膜重度充血、出血、肿胀。脑及脑膜充血，心内膜、心肌、肾和膀胱黏膜及皮下结缔组织均有出血现象，血液稀薄。

2. 防治措施

【预防】 尽量避免在有毒草生长的牧地放牧，早春、晚秋放牧时，应于出牧前先喂少量干草等，以免羊只由于饥不择食而误食毒草。

【治疗】 发现羊吃了毒草中毒后，立即用 0.5% ～ 1% 鞣酸或 5% ～ 10% 木炭末洗胃，连续 2 ～ 3 次后，再内服碘溶液（碘 1 g、碘化钾 2 g、水 1.5 L）100 ～ 200 mL，过 2 ～ 3 h 后再服 1 次；也可灌服 5% ～ 10% 稀盐酸，成羊 250 mL，3 ～ 8 月龄羔羊 100 ～ 200 mL。对中毒较严重的可切开瘤胃，取出含毒内容物，之后应用吸附剂、黏浆剂或缓泻剂。病羊兴奋不安与痉挛时，可应用解痉、镇静剂，如溴制剂、水合氯醛、硫酸镁、氯丙嗪等。为维护心脏机能，可应用强心剂。

二、有机磷农药中毒

有机磷农药应用广泛，同时对人、畜危害很大。目前，常用的有机磷农药种类很多，如敌百虫等。各种动物都可中毒，以侵害神经系统为主，出现中枢神经症状和神经过度兴奋为特征。

1. 诊断要点

【病因分析】 有误食、误饮或皮肤沾染有机磷农药等情况。多在有机磷农药进入机体后 0.5 ～ 8 h 发病，呈急性过程。

【临床症状】 羊中毒后，很快出现兴奋不安，对周围事物敏感。流涎、全身出汗、磨牙、呕吐、口吐白沫、肠音亢进、腹痛腹泻、肌肉震颤。严重病例还出现全身战栗、狂躁不安、呼吸困难、胸部听诊有湿啰音。瞳孔极度缩小、视力模糊。抽搐痉挛、粪尿失禁，常在肺水肿及心脏麻痹的情况下死亡。

2. 防治措施

【预防】 健全农药保管制度，喷洒有机磷农药的作物一般 7 d 内不作饲料，禁止到新喷药的地区放牧。驱除羊体内外寄生虫时，应由兽医负责实施，严格掌握用药的浓度、剂量，以防中毒。

【治疗】 治疗原则是立即使用特效解毒剂，尽快除去尚未吸收的毒物，并配合对症治疗。

① 除去尚未吸收的毒物。经皮肤中毒的，用 5% 石灰水或肥皂液洗刷皮肤；经消化道中毒的，应用 2% 食盐水反复洗胃，并灌服活性炭。

② 乙酰胆碱对抗剂。常用硫酸阿托品，可超量使用，使机体达到阿托品化。一次用量为每千克体重 0.5 ～ 1 mg。

③ 特效解毒剂。常用解磷定，每次每千克体重 15 ～ 30 mg，用生理盐水稀释成 10% 的溶液，缓慢静脉注射，每 2 ～ 3 h 注射 1 次，直到症状缓解后，再酌情减量或停药。除此之外，整个病程中，要注意采取相应的对症疗法。

三、尿素中毒

羊瘤胃内微生物能利用尿素分解所产生的氨转化为氨基酸而合成蛋白质，因而尿素可作为羊的蛋白质补充料。如果饲喂不当或量过大或浓度过高，与其他饲料混合不均匀，食用尿素后立即饮水等则可引起中毒。尿素本身无毒，但其分解产生的氨气和二氧化碳会很快进入血液并迅速积累，如果超过一定限度就会引起氨中毒。每只羊全天补充尿素的量以 10 ～ 15 g 为宜，并且要由少量逐渐增加。

1. 诊断要点

【病因分析】 羊食入过量的尿素，或将尿素溶于水中饮饲后，在瘤胃内脲酶的作用下，尿素分解产生氨过多，即可由瘤胃壁迅速吸收，如果超过肝脏的解毒能力，则可导致血氨增高，而出现中毒症状。实验室检验：测定血氨浓度，如果达 8.4 ～ 13 μg/g 开始出现症状，20 μg/g 时表现运动失调，50 μg/g 时即可死亡。

【临床症状】 羊食用尿素后 15 ～ 30 min 即出现中毒症状。初期精神沉郁，不安，反刍停止，大量流涎，呻吟、磨牙，口唇痉挛，呼吸困难，脉搏增数，心音亢进。后期共济失调，全身痉挛与抽搐，卧地，全身出汗，瘤胃鼓气，肛门松弛，瞳孔散大，最后窒息死亡。一般病程为 1.5 ～ 3 h，病期延长者，往往后肢麻痹，卧地不起。

【病理剖检】 口鼻常附有泡沫，瘤胃内有氨臭味。消化道黏膜充血、出血，肺水肿，心内膜、心外膜下有出血，毛细血管扩张，血液黏稠。

2. 防治措施

饲喂尿素时，一定要注意用量和用法，成年羊每只每天可以补充

10 ～ 15g 尿素，用量过多易引起中毒。应逐渐加量，降低尿素分解和吸收速率，第一次饲喂尿素，应按日喂尿素量的 1/10 喂给，以后逐渐增加，让瘤胃微生物适应 10 d 后，才可以饲喂全量。同时应增加富含碳水化合物的饲料（淀粉），使瘤胃 pH 值维持酸性。每天的用量不能 1 次喂完，要分 2 ～ 3 次喂给。先将定量的尿素溶入水中，然后喷洒在干料上或拌入精料中喂给。饲喂含尿素的干料后不要立即让羊饮水，应在喂过 30 min 后供给饮水。千万不要将尿素溶入水中让羊饮用，那样会导致羊尿素中毒。中毒后，早期可应用弱酸，如 10% 醋酸溶液 300 mL，糖 200 ～ 400 g 加水 300 mL，灌服。

此外，可试用 10% 硫酸钠静脉注射。对症治疗可静脉注射葡萄糖酸钙、高渗葡萄糖，或内服水合氯醛、鱼石脂等制酵剂。

四、氢氰酸中毒

氢氰酸中毒是由于家畜采食富含氰苷类化合物的青饲料或氰化物，在胃内由于酶和胃酸的作用，水解为有剧毒的氢氰酸而发生中毒。中毒的主要特征为呼吸困难、震颤、惊厥，最后发生组织内缺氧症。

1. 病因

主要是采食或误食了含氰苷的饲料所致，许多植物饲料中含有氰苷，如高粱苗、玉米幼苗（特别是再生苗，也就是二茬苗含量更高）（图 12-1，图 12-2）。蔷薇科植物中的桃、李、杏、樱桃等的叶和种子都含有

图 12-1　玉米幼苗

图12-2　高粱二茬苗

氰苷。氰苷类化合物本身是无毒的，但当含有这种物质的植物被羊咀嚼后，在胃内经酯解酶和胃酸的作用，产生游离的剧毒的氢氰酸进入体内，能抑制机体细胞许多种酶的活性，破坏组织内的氧化代谢过程而引起中毒。工业用氰化物（如氰化钠、氰化钾）被羊采食也可引起中毒。

2. 诊断要点

【病因分析】 有采食含氰苷植物饲料或氰化物史，强壮动物采食多，发病重，死得快。

【临床症状】 氢氰酸中毒发病很快，一般采食后 15 ～ 20 min 即出现明显症状。

轻度中毒时，出现兴奋，流涎，腹泻，肌肉痉挛，可视黏膜鲜红，呼出的气体有苦杏仁味。

严重中毒时，知觉很快消失，步态不稳，很快倒地，眼球固定而突出，呼吸困难。肌肉痉挛，牙关紧闭，瞳孔散大，头向一侧弯曲，最后昏迷，往往发出几声尖叫而死。

【病理剖检】 血液呈鲜红色，不凝固，胃内充满气体而有苦杏仁气味。胃肠黏膜充血或出血，肺充血及水肿，尸体不易腐败。

3. 防治措施

为预防本病的发生，凡含氰苷类化合物的饲料，最好先放于流水中浸泡 24 h，或漂洗后再加工利用。不要在含有氰苷类植物的地区放牧。对病羊应立即静脉注射 5% 亚硝酸钠 2 ～ 4 mL（0.1 ～ 0.2 g）解毒，随后再注射 5% ～ 10% 硫代硫酸钠 20 ～ 60 mL。或用亚硝酸钠 1 g、硫代硫酸钠 2.5 g 和 50 mL 蒸馏水静脉注射。也可先用 5% 硫代硫酸钠溶液或 0.1% 高锰酸钾溶液洗胃，然后再按上述急救方法治疗。如无亚硝酸钠，用较大剂量的美蓝静脉注射也有一定效果，剂量为每千克体重 1 mg。

五、霉变饲料中毒

羊采食了因为受潮而发霉的饲料，因为霉菌产生毒素，引起羊只中毒。有毒的霉菌主要有黄曲霉菌、棕曲霉菌、黄绿青霉菌、红色青霉菌等。

1. 症状

病羊精神不振，停止采食，后肢无力，步态不稳，但体温正常。从肛门流出血液，黏膜苍白。出现中枢神经症状，如头部顶着墙壁呆立不动等。

2. 防治措施

严禁给羊只喂腐败变质的饲料，对草料加强管理，防止霉变（图 12-3，图 12-4）。

发现羊只中毒，应立即停止饲喂发霉的饲料。内服泻剂，可用石蜡油或植物油 200 ～ 300 mL，一次灌服，或用硫酸镁或硫酸钠 50 ～ 100 g 溶解在 500 mL 水中，一次灌服，以便排出毒物。然后用黏浆剂和吸附剂，如淀粉 100 ～ 200 g、木炭粉 50 ～ 100 g。或者用 1% 鞣酸内服以保护胃肠黏膜。静脉注射 5% 葡萄糖生理盐水 250 ～ 500 mL，或乌洛托品注射液 5 ～ 10 mL，每天 1 ～ 2 次，连用数日。心脏衰弱的，可肌内注射 10% 安钠咖 5 mL，每千克体重 1 ～ 3 mg。

图12-3　正在晾晒的发霉变质的玉米

图12-4　发霉变质的饲料，嗅闻时有一股霉变气味

附录 养羊谚语及养羊术语

（1）赶羊上山转一圈，胜过在家喂半天 对羊只进行放牧管理，一方面可以节约饲草和饲料，另一方面可以增强羊只的体质，有利于羊的身体健康。

（2）春放阴，夏放阳，七、八月放沟塘，十冬腊月放撂荒 在一年四季的不同季节里，要选择好合适的放牧地点，因为不同地点的牧草分布是不一样的，尽量使羊能吃饱吃好，多上膘。

（3）晚放阴，早放阳，中午山岗找风凉 羊只放牧时，要掌握好放牧的地点，使羊能尽可能多采食牧草，增加营养，减少疾病的发生。

（4）放羊不要早，多放晌午蔫巴草 早晨露水大，要等到太阳出来后，牧草上的露水没了，再赶羊上山。

（5）日头一压山，羊儿吃草欢 牧羊时，时间已经接近傍晚，天气也凉爽了，当快到归牧的时候，羊就会拼命吃草填饱肚子，以备回到圈舍后再慢慢反刍。

（6）要想羊儿吃得饱，必在时间上来找 放羊要保证羊只吃草的时间，让羊充分吃饱。

（7）早上把羊撒，不饱不回家 牧羊人要充分保证羊采食牧草的时间，让羊只采食到足够多的牧草。

（8）羊靠回头草，羊不吃回头草不肥　羊吃回头草，越吃越饱。羊在同一块牧地上来回吃两遍，把质量稍差些的草也吃掉。

（9）在熟地上不好放羊　在同一块地上放牧时间太久，牧草会被粪便污染有异味，羊不爱吃，长时间踩踏，草的再生能力也差。

（10）吃肥走瘦　牧羊时，羊走过的路程过长不利于保膘，走的路程短才有利于保膘。

（11）“一条鞭”放牧队形　放牧时羊群排成“一”字形横队。这种队形适合于青草初生或牧草生长均匀的中等牧场。可以保证各种羊都能吃上优质草，并且使羊少跑路多吃草。春季采用这种队形，可以防止羊“跑青”。“一条鞭”放牧的方法是：一个人在羊群前面控制住头羊的行走速度，使羊群缓慢前进，另一个人走在羊群后面，催促落队羊，这样能控制住前进的方向和速度。控制放牧速度应遵循“饿时慢，饱时快”，队形应保持冬紧夏松、早紧午松、草厚紧草薄松。应注意，在采用“一条鞭”队形时，严禁大喊大叫，以防羊受惊后扎在一起或向两侧跑，搞乱队形。

（12）“满天星”放牧队形　如同天上的星星一样，使羊散成一片，放牧员站在高处或羊群中间控制羊群，对于个别离群太远的羊，采取撵回来的办法，也可以扔石块、土块，控制羊只方向，同时呼喊口令，把离群的羊拦截回来。当羊群需要前进时，首先要把羊群轰向同一方向，然后再控制住头羊慢慢前进。这种队形多用于高山、丘陵地区的放牧，牧草覆盖不均匀的牧地。

（13）“一条龙”放牧队形　“一条龙”放牧队形是一种纵队，在农区运用多，各个季节都适用。一般是由坡下向坡上放，或由坡上向坡下放，在田间地埂放，以及在比较狭窄的牧地放牧多用此法。

（14）跑青　春季气候逐渐转暖，枯草逐渐返青，青草刚刚萌发时，草坡从远处看虽已经青绿，但是很矮小，羊啃食不上来，便整天东奔西跑追逐青绿牧草而吃不饱，这种现象叫“跑青”。这样容易造成羊体瘦弱，甚至死亡，尤其是刚刚跟着放牧的青年羊。

（15）立秋之后抢秋膘，吃上草籽顶好料　秋季放牧的重点是抓好秋膘，为配种和越冬做好准备。秋季秋高气爽，雨水少，牧草茂盛，牧草正值开花、结实期，营养丰富，各种植物的籽实逐渐成熟，是抓秋膘的大好季节。羊吃了鲜嫩的牧草和含脂肪多、热能多、易消化的草籽后，能在体内积存脂肪，促进上膘，为越冬和度春打好基础。

（16）夏抓肉膘，秋抓油膘；有肉有油，冬春不愁　羊在不同的季节生产的目的是不一样的，只有充分积累各种营养物质，才能安全越冬，减少死亡率。

（17）九月九大撒手　秋季放羊要适当松一些，不要控制得太紧，就是常说的“九月九大撒手”，这对于羊群采食和增膘大有裨益。

（18）冬天放羊走多远，春天就能走多远　冬、春季节放牧羊群所走过的距离大致相等。

（19）出牧急行，收牧缓行　赶羊上山放牧时行走的速度可以快一些，晚上归牧时行走的速度可以慢一些。

（20）春放巧，秋放走；春天放在嘴上，秋天放在腿上　春季为了防止羊“跑青”要控制羊行进的速度；秋季为了使羊采食到更多更好的草料，可以适当多走一些路。

（21）春剪梨花，秋剪落叶　春季在梨花开的时候剪羊毛，秋季树叶落时再剪一次。

（22）秋放山阴春放阳，夏天最好放山梁　秋季阴坡地方的草嫩。春季阳坡的草发芽早。夏季山顶通风、干燥，可以一边放羊，一边晾羊，羊不容易患病。

（23）大雪封山不放羊，不是懒汉就是外行　寒冬腊月大雪天，羊撒一撒，放一放，可以增加食欲，促进健康。不撒不放，就是养羊人懒或不懂养羊技术。

（24）春怕跑青，夏怕热，秋怕无膘，冬怕饿　早春时节，山坡上的草刚刚发芽，远望一片青绿色，但青草没有长起来，草还不够高，羊根本啃食不上来，此时不能赶着羊到处跑。羊天生怕热，夏季是一年中最热的季节，羊受热后会影响生长发育。秋季是羊蓄积脂肪准备过冬的时候，此时要尽量让羊吃饱吃好，俗称“抓秋膘”。冬季羊体能消耗大，如果再加上吃不饱，就会影响羊的生长和健康。

（25）要卧一片花，不卧一疙瘩　羊卧着休息时要散开，不要挤在一起，以免受热。

（26）不吃霜草不饮凉，出入圈门要挡羊　不给羊吃带霜的草，不饮带冰碴的水。羊出入羊圈门的时候，要挡着羊只，不要让羊拥挤、乱跑或猛跑。

（27）圈暖三分膘　冬季的圈舍、羊棚要保持一定的温度，以减少羊只的能量消耗和热量损失。

（28）不怕遍地风，就怕有窟窿；不怕狂风一片，就怕贼风一线　冬季的羊圈舍最怕从窟窿、墙缝进风，由于风向专一，风速快，强度大，羊只受风吹部位的面积小，受风吹时间长，容易生病。

（29）储草如储羊，保草如保粮；草是羊的命，无草命不长　在夏、秋季节如果草料没有储备充足，则冬、春季节枯草期就会缺草吃，从而导致羊只的瘦弱和死亡。

（30）寸草铡三刀，无料也上膘；寸草铡三刀，越吃越上膘　饲草铡短，有利于采食，促进食欲和增加采食量，从而有利于增膘。

（31）养羊“三知情”，做到“六干净”　所谓“三知情”，即知冷暖、知饥饱、知疾病；所谓“六干净”，就是草净、料净、水净、槽净、圈净、羊体净。

（32）羊儿要过冬，草料第一宗　进入冬季，草料缺乏。因而在入冬之前，必须将其准备好。应备的草料如各种秸秆、谷草、秕壳、花生秧、豆秸、树叶和藤蔓等。

（33）羊是放大的，猪是胀大的　如果有条件的话，尽量驱赶羊群上山放牧，呼吸新鲜空气，多觅食草，这样可以强健体魄，有利于健康。

（34）养羊成败在防疫，效益高低在管理　在养羊过程中，必须时刻注意对疾病的预防和治疗，切实做到“早发现、早治疗”，这样才能取得好的养殖效益。

（35）母羊好，好一窝，公羊好，好一坡；公羊好，母羊好，后代就错不了　此谚语是对引进种羊的总结，种羊是养羊的基础和关键。种公羊对于羊群品质的提高和改良有极其重要的作用，其品质的好坏对羊群影响很大。只有种羊质量好，才可以有好的后代，才能取得较好的经济效益。

（36）养羊要“四心”，羔羊要“四定” 所谓“四心”，就是精心、爱心、耐心、责任心。所谓羔羊“四定”，就是指人工喂养羔羊时要定时、定量、定质、定温。

（37）渴不急饮，饿不急喂，热不进圈，汗不当风 羊只渴时急饮容易呛水伤肺，不要让羊匆忙饮水。饥饿的时候也不能让羊暴食。天热时放牧归来后，要在圈外多待一会，晾晾羊，消消汗再进圈。羊身上有汗的时候，不能在有对流风的地方休息。

（38）三月羊，靠倒墙 经过漫长的冬季，羊的营养消耗大，去年秋季体内积存的营养物质被消耗殆尽，母羊还要妊娠、产羔和哺乳，到了春季羊只的体质普遍很差，身体瘦弱，极度虚弱，如果护理不当很容易出问题。春季是羊群最为乏瘦的时期。

（39）三月是清明，杨柳发了青；牛羊满山跑，专把小草盯 这种现象在春季放牧时经常发生，很容易造成羊只走很远的路却吃不到多少草，非常容易疲劳、腹泻拉稀、瘦弱，刚刚开始跟群放牧的青年羊和体弱的羊很容易死亡。

（40）放羊拦住头，放得满肚油；放羊不拦头，跑成瘦马猴 春季放牧，羊喜欢“抢青”，为了避免羊群“抢青”，牧羊人要控制羊群的行走，避免跑长途。

（41）晾羊 晾羊就是把羊群赶到圈外阴凉地方休息，让羊散发热量。夏季在天气很热的地区中午气温高时，羊很容易上火发病，晾羊是十分重要的管理方法。应将羊赶到阴凉的场地休息或采食。中午可以不赶回圈，在最热的时候，可以选择高燥凉爽的地方，让羊群卧息，多休息一会儿，让羊在树荫下风凉一段时间。晚上收牧后先把羊停留在院子里，直到傍晚天凉了再赶进圈，也可让羊在敞圈里过夜。

（42）放羊抓着头，放得满肚油 强调牧羊的技术，控制好头羊，控制住牧羊的速度。

（43）放羊一天一个饱，羊连生羔都难保 羊要想正常生长发育，必须满足各种营养的需要，在保证维持需要的基础上，才能生长、繁殖、长肉、产绒，才能有好的效益。

（44）五六月里的草，赛过灵芝草　夏、秋季节青饲料的营养价值高，羊必须多采食。

（45）草是羊的娘，没草命不长　羊是食草动物，养羊就应该以草为主，精料为辅。

（46）扎窝子　夏季气候炎热，羊易互相挤成一团，一些羊钻到另一些羊的腹下，不食不动，影响采食抓膘，甚至造成中间的羊窒息而死。出现扎堆现象时，必须及时驱散。

（47）会放羊，一条鞭，不会放羊羊乱窜　强调牧羊技巧。

（48）夏怕缺水，秋怕泻肚　夏季要充分饮水，秋季要抓好秋膘。

（49）春不喂盐夏不好，夏不喂盐不吃草；羊喂盐，冬五钱，夏减半　强调啖盐的重要性和啖盐的剂量。明确羊喂给食盐的剂量。

（50）冬放阳坡、春放背、夏放岗头、秋放地　山区羊群放牧时，不同季节选择不同的牧地。

参考文献

[1] 田树军，王宗仪，胡万川. 养羊与羊病防治［M］. 第3版. 北京：中国农业大学出版社，2012.

[2] 朱海泉. 羊养殖技术［M］. 石家庄：河北科学技术出版社，2011.

[3] 熊家军，肖锋. 高效养羊［M］. 北京：机械工业出版社，2014.

[4] 卢中华. 实用养羊与羊病防治技术［M］. 北京：中国农业科学技术出版社，2004.

[5] 郎跃深，李昭阁. 绒山羊高效养殖与疾病防治［M］. 北京：机械工业出版社，2015.

[6] 郎跃深，王天学. 健康高效养羊实用技术大全［M］. 北京：化学工业出版社，2017.

[7] 郎跃深. 羊典型疾病快速诊断与防治图谱［M］. 北京：化学工业出版社，2020.